广西职业教育示范特色专业及实训基地项目成果教材

模具制造基础技能

MU JU ZHI ZAO JI CHU JI NENG

主 编 ◎ 卢永红　　副主编 ◎ 罗善斌　黄志刚

U0227037

经济管理出版社

ECONOMY & MANAGEMENT PUBLISHING HOUSE

图书在版编目（CIP）数据

模具制造基础技能/卢永红主编. —北京：经济管理出版社，2016.12
ISBN 978 – 7 – 5096 – 4663 – 2

Ⅰ.①模…　Ⅱ.①卢…　Ⅲ.①模具—制造—中等专业学校—教材　Ⅳ.①TG76

中国版本图书馆 CIP 数据核字（2016）第 241835 号

组稿编辑：魏晨红
责任编辑：魏晨红
责任印制：司东翔
责任校对：雨　千

出版发行：经济管理出版社
　　　　　（北京市海淀区北蜂窝 8 号中雅大厦 A 座 11 层　100038）
网　　址：www. E – mp. com. cn
电　　话：（010）51915602
印　　刷：北京市海淀区唐家岭福利印刷厂
经　　销：新华书店
开　　本：787mm×1092mm/16
印　　张：22.5
字　　数：558 千字
版　　次：2016 年 12 月第 1 版　　2016 年 12 月第 1 次印刷
书　　号：ISBN 978 – 7 – 5096 – 4663 – 2
定　　价：40.00 元

编　委　会

前　　言

模具是制造业的基础工艺装备，被广泛应用于制造业的各个领域。模具制造水平是衡量一个国家机械制造业水平的重要标志。我国是一个工业大国，已经具备制造大型、精密、复杂、长寿命模具的能力。为了适应模具制造业人才的培养需要，本书在编写过程中根据中等职业教育的特点以及机械、模具制造专业的培养目标和教学要求，力求突出适用性和适度性，以体现中等职业教育特色和行业教育特色。

本书以培养机械模具专业学生能尽快适应实际工作为出发点，本着专业知识够用为度，重点培养从事实际工作的基本能力和基本技能的指导思想，将各种典型机械模具加工的相关知识进行了科学的优化组合，从机械模具制造基础知识及典型案例加工讲解，最后是三维软件的数控编程加工案例，力求突出实用性、系统性和知识的综合应用性。从企业对人才要求的角度，将课堂教学、现场教学及实训融为一体。

作者广泛参考和吸取相关教材的优点，充分吸收最新学科理论的研究成果和教学改革成果。本书内容尽可能结合专业，紧贴市场，文字上深入浅出，力求通俗易懂，大量的典型图例直观清晰。可作为技工、中专机械模具专业的教材，也可作为机械模具加工短训班的速成培训教材。

本书在体系架构方面，每个任务开头均介绍了任务目标，任务结束后设置任务习题并附有配套习题答案，便于教师教学和学生自学，有助于学生尽快学习和领悟书中的知识结构系统，加强对所学知识的综合应用。

本书由田东职业技术学校一线教师编写，由卢永红担任主编。杨国武、李经炎和刘均勇对本书进行了审阅并提出了宝贵的意见。在此，特对本书出版给予支持帮助的单位和个人表示诚挚的感谢！

由于时间仓促，编者水平有限，本书难免有不足、不妥之处，真诚希望得到广大专家和读者的批评和指正。

编者

2016.12

目　　录

模具基础知识

基本概念

一、模具概念及分类

1. 模具的概念及作用

（1）模具的概念。在工业生产中，用各种压力机和装载在工业生产中压力机上的专用工具，通过压力把金属或非金属材料制成所需形状的零件或制品，这种专用工具统称为模具。用模具制造出来的成形零件通常称为"制件"。

（2）模具的功能和作用。模具在工业生产中使用极为广泛，采用模具生产零部件，具有高效、节材，保证质量等一系列优点，是当代工业生产的重要手段和工艺发展方向。在工业生产中，产品的更新换代少不了模具。试制新产品，少不了模具，如果模具供应不及时，很可能造成停产；如果模具精度不高，产品质量就得不到保证；如果模具结构及生产工艺落后，产品产量就难以得到提高。许多现代工业生产的发展和技术水平的高低，直接影响到工业产品的发展。模具是发展和实现切削技术不可缺少的工具，也是工业生产中应用极为广泛的主要工艺装备。

2. 模具的种类及制造特点

（1）模具的分类。在工业生产中模具的用途广泛、种类繁多，常见的分类方式有：按模具结构形式分为冲模、塑料模具、锻模和压铸模；冲模又分为单工序模、复合模、级进模等；塑料模具可分为单分型面注射模和双分型面注射模等。按模具使用对象可分为电工模、汽车模、机壳模、玩具模等。按工艺性质划分冲模分为冲孔模、落料模、拉深模、弯曲模；塑料模具分为压注模、注射模、挤出模、吹塑模等。

采用综合归纳法，将模具分为 10 大类，按其使用对象、材料、功能和模具制造方法及工艺性质等，再分成若干小类和品种。

（2）模具的制造特点。模具生产制造技术集中了机械加工的精华，既是机电结合加工，也离不开模具钳工的操作，其特点如下：

1）模具生产的工艺特点：一套模具制出后，通过它可以生产出数十万件零件或制品。但是制造模具自身，只能是单件生产。

2）模具制造的特点。①模具制造对工人的技术等级要求较高。②模具生产周期一般较长，成本较高。③制造模具的过程中，同一工序的加工往往内容较多，因而生产效率较低。④模具在加工过程中，某些工作部分的位置和尺寸应经过试验才能确定。⑤装配后，模具必须试模和调整。⑥模具生产是典型的单件生产，因此，生产工艺、管理方式、模具制造工艺等都有独特的适应性与规律性。

3. 模具标准化及标准件

（1）模具标准化的意义：

1）提高使用性能和质量。

2）节约工时和原材料，缩短生产周期。

3）现代化生产技术需要标准化。

4）可有效降低生产成本，简化生产管理和企业库存，是提高企业经济、技术效益的有力措施和保证。

（2）模具技术标准及依据。模具技术标准是模具企业必须遵守的行业或专业规范，也是一种社会规范。自 1983 年 9 月全国模具标准化技术委员会成立以来，组织制订了国家标准和行业标准 940 项标准号。

模具技术标准共分四类：模具产品标准（含零部件标准等）、模具工艺质量标准（含技术条件标准等）、模具基础标准（含名词术语标准等）和相关技术标准。

标准体系表是计划与规范性的文件。模具体系表主要是计划或规划制订的标准项目及项目系列；是制订模具标准项目年度计划的依据。

（3）模具标准件。在标准化的基础上，使标准文件中规定的每项标准均成为社会产品和人的实践行为，即组织生产为标准件，并转化为工业产品，实现商品化，以供企业或用户选购使用。标准件的生产须具备的条件：

1）要有一定的生产规模，并要有一定的生产规模效益，其效益指标反映在质量和创利两方面。

2）保证标准件稳定的质量，须采取措施保证标准件稳定的质量，保证标准件使用的互换性和稳定的可靠性，因此，标准件生产工艺管理须规范和科学，须采用保证高精、高效的生产装备。

3）销售服务须完善，其基本条件，在保证一定库存，使用户实现无库存管理，保证用户定量、定期获得供应，建立合作伙伴关系。

二、模具材料特性

模具零件种类繁多，功能各异，故选用的材料品种也有很多。随着新材料的不断问世，模具材料也不断更新。根据工作条件的不同，模具材料可分为金属在常温下成形的材料，称为冷作模具钢；在加热状态下成形的材料，称为热作模具钢。目前模具所用材料有各种碳素工具钢、合金工具钢、高速钢铸铁、硬质合金等。

（1）碳素工具钢为高碳钢，含碳量为 0.7% ~ 1.4%，主要牌号有 T7、T8、T8A、T10、T12、T12A 等。这类钢切削性能良好，淬火后有较高的硬度和良好的耐磨性，但其淬透性差，回火稳定时须急冷，变形开裂倾向大，热硬性低。适用于制造尺寸小、形状简单的冷作模具。

（2）合金工具钢是在碳钢的基础上加入一种或几种合金元素冶炼而成的钢。常用合金工具钢有低合金工具钢与高合金工具钢。

（3）高速钢目前常用的有钨系高速钢和钼系高速钢〔（WC）W18Cr4V 和钼系高速钢（MoC）〕。高速钢具有良好的淬透性，在空气中即可淬硬，在 600℃ 左右仍保持高硬度、高强度和良好的韧性、耐磨性。高速钢适用于制造冷挤压模、热挤压模。

（4）铸铁的主要特点是铸造性能好，容易成形，铸造工艺与设备简单。铸铁具有优良的减震性、耐磨性和切削加工性。除灰铸铁可用在制造冲模的上、下模座外，还可以代替模具钢制造模具主要工作部分的受力零件。

（5）硬质合金是以金属碳化物做硬质，以铁族金属作为黏结相，用粉末冶金方法生产的一种多相组合材料。

常用硬质合金有钨钴（YG）、钨钴钛（YT）和万能硬质合金（YW）三类。钨钴（YG）和万能硬质合金（YW）类强度较高，韧性好，钨钴钛类则具有较好的热硬性和抗氧化性，制造模具主要采用钨钴类硬质合金。随着含钴量的增加，硬质合金承受冲击载荷的能力逐渐提高，但硬度和耐磨性下降。因此，应根据模具的工作条件合理选用。硬质合金可用于制造高速冲模、冷热挤压模等。

（6）无磁模具钢在强磁场中不被磁化，对磁性材料没有吸引力。主要用于制造压制成形磁性材料和磁性塑料的模具，由于没有磁力，所以便于脱模。无磁模具钢具有稳定的奥氏体组织，其磁导率要求在 1.05 ~ 1.10（Gs/Oe），具有较高的硬度和耐磨性。

（7）新型模具钢具有较高的韧性、冲击韧度和断裂韧度，其高温强度、热稳定性及热疲劳性都较好的特点，可提高模具的寿命。

三、模具常用的加工设备

1. 铣床（Millingmachine）

（1）主要用铣刀在工件上加工各种表面的机床。通常铣刀旋转运动为主运动，工件（和）铣刀的移动为进给运动。

（2）铣床是用铣刀对工件进行铣削加工的机床。铣床除能铣削平面、沟槽、轮齿、螺纹和花键轴外，还能加工比较复杂的型面，效率较刨床高，在机械制造和修理部门得到广泛应用。

（3）它可以加工平面、沟槽，也可以加工各种曲面、齿轮等。铣床的种类很多，按其结构分主要有：

1）台式铣床。用于铣削仪器、仪表等小型零件的铣床。

2）悬臂式铣床。铣头装在悬臂上的铣床，床身水平布置，悬臂通常可沿床身一侧立柱导轨做垂直移动，铣头沿悬臂导轨移动。

3）滑枕式铣床。主轴装在滑枕上的铣床，床身水平布置，滑枕可沿滑鞍导轨做横向移动，滑鞍可沿立柱导轨做垂直移动。

4）龙门式铣床。床身水平布置，其两侧的立柱和连接梁构成门架的铣床。铣头装在横梁和立柱上，可沿其导轨移动。通常横梁可沿立柱导轨垂向移动，工作台可沿床身导轨做纵向移动。用于大件加工。

5）平面铣床。用于铣削平面和成型面的铣床，床身水平布置，通常工作台沿床身导轨纵向移动，主轴可轴向移动。它结构简单，生产效率高。

6）仿形铣床。对工件进行仿形加工的铣床。一般用于加工复杂形状工件。

7）升降台铣床。具有可沿床身导轨垂直移动的升降台的铣床，通常安装在升降台上的工作台和滑鞍可分别做纵向、横向移动。

8）摇臂铣床。摇臂装在床身顶部，铣头装在摇臂一端，摇臂可在水平面内回转和移动，铣头能在摇臂的端面上回转一定角度的铣床。

9）床身式铣床。工作台不能升降，可沿床身导轨做纵向移动，铣头或立柱可做垂直移动的铣床。

10）专用铣床。例如工具铣床：用于铣削工具模具的铣床，加工精度高，加工形状复杂。

2. 电火花（EDM）

电火花是一种自激放电，其特点如下：火花放电的两个电极间在放电前具较高的电压，当两电极接近时，其间介质被击穿后，随即发生火花放电。伴随击穿过程，两电极间的电阻急剧变小，两极之间的电压也随之急剧变低。火花通道必须在维持短暂的时间（通常为 $10-7-10-3s$）后及时熄灭，才可保持火花放电的"冷极"特性（即通道能量转换的热能来不及传至电极纵深），使通道能量作用于极小范围。通道能量的作用，可使电极局部被腐蚀。利用火花放电时产生的腐蚀现象对材料进行尺寸加工的方法，叫电火花加工。电火花加工是在较低的电压范围内，在液体介质中的火花放电。

3. 钻床

（1）钻床的作用。钻床是具有广泛用途的通用性机床，可对零件进行钻孔、扩孔、铰孔、锪平面和攻螺纹等加工。

（2）在钻床上配有工艺装备时，还可以进行镗孔，在钻床上配万能工作台还能进行分割钻孔、扩孔、铰孔。

（3）钻床指主要用钻头在工件上加工孔的机床。通常钻头旋转为主运动，钻头轴向移动为进给运动。钻床结构简单，加工精度相对较低，可钻通孔、盲孔，更换特殊刀具，可扩、锪孔，铰孔或进行攻丝等加工。钻床可分为下列类型：

1）台式钻床：可安放在作业台上，主轴垂直布置的小型钻床。

2）立式钻床：主轴箱和工作台安置在立柱上，主轴垂直布置的钻床。

3）摇臂钻床：摇臂可绕立柱回转、升降，通常主轴箱可在摇臂上做水平移动的钻床。它适用于大件和不同方位孔的加工。

4）铣钻床：工作台可纵横向移动，钻轴垂直布置，能进行铣削的钻床。

5）深孔钻床：使用特制深孔钻头，工件旋转，钻削深孔的钻床。

6）平端面中心孔钻床：切削轴类端面和用中心钻加工的中心孔钻床。

7）卧式钻床：主轴水平布置，主轴箱可做垂直移动的钻床。

8）多轴钻床：立体钻床，有多个可用钻轴，可灵活调节。

4. 磨床

（1）磨床是利用磨具对工件表面进行磨削加工的机床。磨床是各类金属切削机床中品种最多的一类，主要类型有外圆磨床、内圆磨床、平面磨床、无心磨床、工具磨床等。

（2）磨床能加工硬度较高的材料，如淬硬钢、硬质合金等；也能加工脆性材料，如玻璃、花岗石。磨床能作高精度和表面粗糙度很小的磨削，也能进行高效率的磨削，如强力磨削等。

（3）通常，磨具旋转为主运动，工件或磨具的移动为进给运动，其应用广泛、加工精度高、表面粗糙度 Ra 值小，磨床可分为 10 余种：

1）外圆磨床。是普通型的基型系列，主要用于磨削圆柱形和圆锥形外表面的磨床。

2）内圆磨床。是普通型的基型系列，主要用于磨削圆柱形和圆锥形内表面的磨床。

3）坐标磨床。具有精密坐标定位装置的内圆磨床。

4）无心磨床。工件采用无心夹持，一般支承在导轮和托架之间，由导轮驱动工件旋转，主要用于磨削圆柱形表面的磨床。

5）平面磨床。主要用于磨削工件平面的磨床。

6）砂带磨床。用快速运动的砂带进行磨削的磨床。

7）珩磨机。用于珩磨工件各种表面的磨床。

8）研磨机。用于研磨工件平面或圆柱形内、外表面的磨床。

9）导轨磨床。主要用于磨削机床导轨面的磨床。

10）工具磨床。用于磨削工具的磨床。

11）多用磨床。用于磨削圆柱、圆锥形内、外表面或平面，并能用随动装置及附件磨削多种工件的磨床。

12）专用磨床。从事对某类零件进行磨削的专用机床。按其加工对象又可分为：花键轴磨床、曲轴磨床、凸轮磨床、齿轮磨床、螺纹磨床、曲线磨床等。

5. 车床

车床是指以工件旋转为主运动，车刀移动为进给运动加工回转表面的机床。

可用于加工各种回转成型面，如内外圆柱面、内外圆锥面、内外螺纹以及端面、沟槽、滚花等。它是金属切削机床中使用最广、生产历史最久、品种最多的一种机床。车床的种类型号很多，按其用途、结构可分为：仪表车床、卧式车床、单轴自动车床、多轴自动和半自动车床、转塔车床、立式车床、多刀半自动车床、专门化车床等。近年来，计算机技术被广泛运用到机床制造业，随之出现了数控车床、车削加工中心等机电一体化的产品。

6. 刨床

刨床系指用刨刀加工工件表面的机床。刀具与工件做相对直线运动进行加工，主要用于各种平面与沟槽加工，也可用于直线成形面的加工。按其结构可分为以下类型：

（1）悬臂刨床。具有单立柱和悬臂的刨床，工作台沿床身导轨做纵向往复运动，垂直刀架可沿悬臂导轨横向移动、侧刀架沿立柱导轨垂向移动。

（2）龙门刨床。具有双立柱和横梁，工作台沿床身导轨做纵向往复运动，立柱和横梁分别装有可移动侧刀架和垂直刀架的刨床。

（3）牛头刨床。刨刀安装在滑枕的刀架上做纵向往复运动的刨床。通常工作台做横向或垂向间歇进给运动。

（4）插床（立刨床）。该类机床刀具在垂直面内做往复运动，工作台做进给运动。

模具加工基本技能

任务一　车削加工知识

任务目标

(1) 熟悉卧式车床的型号及其组成。

(2) 掌握车削加工基本知识及车工安全操作规程。

基本概念

一、概述

1. 车削加工范围

车削加工是指工件旋转做主运动，车刀平移做进给运动的一种切削加工方法，它是金属切削加工的主要方法之一。在机械加工车间里，车床约占机床总数的50%左右，其中应用最普遍的是普通车床。普通车床的加工范围较广，能加工各种内、外回转表面以及端平面等，如图2-1所示。

2. 车削加工特点

与其他切削加工方法比较，车削加工有如下特点：

(1) 车削的适应范围广。它是加工不同材质、不同精度、各种回转表面零件不可缺少的切削加工工序。

(2) 车削容易保证零件各加工表面的位置精度。例如在一次安装中，加工零件的多个回转表面时，能可靠保证各加工表面之间的同轴度、平行度、垂直度等位置精度要求。

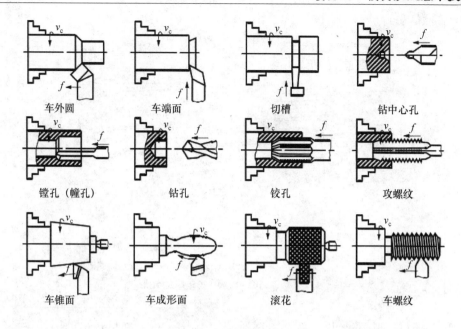

车外圆　　　　车端面　　　　切槽　　　　钻中心孔

镗孔（镗孔）　　　钻孔　　　　铰孔　　　　攻螺纹

车锥面　　　　车成形面　　　　滚花　　　　车螺纹

图 2 - 1　车床加工范围

（3）车削的生产成本低。车削时使用的车刀是最简单的单刃刀具，其制造、刃磨和安装都很方便；车床的附件齐全，生产准备时间短，生产成本较低。

（4）生产效率较高。车削加工通常是等截面连续切削，因此切削力变化小，切削过程平稳，可选用较大的切削用量，生产效率较高。

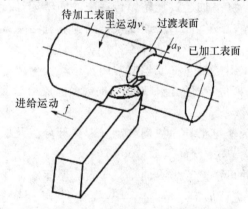

图 2 - 2　车削时的运动与切削表面

车削加工能达到的尺寸精度为 IT8 ~ IT7，表面粗糙度为 Ra3. 2 ~ 1.6mm。对于不宜磨削的有色金属进行精车加工，可以获得更高的尺寸精度和更理想的表面粗糙度。

3. 车削时的运动及切削表面（见图 2 - 2）

（1）车削时的运动。车削时的主运动为主轴卡头盘带动工件的转动，车削时的进给运动是拖板刀架带动车刀的移动。

（2）车削时的切削表面。车削时的三个切削表面为：已加工表面、待加工表面与过渡表面。

（3）切削用量三要素。车削时的切削速度、进给量、背吃刀量称为切削用量三要素，它们是影响工件加工质量和生产率的重要因素。

二、车床的组成与功能

1. CA6140 型卧式车床的主要部件及功能

CA6140 型卧式车床的外形如图 2 - 3 所示，其主要部件如下：

（1）床身。床身固定在左、右床脚上，是车床的基本支承件。床身上安装着车床的部件，能确保它们在工作时保持准确的相对位置。

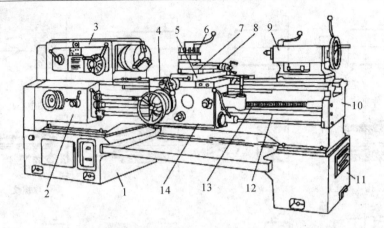

1、11—床腿；2—进给箱；3—主轴箱；4—床鞍；5—中滑板；6—刀架；7—回转盘；
8—小滑板；9—尾座；10—床身；12—光杠；13—丝杠；14—溜板箱

图 2 - 3　CA6140 型卧式车床的外形

（2）主轴箱。主轴箱固定在床身的左上侧，作用是将电动机输出的回转运动传递给主轴，再通过装在主轴上的夹具带动工件回转，实现主运动。主轴箱内有变速机构，通过变换箱外手柄的位置可以改变主轴的转速，以满足不同车削工作的需求。

（3）挂轮箱。挂轮箱装在主轴箱的左侧，它是把主轴的旋转运动传给进给箱的传动部件。挂轮箱内有挂轮装置，配换不同齿数的挂轮（齿轮）可改变进给量或车螺纹时的螺距（或导程）。

（4）进给箱。进给箱固定在床身的左前侧，将主轴通过挂轮箱传递来的回转运动传给光杠或丝杠。进给箱内有变速机构，可实现光杠或丝杠的转速变换，以调节进给量或螺距。

（5）溜板箱。溜板箱固定在床鞍的前侧，作用是将光杠或丝杠的回转运动变为床鞍或中滑板及刀具的进给运动。变换溜板箱外的手柄位置可以控制刀具纵向或横向进给运动的方向和运动的启动或停止。

（6）刀架。刀架装在床身的床鞍导轨上，床鞍可沿导轨纵向移动。刀架部分由几层滑板组成，其作用是装夹车刀并使车刀做纵向、横向或斜向运动。

（7）尾座。尾座装在床身尾部的导轨上，并可沿此导轨纵向调整位置。尾座的作用是用顶尖支承工件，还可安装钻头等孔加工刀具进行加工。

2. CA6140 型卧式车床的主要技术参数（见表 2 - 1）

表 2 - 1　CA6140 型卧式车床的主要技术参数

项　目	技术参数
床身回转直径	400mm
刀架上回转直径	210mm
主轴中心至床身平面导轨距离	205mm
主轴转速级数	正转 24 级，反转 12 级

续表

项　目	技术参数
纵向进给量范围	64 种
横向进给量范围	64 种

3. 机床的传动

CA6140 型卧式车床的传动过程可用传动系统框图来表示，如图 2 - 4 所示。

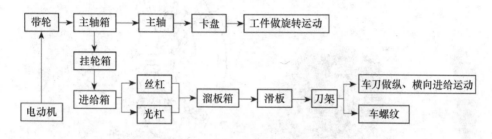

图 2 - 4　CA6140 型卧式车床的传动过程

（1）主运动。电动机输出的动力经皮带传给主轴箱，在箱内经过变向和变速机构再传到主轴，使主轴获得 24 级正向转速和 12 级反向转速。

（2）进给运动。主轴经过主轴箱，再经过挂轮、进给箱把旋转运动传给光杠或丝杠，最后通过溜板箱变成滑板、刀架的直线移动，使车刀做纵向或横向进给运动及车削螺纹。

（3）刀架的快速移动。刀架的快速移动使刀具机动、快速地远离或接近加工部位，以减轻操作人员的劳动强度，缩短辅助时间。

4. 工件装夹

工件的装夹速度和精度直接影响生产效率和加工质量。工件的形状、尺寸大小和加工精度不同，所采用的装夹方法也不相同。装夹时常用的车床附件有以下几种：

（1）卡盘。

1）三爪自定心卡盘（见图 2 - 5）。它通过连接盘（又称法兰盘）安装在车床主轴上。

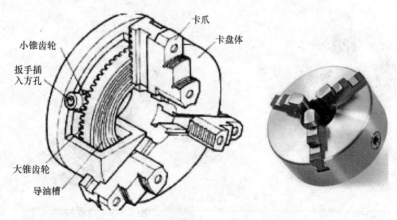

图 2 - 5　三爪自定心卡盘

使用时将扳手方头插入方孔中并转动，当平面螺纹转动时，就带动三个卡爪做同步径向移动，从而夹紧或松开工件。

2）四爪单动卡盘（见图2-6）。它有四个不相关的卡爪，每个爪的后面有一半内螺纹与丝杠啮合，当扳手方头插入丝杠方孔转动丝杠时，与它啮合的卡爪就单独移动，以适应工件形状需要。卡盘也是通过连接盘安装在车床主轴上的。

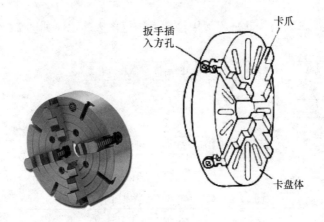

图2-6　四爪单动卡盘

四爪单动卡盘可装成正爪和反爪两种。四爪单动卡盘夹紧力较大，但校正工件比较麻烦，适于单件或小批量生产的安装较重或形状不规则的工件。

（2）两顶尖及鸡心夹头。车削轴类零件时，常采用两顶尖及鸡心夹头来安装工件，如图2-7所示。

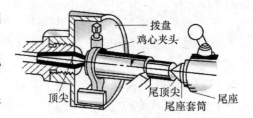

图2-7　用两顶尖及鸡心夹头安装工件

安装工件时，由装在主轴和尾座锥孔的两顶尖顶入工件两端已钻好的中心孔内予以支承和定位。安装在主轴上的拨盘，通过夹在工件上的鸡心夹头可带动工件旋转进行车削工件。顶尖可分为死顶尖（见图2-8）和活顶尖（见图2-9）两种。

图2-8　死顶尖

图2-9　活顶尖

采用死顶尖支顶工件进行车削时，死顶尖和工件中心孔之间因滑动摩擦而产生高温，高速车削时普通顶尖的头部往往容易磨损，甚至退火、烧坏。因此，目前常采用镶硬质合金的顶尖。采用活顶尖支顶工件进行车削时，顶尖头部与工件一起转动可避免顶尖和工件中心孔之间的摩擦，能承受很高的旋转速度。活顶尖存在装配累积误差，而且轴承磨损会使顶尖产生径向摆动，降低加工精度。

两顶尖及鸡心夹头适用于安装长度和直径之比较大（$L/D = 4 \sim 10$）的轴类零件。其特点是：①位置精度能得到保证。在多工序加工条件下，均以中心孔定位，能保证各加工表面间的相互位置精度。②安装刚性差。因工件长径比较大，工件的安装刚性差，故不宜选用较大的切削用量，也不宜进行断续切削。

三、车床的型号

车床型号的示例如下：

```
C A 6 1 40
          └─── 主参数代号（最大车削直径400mm）
        └───── 机床系别代号（卧式车床系）
      └─────── 机床组别代号（落地及卧式车床组）
    └───────── 机床通用特性代号（第一次改进车床）
  └─────────── 机床类别代号（车床类）
```

车床的种类很多，其主要类型、工作方法及应用范围具体如表2-2所示。

表2-2　车床的主要类型、工作方法及应用范围

主要类型	图示	工作方法及应用范围
卧式车床	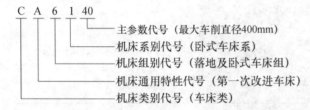	主轴水平布置，转速和进给量调整范围，主要由操作者手动操作；用于车削圆柱面、圆锥面、端面、螺纹、成形面和切断等。卧式车床的使用范围广，生产效率低，适用于单件、小批量生产
落地车床		又称花盘车床、端面车床或地坑车床。该车床落无床身、尾架及丝杠，适用于车削直径为 $800 \sim 4000$mm 的直径大、长度短、重量较轻的盘形、环形工件或薄壁筒形工件等

续表

主要类型	图示	工作方法及应用范围
单轴自动车床		该车床只有一根主轴，经调整和装料后，能按一定程序自动上、下料，自动完成工件的多工序加工循环，重复加工一批同样的工件。它主要用于棒料或盘状线材的大批量生产
数控车床		该车床具有刀库。它对一次装夹的工件，能按预先编制的程序，由控制系统发出数字信息指令，自动选择更换刀具，自动改变车削时间、切削用量和刀具相对工件的运动轨迹以及其他辅助功能，依次完成多工序的车削加工。它适用于工件形状较复杂、精度要求高、工件品种更换频繁的中小批量生产

此外，还有各种专门化车床，如凸轮轴车床、曲轴车床、铲齿车床等，在大批量生产的工厂中还有各种专用车床。

四、车削的基本知识

（一）车刀

1. 车刀的组成（见图 2-10）

车刀由刀头和刀柄组成，刀头主要担任切削工作，而刀柄主要用于夹持。车刀刀头的组成具体描述如下：

（1）前刀面：切削时刀具上切屑流出的表面。

（2）主后刀面：切削时与工件上过渡表面相对的表面。

（3）副后刀面：切削时与工件上已加工表面相对的表面。

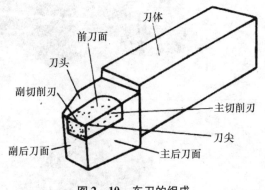

图 2-10 车刀的组成

（4）主切削刃：前刀面与主后刀面的交线，担负主要的切削工作。

（5）副切削刃：前刀面与副后刀面的交线，担负少量的切削工作，起一定的修光作用。

（6）刀尖：主切削刃与副切削刃的相交部分，一般为一小段过渡圆弧。

2. 常用车刀的种类

（1）按用途分类。按不同的用途可将车刀分为端面车刀、外圆车刀、切断刀、螺纹车刀和内孔车刀等，如图 2－11 所示。

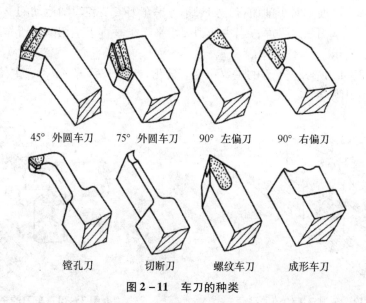

45° 外圆车刀　　75° 外圆车刀　　90° 左偏刀　　90° 右偏刀

镗孔刀　　　切断刀　　　螺纹车刀　　　成形车刀

图 2－11　车刀的种类

（2）按结构分类。根据结构形式的不同，车刀可分为整体式、焊接式、机夹式等，其结构特点及应用场合如表 2－3 所示。

表 2－3　车刀的结构特点及应用场合

分类	图示	特点	应用场合
整体式车刀		切削部分是靠刃磨得到的，材料多用高速钢制成	一般用于小型机床的低速切削或加工非铁金属
焊接式车刀		将硬质合金刀片焊接在刀头部分，不同种类的车刀可使用不同形状的刀片，结构紧凑、使用灵活	用于高速切削
机夹式车刀		可避免焊接产生的应力、裂纹等缺陷，刀杆利用率高	用于数控车床加工及大中型车床的加工

（3）常用车刀的用途。

1）45°外圆车刀：用来车削工件的外圆、端面和倒角。

2）90°外圆车刀：用来车削工件的外圆、台阶和端面。

3）切断刀：用来切断工件或在工件上切出沟槽。

4）镗孔刀：用来车削工件的内孔。

5）螺纹车刀：用来车削螺纹。

3. 车刀的主要角度及作用

（1）刀具角度的辅助平面。为了确定车刀的角度，要建立三个辅助坐标平面，即切削平面、基面和主剖面。对车削而言，如果不考虑车刀安装和切削运动的影响，切削平面可认为是铅垂面；基面是水平面；当主切削刃水平时，垂直于主切削刃所作的剖面为主剖面，如图 2-12 所示。

（2）如图 2-13 所示，车刀的主要角度有前角（γ_0）、后角（α_0）、主偏角（κ_r）、副偏角（κ'_r）、和刃倾角（λ_s）。

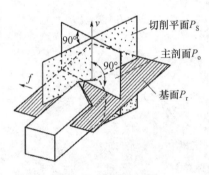

图 2-12 车刀角度的辅助平面

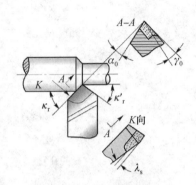

图 2-13 车刀的主要角度

1）在主剖面中测量的角度。

①前角（γ_0）。前角是前刀面与基面之间的夹角，主要作用是使刀刃锋利，便于切削。车刀的前角不能太大，否则会削弱刀刃的强度，容易磨损甚至崩坏。加工塑性材料时，前角可选大些，若用硬质合金车刀切削钢件可取 $\gamma_0 = 10° \sim 20°$；精加工时，车刀的前角应比粗加工大，这样刀刃锋利，降低工件的粗糙度。②后角（α_0）。后角是主后刀面与切削平面之间的夹角，主要作用是减小车削时主后刀面与工件的摩擦，α_0 一般取 $6° \sim 12°$，粗车时取小值，精车时取大值。

2）在基面中测量的角度。

①主偏角（κ_r）。主偏角是主切削刃在基面的投影与进给方向的夹角，主要作用是可改变主切削刃、增加切削刃的长度，影响径向切削力的大小以及刀具使用寿命。小的主偏角可增加主切削刃参加切削的长度，因而散热较好，有利于延长刀具使用寿命。车刀常用的主偏角有 45°、60°、75°、90° 等。②副偏角（κ'_r）。副偏角是副切削刃在基面上的投影与进给反方向的夹角，主要作用是减小副切削刃与已加工表面之间的摩擦，以改善已加工表面的粗糙度，κ'_r 一般取 5° ~ 15°。

3）在切削平面中测量的角度。刃倾角（λ_s）是主切削刃与基面的夹角，主要作用是控制切屑的流出方向。主切削刃与基面平行时，$\lambda_s = 0$；刀尖处于主切削刃的最低点时，λ_s 为负值，刀尖强度增大，切屑流向已加工表面，用于粗加工；刀尖处于主切削刃的最高点时，λ_s 为正值，刀尖强度减小，切屑流向待加工表面，用于精加工。车刀刃倾角 λ_s 一般取 $-5° \sim +5°$。

（二）切削用量

1. 切削运动

在切削过程中，加工刀具与工件间的相对运动就是切削运动。切削运动包括主运动和

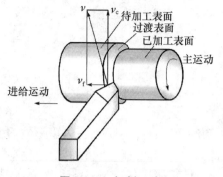

图 2 – 14　切削运动

进给运动两个基本运动，如图 2 – 14 所示。

（1）主运动。主运动是直接切除材料所需要的基本运动，它使刀具和工件之间产生相对运动，在切削运动中形成机床切削速度。主运动可以是旋转运动，也可以是直线运动。主运动在任何切削过程中有且只有一个，是切削运动中速度最高、消耗功率最大的。

（2）进给运动。进给运动是由机床或人力提供的运动，它使刀具与工件之间产生附加的相对运动，配合主运动即可不断地、连续地切削从而获得所需要的加工表面。进给运动可能有一个或几个，与主运动相比，速度较小，消耗功率也较小。

2. 切削过程中形成的三个表面

在切削过程中，工件上会形成三种表面，如图 2 – 14 所示。

（1）待加工表面：将要被切去金属层的表面。

（2）已加工表面：切去金属层后形成的表面。

（3）过渡表面：主切削刃正在切削的表面，又称切削表面。

3. 切削用量

切削用量包括背吃刀量、进给量和切削速度，又称切削三要素。

（1）背吃刀量（a_p）。背吃刀量是指切削时已加工表面与待加工表面之间的垂直距离，用符号 a_p 表示，单位为 mm，如图 2 – 15 所示。

$$a_p = \frac{d_w - d_m}{2}$$

其中，d_w 为工件待加工表面的直径（mm），d_m 为工件已加工表面的直径（mm）。

（2）进给量（f）。进给量是指刀具在进给方向上相对工件的位移量，即工件每转一圈车刀沿进给方向移动的距离，用符号 f 表示，单位为 mm/r，如图 2 – 16 所示。

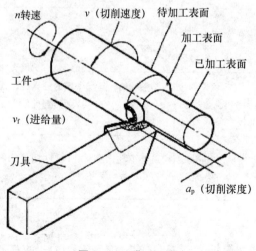

图 2 – 15　背吃刀量

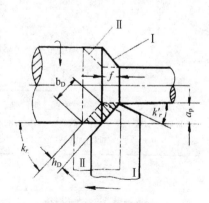

图 2 – 16　进给量

（3）切削速度（v_c）。切削速度是指切削刃上选定点相对于工件主运动的瞬时速度，

用符号 v_c 表示，单位为 m/min。当主运动是旋转运动时，切削速度是指圆周运动的线速度，即

$$v_c = \frac{\pi dn}{1000}$$

其中，d 为工件或刀具在切削表面上的最大回转直径（mm）；n 为车床主轴转速（r/min）。

（三）切削液

切削液是一种在金属切削加工过程中，用来冷却和润滑刀具或工件的工业用液体。切削液由多种功能助剂经科学复合配制而成，同时具备良好的冷却性能、润滑性能、防锈性能、除油清洗功能、防腐功能，具有易稀释等特点，并且克服了传统皂基乳化液夏天易臭、冬天难稀释、防锈效果差的缺点。另外，切削液对保护车床等设备的油漆表面也有良好的效果。

1. 切削液的种类、特点及应用场合

切削液一般可分为乳化液、切削油和水溶液等，其特点及应用场合如表 2-4 所示。

表 2-4 切削液的种类、特点及应用场合

种类		主要成分	特点	应用场合
油基切削油	矿物油	煤油、柴油等轻质油和全损耗系统油	具有良好的润滑性和一定的防锈性能，但生物降解性差	适用于轻负荷切削及易切削钢材和有色金属的加工。在普通精车、螺纹精加工中应用较广泛
	动植物油	猪油、菜籽油、豆油	具有降解性，但易氧化变质	适用于剃齿等精密切削加工
	普通复合切削油	在矿物油中加入油性剂调配而成	比单有矿物油性能好，有一定的润滑、渗透和清洗作用	适用于多工位切削及多种材料的切削加工
	极压切削油	在矿物油中加入含硫、磷、氯等极压添加剂、油溶性防锈剂和油性剂等	高温下仍具有良好的润滑效果，防锈性也较好	一般在精加工中使用，钻削、铰削和加工深孔时，用黏度较小的极压切削油
水基切削油	水溶液	水加入防锈剂、防腐剂	主要起冷却作用	常用于粗加工
	乳化液	由矿物油、乳化剂、防锈剂、油性剂、极压剂和防腐剂等组成	起冷却作用，有一定的润滑和清洗作用	粗加工中使用，难观察切削状况，使用量逐年减少
	合成切削液	由水、各种表面活性剂和化学添加剂组成	使用寿命长、具有优良的冷却作用和清洗作用，适合高速切削	溶液透明，具有良好的可见性，在机床、加工中心等现代化加工设备上使用
半合成切削液		由少量矿物油、油性剂、极压剂、防锈剂、表面活性剂和防腐剂等组成	具备乳化液和合成切削液的优点，又弥补了两者的不足	弥补了乳化液和合成切削液的不足，是切削液的发展趋势

2. 切削液的作用

（1）润滑作用。切削液可以形成润滑膜，减小前刀面与切屑、后刀面与已加工表面间的摩擦，从而减小功率消耗，降低刀具与工件坯料摩擦部位的表面温度，减少刀具磨损，改善工件材料的切削加工性能。

（2）冷却作用。切削液通过它和刀具、切屑和工件间的对流和汽化作用把切削热从刀具和工件处带走，从而降低切削温度，减少工件和刀具的热变形，保持刀具硬度，提高加工精度和刀具耐用度。切削液的冷却性能与其导热系数、比热、汽化热以及黏度或流动性有关。水的导热系数和比热均高于油，因此水的冷却性能要优于油。

（3）清洗作用。切削液具有良好的清洗作用，能有效去除切屑、粉尘及油污等，防止机床、工件和刀具被玷污，使刀具切削刃口保持锋利，不致影响切削效果。

（4）防锈作用。切削液有一定的防锈能力。在金属切削加工或工序流转过程中暂时存放时，切削液能防止环境介质及残存切削液中的油泥等腐蚀性物质对金属产生侵蚀。

（5）其他作用。除了以上四种作用外，切削液还具备良好的稳定性，在贮存和使用中不产生沉淀或分层、析油、析皂和老化等现象；对细菌和霉菌有一定的抵抗能力，不易长霉及生物降解而导致发臭、变质；不损坏涂漆零件，对人体无危害，无刺激性气味；在使用过程中无烟雾或少烟雾，便于回收，低污染；排放的废液处理简便，能达到国家规定的工业污水排放标准等。

3. 根据刀具材料选用切削液

（1）工具钢刀具。工具钢刀具的耐热温度在 200℃ ~ 300℃，在高温下会降低硬度，只适用于一般材料的切削。因为这种刀具耐热性能差，要求冷却液的冷却效果要好，所以一般采用乳化液。

（2）高速钢刀具。高速钢刀具材料是以铬、镍、钨、钼、钒（有的还含有铝）为基础的，它们的耐热性明显比工具钢刀具高，允许的最高温度可达 600℃。与其他耐高温的金属和陶瓷材料相比，高速钢有一系列优点，特别是它有较高的坚韧性，适合于加工几何形状复杂的工件和连续的切削加工，而且高速钢具有良好的可加工性且价格上容易被接受。使用高速钢刀具进行低速和中速切削时，建议采用油基切削液或乳化液。高速切削时，由于发热量大，宜采用水基切削液。若使用油基切削液会产生较多油雾，污染环境，而且容易造成工件烧伤，影响加工质量，增大刀具磨损。

（3）硬质合金刀具。硬质合金刀具材料是由碳化钨（WC）、碳化钛（TiC）、碳化钽（TaC）和 5% ~ 10% 的钴组成，它的硬度大大超过高速钢，最高允许工作温度可达 1000℃，具有优良的耐磨性能，加工钢铁材料时，可减少切屑间的黏结现象。加工一般材料时，经常采用干切削，但在干切削时，工件温升较高，易产生热变形，从而影响工件加工精度，而且若在没有润滑剂的条件下进行切削，切削阻力大，功率消耗增大，刀具的磨损也加快。从经济方面考虑，硬质合金刀具价格较贵，所以不适宜用于干切削。选用切削液时，要考虑硬质合金对骤冷骤热的敏感性，所以一般选用含有抗磨添加剂的油基切削液。使用冷却液进行切削时，要注意均匀地冷却刀具，开始切削之前，最好预先用切削液冷却刀具。对于高速切削，要用大流量切削液喷淋切削区，以免刀具受热不均匀而产生崩刃，也可减少由于温度过高产生蒸发而形成的油烟污染。

（4）陶瓷刀具。陶瓷刀具是采用氧化铝、金属和碳化物在高温下烧结而成的。这种材料的高温耐磨性比硬质合金还要好，所以一般用于干切削，但考虑到需均匀冷却和避免温度过高，常使用水基切削液。

五、车工安全操作规程

坚持安全、文明生产是保障操作者和设备安全，防止工伤和设备事故的根本保证。安全、文明生产的具体要求是在长期生产实践中逐步积累下来的，是前人的经验和血的教训，要求车床操作人员必须严格、规范地执行。

1. 文明生产

文明生产是工厂管理的一项十分重要的内容，它直接影响产品质量的好坏，设备、工具、夹具、量具的使用寿命及操作者技能的发挥等。所以，从开始学习基本操作技能时，就要养成良好的习惯，严格做到文明生产。具体要求如下：

（1）启动前，应检查车床各部分机构是否完好，各传动手柄、变速手柄位置是否正确，以防启动时因突然撞击而损坏车床。

（2）启动后，应使主轴低速空转 1～2min，使润滑油散布到各需要之处（冬天更为重要），等车床运转正常后才能工作。

（3）工作中需要变速时，必须先停车；变换走刀箱手柄位置要在低速时进行；使用电气开关的车床不准用正、反车做紧急停车，以免打坏齿轮。

（4）不允许在卡盘及床身导轨上敲击或校直工件，床面上不准放置工具和工件。

（5）装夹较重的工件时，应该用木板保护床面，下班时若工件不卸下，则应用千斤顶支承。

（6）车刀磨损后，要及时刃磨。用磨钝的车刀继续切削会增加车床负荷，甚至损坏车床。

（7）车削铸铁工件及气割下料的工件时，导轨上的润滑油应擦去，工件上的型砂杂质应清除干净，以免磨坏床面导轨。

（8）使用冷却液时，要在车床导轨上涂上润滑油。冷却泵中的冷却液应定期调换。

（9）下班前，应清除车床上及车床周围的切屑和冷却液，擦净后按规定在应加油部位加上润滑油。

（10）每件工具应放在固定位置，不可随便乱放。工具应当根据自身的用途正确使用，不能用扳手代替锤子或用钢尺代替旋具等。

（11）爱护量具，经常保持清洁，用后擦净、涂油、放入盒内并及时归还工具室。

2. 工具、夹具、量具、图样放置合理

合理组织工作位置，注意工具、夹具、量具、图样放置合理，对提高生产效率有很大帮助。具体要求如下：

（1）工作时所使用的工具、夹具、量具以及工件应尽可能集中在操作者的周围。布置物件时，右手拿的放在右面，左手拿的放在左面；常用的放在近处，不常用的放在远处。物件放置应有固定的位置，使用后要放回原处。

（2）工具箱的布置要分类，并保持清洁、整齐。要求小心使用的物体放置稳妥，重的东西放下面，轻的放上面。

（3）图样、操作卡片应放在便于阅读的部位，保持清洁和完整。

（4）毛坯、半成品和成品应分开，并按次序整齐排列，以便放置或取用。

（5）工件周围应保持整齐清洁。

3. 操作注意事项

操作时必须提高执行纪律的自觉性，遵守规章制度，并严格遵守安全技术要求。具体要求如下：

（1）需穿工作服，戴套袖。女同志应戴工作帽，头发或辫子应塞入帽内。

（2）需戴防护眼镜，注意头部与工件不能靠得太近。

（3）为确保安全，操作人员进入车间不准嬉戏打闹、不准做与实习无关的事情。

（4）操作车床前应检查各传动部位是否正常，并按要求加油，发现异常情况应立即停机检查并汇报处理。

（5）加工零件时，严禁戴手套进行操作，操作人员思想要集中，不准多人同时操作一台车床。

（6）车床运转时，严禁用手触摸各转动部位。

（7）车床未完全停止时，不准用手进行刹车。

（8）必须在停机的状态下用铁钩或刷子清除铁屑，不准手拉或嘴吹的方式清除，同时严禁用纱布擦正在旋转的工件。

（9）装拆工件后，卡盘扳手应及时拿下。

（10）换刀时，刀架要远离工件、卡盘和尾座。

（11）严禁在运转中测量工件，或在旋转工件的上方互相传递物品。

（12）更换和调整挂轮箱齿轮必须切断电源。

4. 刀具刃磨安全知识

合理、安全地使用砂轮机刃磨刀具，也是车工必备的基本功之一。具体要求如下：

（1）刃磨车刀时不能用力过大，以防打滑伤手。

（2）车刀高度必须控制在砂轮水平中心，刀头略向上翘，否则会出现后角过大或负后角。

（3）刃磨车刀时应做水平的左右移动，以免砂轮表面出现凹坑。

（4）在平行砂轮上磨刀时，应尽可能避免磨砂轮侧面。

（5）砂轮磨削表面须经常修整，使砂轮没有明显的跳动。对平形砂轮一般可用砂轮刀在砂轮上来回修整。

（6）磨刀时按要求戴防护镜。

（7）刃磨硬质合金车刀时，不可把刀头部分放在水中冷却，以防刀片突然冷却而碎裂。刃磨高速钢车刀时，应随时用水冷却，以防车刀过热退火，硬度降低。

（8）在磨刀前，要对砂轮机的防护设施进行检查。如防护罩壳是否齐全；有搁架的砂轮，其搁架与砂轮之间的间隙是否恰当等。重新安装砂轮后，要进行检查并经试转后才可使用。

（9）刃磨结束后，应随手关闭砂轮机电源。

？ 任务试题

（1）车床种类有哪些？

（2）简述卧式车床的加工范围及其特点。

（3）试述 CA6140 型卧式车床的主要部件及其功能。

（4）车刀的主要角度有哪些？它们的主要作用是什么？

（5）根据用途分类，车刀的种类有哪些？

（6）什么是车削用量的三要素？

（7）如何根据刀具材料选用切削液？

（8）加工工件的过程中需要变速时应注意哪些问题？

任务目标

(1) 熟悉掌握车刀刃磨及安装。
(2) 熟练掌握车外圆、车槽、切断技能。
(3) 熟练掌握车、铰圆柱孔，车内、外圆锥面。
(4) 熟练掌握滚花和螺纹加工。

基本概念

一、车削基本技能实训

（一）车刀的刃磨

车刀用钝后，必须刃磨以恢复它的合理形状和角度。车刀一般在砂轮机上刃磨。磨高速钢车刀用白色氧化铝砂轮，磨硬质合金车刀用绿色碳化硅砂轮。车刀刃磨时，往往根据车刀的磨损情况，磨削有关的刀面即可。车刀刃磨的一般顺序是：磨主后刀面→磨副后刀面→磨前刀面→磨刀尖圆弧。车刀刃磨后，还应用油石细磨各个刀面，这样可有效地延长车刀的使用寿命，减小工件表面的粗糙度。

1. 砂轮的选择

砂轮的特性由磨料、粒度、硬度、结合剂和组织 5 个因素决定。

（1）磨料。常用的磨料有氧化物系、碳化物系和高硬磨料系三种。船上和工厂常用的是氧化铝砂轮和碳化硅砂轮。氧化铝砂轮磨粒硬度低（HV2000 ~ HV2400）、韧性大，适用刃磨高速钢车刀，其中白色的叫白刚玉，灰褐色的叫棕刚玉。

碳化硅砂轮的磨粒硬度比氧化铝砂轮的磨粒高（HV2800 以上）。性脆而锋利，并且具有良好的导热性和导电性，适用刃磨硬质合金。其中常用的是黑色和绿色的碳化硅砂轮。而绿色的碳化硅砂轮更适合刃磨硬质合金车刀。

（2）粒度。粒度表示磨粒大小的程度。以磨粒能通过每英寸长度上多少个孔眼的数字作为表示符号。例如 60 粒度是指磨粒刚可通过每英寸长度上有 60 个孔眼的筛网。因此，数字越大则表示磨粒越细。粗磨车刀应选磨粒号数小的砂轮，精磨车刀应选号数大（即磨粒细）的砂轮。船上常用的粒度为 46 粒度的一台 0 号中软或中硬的砂轮。

（3）硬度。砂轮的硬度是反映磨粒在磨削力作用下，从砂轮表面上脱落的难易程度。砂轮硬，表示磨粒难以脱落；砂轮软，表示磨粒容易脱落。砂轮的软硬和磨粒的软硬是两个不同的概念，必须区分清楚。刃磨高速钢车刀和硬质合金车刀时应选软或中软的砂轮。

另外，在选择砂轮时还应考虑砂轮的结合剂和组织。船上和工厂一般选用陶瓷结合剂（代号 A）和中等组织的砂轮。

综上所述，我们应根据刀具材料正确选用砂轮。刃磨高速钢车刀时，应选用粒度为46 号到 60 号的软或中软的氧化铝砂轮。刃磨硬质合金车刀时，应选用粒度为 60 号到 80号的软或中软的碳化硅砂轮，两者不能搞错。

2. 车刀刃磨的步骤（见图 2－17）。

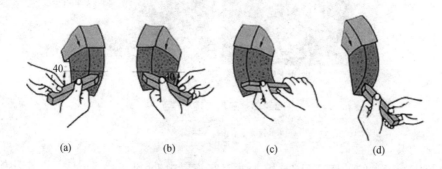

图 2－17　外圆车刀刃磨的步骤

磨主后刀面，同时磨出主偏角及主后角，如图 2－17（a）所示；磨副后刀面，同时磨出副偏角及副后角，如图 2－17（b）所示；磨前面，同时磨出前角，如图 2－17（c）所示；修磨各刀面及刀尖，如图 2－17（d）所示。

3. 刃磨车刀的姿势及方法

（1）人站立在砂轮机的侧面，以防砂轮碎裂时，碎片飞出伤人。

（2）两手握刀的距离放开，两肘夹紧腰部，以减小磨刀时的抖动。

（3）磨刀时，车刀要放在砂轮的水平中心，刀尖略向上翘约 3°～8°，车刀接触、砂轮后应做左右方向水平移动。当车刀离开砂轮时，车刀需向上抬起，以防磨好的刀刃被砂轮碰伤。

（4）磨后刀面时，刀杆尾部向左偏过一个主偏角的角度；磨副后刀面时，刀杆尾部向右偏过一个副偏角的角度。

（5）修磨刀尖圆弧时，通常以左手握车刀前端为支点，用右手转动车刀的尾部。

4. 磨刀安全知识

（1）刃磨刀具前，应首先检查砂轮有无裂纹，砂轮轴螺母是否拧紧，并经试转后使用，以免砂轮碎裂或飞出伤人。

（2）刃磨刀具不能用力过大，否则会使手打滑而触及砂轮面，造成工伤事故。

（3）磨刀时应戴防护眼镜，以免砂砾和铁屑飞入眼中。

（4）磨刀时不要正对砂轮的旋转方向站立，以防意外。

（5）磨小刀头时，必须把小刀头装入刀杆上。

（6）砂轮支架与砂轮的间隙不得大于 3mm，如发现过大，应调至适当。

（二）卡盘的安装与拆卸

1. 三爪自定心卡盘的类型和规格

三爪自定心卡盘是车床上应用最为广泛的一种通用夹具，用以装夹工件并随主轴一起旋转做主运动，能够自动定心装夹工件，快捷方便，一般用于精度要求不是很高，形状规则（如圆柱形、正三角形、正六边形等）的中、小型工件的装夹。正卡爪用于装夹外圆直径较小和内孔直径较大的工件；反卡爪用于装夹外圆直径较大的工件，如图2－18所示。

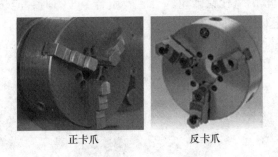

正卡爪　　　　　　反卡爪

图2－18　三爪自定心卡盘

2. 三爪自定心卡盘的结构

三爪自定心卡盘的结构如图2－19所示，它主要由外壳体、3个卡爪、3个小锥齿轮、1个大锥齿轮等零件组成。当卡盘扳手的方榫插入小锥齿轮的方孔中转动时，小锥齿轮就带动大锥齿轮转动，大锥齿轮的背面是平面螺纹，卡爪背面的螺纹与平面螺纹啮合，从而驱动3个卡爪同时沿径向夹紧或松。

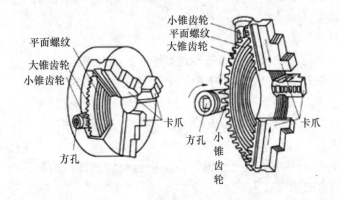

图2－19　三爪自定心卡盘的结构

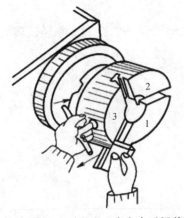

图2－20　三爪自定心卡盘卡爪拆装

3. 卡盘拆卸前的准备工作

装卸卡盘前应切断电动机电源，即向下扳动电源总开关由"ON"至"OFF"位置。将卡盘及卡爪的各表面（尤其是定位配合表面）擦净并涂油。在靠近主轴处的床身导轨上垫一块木板，以保护导轨面不受意外撞击。

4. 三爪自定心卡盘卡爪的装卸（见图2－20）

识别三爪自定心卡盘卡爪的号码并排序安装1号卡爪、2号卡爪、3号卡爪，拆卸三爪自定心卡盘的卡爪。

5. 三爪自定心卡盘的装卸

（1）拆卸三爪自定心卡盘。

步骤1：在主轴孔内插入一根硬质木棒，木棒的另一端伸出卡盘之外并搁置在刀架上，应注意安全，最好由两人共同完成。

步骤2：用内六方扳手卸下连接盘与卡盘连接的3个螺钉，并用木锤轻敲卡盘背面，以使卡盘从连接盘的台阶上分离下来。

步骤3：两人用硬质木棒小心地抬下卡盘，注意安全。

（2）安装三爪自定心卡盘。

步骤1：用一根比主轴通孔直径稍小的硬质木棒穿在卡盘中。

步骤2：两人将卡盘抬到连接盘端，将木棒一端插入主轴通孔内，另一端伸在卡盘外。

步骤3：小心地将卡盘背面的台阶孔装配在连接盘的定位基面上，并用3个螺钉将连接盘与卡盘可靠地连为一体。

步骤4：检查卡盘背面与连接盘端面是否贴平、贴牢。最后抽去木棒，撤去垫板。

（三）工件的装夹和校正

车床用于加工回转体零件，零件表面都是围绕机床主轴的旋转轴线而成形的，了解工件的夹紧与定位的概念，定位原理及方式对车削加工中减少定位误差具有一定意义。

1. 车床工件的装夹与定位

（1）工件的安装。在机械加工过程中为确保加工精度，首先要将工件装在机床上，并占据一个正确的位置，这就是工件的定位。工件定位后，为了使其在加工过程中始终保持这一位置，必须把它压紧夹牢，这称为工件的夹紧，从定位到夹紧的整个过程称为对工件的安装。常用的车床工件安装方法有以下几种：用顶尖安装工件、用三爪卡盘装夹工件、用其他附件安装工件、用心轴安装工件等。安装工件的主要要求是位置准确、装夹牢固。

1）工件安装的基本原则。在车床上安装工件的原则是要合理地选择定位基准和夹紧方案。为了提高车削的加工效率，应注意以下几点：①力求基准统一，以减少基准不重合误差和数控编程中的计算工作量。②尽量减少装夹次数，提高加工表面之间的相互位置精度。③当零件批量不大时，应尽量采用组合夹具、可调夹具和其他通用夹具，以缩短生产准备时间。④装夹零件要方便可靠，避免采用占机人工调整的装夹方式，以提高生产效率。

2）工件的安装方式。工件的安装有一次安装法和多次安装法。一次安装法是用专用夹具装夹实现的。多次安装法是在工件的加工中，经常采用的方法。

（2）工件的夹紧。车削中为保证工件定位时确定的正确位置，防止工件在切削力、离心力、惯性力或重力等作用下产生位移和振动，必须将工件夹紧。

1）对工件夹紧的基本要求。①工件在夹紧过程中，不能改变工件定位后所占据的正确位置。②夹紧力的大小适当，即防止产生大的夹紧变形，也要使得加工振动现象尽可能小。③操作方便、安全、省力。④夹紧装置的自动化程度及复杂程度，应与工件的批量大小相适应。

2）夹具的选择。一般机床夹具都有一个夹紧装置，目的是保证工件定位时所确定的正确加工位置。

夹紧装置的最终执行件为夹具。根据加工的特点对夹具提出了两个基本要求：①要保证夹具的坐标方向与机床的坐标方向相对固定。②要能保证零件与机床坐标系之间的准确尺寸关系。

（3）定位与夹紧的关系。定位与夹紧的任务是不同的，两者不能互相取代。定位时，必须使工件的定位基准紧贴在夹具的定位元件上，否则不称为定位，而夹紧是使工件不离开定位元件。

2. 工件的定位

（1）定位方法与定位元件。车床工件定位方法主要有四种：

1）工件以平面定位。定位元件一般为支承钉、支承板、可调支承、辅助支承。

2）车床工件以外圆定位。最常见的定位元件有 V 形块、半圆弧定位等装置。

3）工件以内孔定位。在车床车削齿轮、套筒、盘类等零件的外圆时，一般以加工好的孔作为定位基准比较方便。

4）工件以两孔一面定位。当工件以两个平行的孔和与其相垂直的平面作为定位基准时可用此法定位，这种定位方法在加工轴承座、箱体零件时经常使用。

（2）定位基准选择。工件结构的定位，必须要有一个参照物来衡量，确定工件上几何要素（点、线、面）间的位置关系，所依据的另一些点、线、面称为基准，按其功用不同，基准可分为设计基准和工艺基准两大类。

（3）定位基准的选择原则。

1）基准重合原则。选用设计基准作为定位基准。可以避免因基准不重合而产生的定位误差。

2）基准统一原则。采用同一组基准定位加工零件上尽可能多的表面。

3）互为基准原则。某个工件上有两个相互位置精度要求很高的表面，采用工件上的这两个表面互相作为定位基准，反复加工另一表面。

4）自为基准原则。有时精加工或光整加工工序要求被加工表面的加工余量小而均匀，则应以加工表面本身作为定位基准。

3. 定位误差及减少方法

所谓定位误差是指工件在夹具中定位时，由于其被加工表面的设计基准在加工方向上的位置不定性而引起的一项工艺误差，是被测要素在加工方向上的最大变动量。

（1）安装中误差产生原因。工件安装中的定位误差、夹具误差、安装误差直接影响到机械加工零件的加工精度。定位误差一般包括基准不重合误差和基准位移误差；夹具误差，因夹具制造、安装、调试的误差最终造成零件加工时工序尺寸发生变化；工件（夹具）安装误差，工件加工时刀具和工件是安装在机床和夹具上，并受到机床和夹具的约束，所以机床、夹具、刀具和工件构成了一个完整系统。

（2）减少定位误差的方法。定位误差指一批工件在夹具中的位置不一致而引起的误差，用 $\triangle D$ 表示，误差产生的原因分析，基准不重合误差 $\triangle B$ 与基准位移误差 $\triangle Y$，误差集散公式为：

$$\triangle D = \triangle B + \triangle Y$$

减少定位误差一般措施：采用加工面的设计基准作定位基准面；提高夹具的制造、安装精度及刚度，特别是调高夹具的工件定位基准面的制造精度；如若加工面的设计基准与定位基准面不同，应提高加工面的设计基准与定位基准面间的位置测量精度；提高机床基准面和导向面的几何精度。

六点定位原理对于任何形状工件的定位都是适用的，而用工件六点定位原理进行定位时，必须根据具体加工要求灵活运用，宗旨是使用最简单的定位方法，使工件在夹具中迅速获得正确的位置。可见，车削加工中，为保证加工精度，正确的分析工件的装夹与定位是非常关键的，只要我们把理论分析与实践技能有机地结合起来，形成比较完整和系统的知识，真正掌握切削加工技巧的一些要点就能提高零件车削加工的质量。

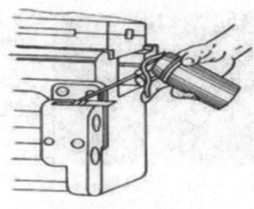

图 2 - 21 浇油润滑

（四）车床的润滑和维护保养

1. 车床的润滑方式

（1）浇油润滑。通常用于外露的滑动表面。如导轨，如图 2 - 21 所示。

（2）溅油润滑。通常用于密闭的箱体中。如内部传动齿轮，如图 2 - 22 所示。

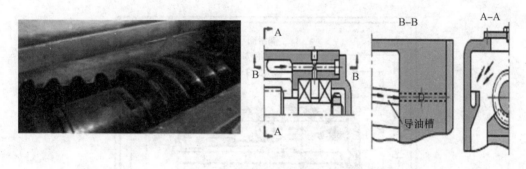

图 2 - 22 上置式蜗杆轴承的润滑

（3）油绳导油润滑。通常用于进给箱和溜板箱的油池中，如图 2 - 23 所示。

（4）弹子油杯润滑。通常用于摇动手柄和杆的轴承处，如图 2 - 24 所示。

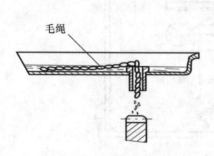

图 2 - 23 油绳导油润滑

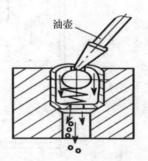

图 2 - 24 弹子油杯润滑

（5）油脂杯润滑。通常用于交换齿轮箱挂轮架中间轴或不便经常润滑处，如图 2 - 25 所示。

（6）油泵循环润滑。通常用于转速高、需要大量润滑油连续强制润滑的场合，主轴箱、进给箱内有许多润滑点，如图2－26所示。

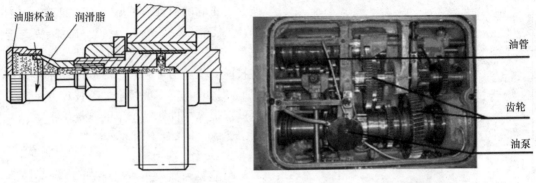

图2－25　油脂杯润滑　　　　　　　　　　　图2－26　油泵循环润滑

2. 车床的润滑系统和润滑要求（见图2－27、表2－5）。

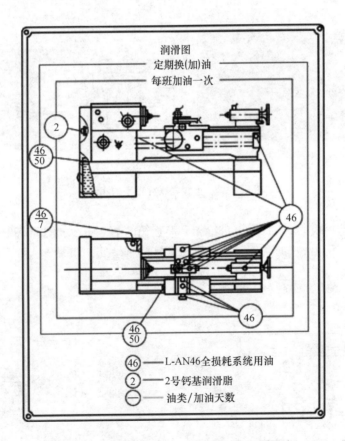

图2－27　CA6140型卧式车床的润滑系统标牌

表 2-5　CA6140 型卧式车床润滑系统的润滑要求

周期	数字	意义	符号	含义	润滑部位	数量
每班	整数形式	"○"中数字表示润滑油牌号，每班加油1次	②	用2号钙基润滑脂进行脂润滑，每班拧动油杯盖1次	交换齿轮箱中的中间齿轮轴	1处
			㊻	使用牌号为 L-AN46 的润滑油（相当于旧牌号的30号机械油），每班1次	多处	14处
经常性	分数形式	$\frac{分子}{分母}$ 中分子表示润滑油牌号，分母表示两班制工作时换（添）油间隔的天数（每班工作时间为8h）	$\frac{46}{7}$	分子"46"表示使用牌号为 L-AN46 的润滑油，分母"7"表示加油间隔时间为7天	主轴箱后面的电器箱内的床身立轴套	1处
			$\frac{46}{50}$	分子"46"表示使用牌号为 L-AN46 的润滑油，分母"50"表示换油间隔时间为50~60天	左床脚内的油箱和溜板箱	2处

3. 车床的润滑系统和润滑操作

（1）每天对车床进行的润滑工作。

1）操作准备。准备好棉纱、油枪、油壶、油桶、2号钙基润滑脂（黄油）、L-AN46 全损耗系统用油等，如图 2-28 所示。

2）擦拭车床润滑表面。

步骤：

用棉纱擦净小滑板导轨面→用棉纱擦净中滑板导轨面→用棉纱擦净尾座套筒表面→用棉纱擦净尾座导轨面→用棉纱擦净溜板导轨面。

图 2-28　加油工具

3）润滑内容。如图 2 – 29 所示。

车床的润滑内容：

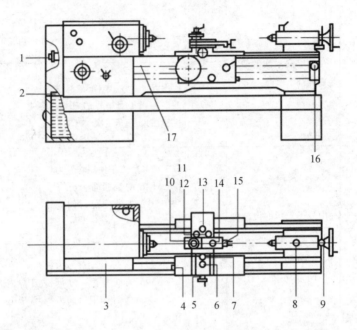

图 2 – 29 CA6140 型卧式车床每天润滑点的分布（1～17 为各润滑点）

①主轴箱。方式：油泵循环润滑和溅油润滑。润滑油：L – AN46 全损耗系统用油。

②进给箱和溜板箱。方式：溅油润滑和油绳导油润滑。润滑油：L – AN46 全损耗系统用油。

③丝杠、光杠及操纵杆的轴颈，如图 2 – 30 所示。方式：油绳导油润滑和弹子油杯润滑：L – AN46 全损耗系统用油。

(a) 后托架储油池的注油润滑　　(b) 丝杠左端的弹子油杯润滑

图 2 – 30 丝杠、光杠及操纵杆的轴颈润滑

④床鞍、导轨面和刀架部分，如图 2 – 31 所示。方式：浇油润滑和弹子油杯润滑，润滑油：L – AN46 全损耗系统用油。

⑤尾座，如图 2 – 32 所示。方式：弹子油杯润滑，润滑油 L – AN46 全损耗系统用油。

⑥交换齿轮箱中间齿轮轴，如图 2 – 33 所示。

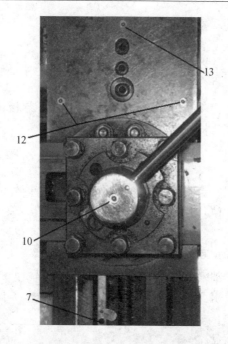

图 2-31　床鞍、导轨面和刀架部分润滑（7、10、12、13 为润滑点）

图 2-32　尾座润滑（8、9 为润滑点）

方式：浇油润滑和弹子油杯润滑，润滑油：2 号钙基润滑脂。

普通车床一级保养的内容及要求：

（2）外保养。

1）清洗车床外表面及各罩盖，保持其内外清洁。

2）清洗丝杠、光杠、操纵杆等，外露精密表面应无毛刺、无锈蚀。

3）检查并补齐外部缺件，如各螺钉、手柄球等。

（3）主轴箱。

1）检查主轴，锁紧螺母有无松动，紧定螺钉是否拧紧。

2）调整制动器及离合器摩擦片间隙。

3）清洗过滤器，使其无杂物。

（4）交换齿轮箱。

1）拆洗齿轮、轴套并在油杯中注入新油脂。

2）调整齿轮啮合间隙。

图 2-33　中间齿轮轴润滑

3）检查轴套有无晃动现象。

4）检查 V 带运转是否正常。

5）检查 V 带张紧力是否合适，表面是否有裂纹。

（5）刀架部分。

1）清洗导轨面、修光毛刺，清洗并调整镶条及压板，导板毡垫应清洁且接触良好。

2）拆洗刀架和中、小滑板，待洗净擦干后重新组装。

3）调整中、小滑板与镶条以及丝杆螺母的间隙。

（6）尾座。

1）拆洗尾座，摇出尾座套筒，并擦净、涂油，以保持内外清洁。

2）调整前、后顶尖，使其同轴。

（7）润滑系统。

1）保证油路畅通，油窗和油标清晰、醒目。

2）油杯齐全，油孔、油绳、油毡清洁，无切屑和杂物。

3）油质、油量符合要求。

（8）冷却系统。

1）清洗过滤网和盛液盘。

2）切削液池无沉淀和杂物。

3）管道畅通、整齐、固定牢靠。

4）切削液无明显污染，质量符合要求。

（9）电气系统。

1）检查急停按钮是否灵敏、可靠。

2）检查行程开关、按钮功能是否正常，动物是否可靠。

3）清扫电动机、电气箱上的灰尘和切屑。

4）检查电动机运转是否正常，有无不正常的发热现象。

5）检查电线、电缆有无破损。

6）电气装置固定整齐。

二、车外圆柱技能实训

（一）车削外圆柱面和端面方法

1. 车外圆柱的步骤与方法

（1）加工准备。

1）根据图样检查工件的加工余量和要求，选择合适的切削用量。在零件材料为 45 钢的情况下粗车外圆时，通常背吃刀量为 1.5 ~ 3mm，主轴转速为 500 ~ 800r/min，进给量为 0.2 ~ 0.4mm/r。精车外圆时，通常余量为 0.5mm（直径方向），主轴转速为 900 ~ 1200r/min，进给量为 0.1mm/r 左右。

2）合理刃磨并正确安装车刀，按要求校正并夹紧工件。

（2）对刀试切削。正确装夹完工件后，要根据工件的加工余量决定走刀次数和走刀的背吃刀量。

半精车和精车时，为了准确地控制背吃刀量，保证工件加工的尺寸精度，只靠刻度盘是不行的。因为刻度盘和丝杠都有误差，往往不能满足半精车和精车的要求，这就需要采用试切削测量的方法，如图 2 - 34 所示。

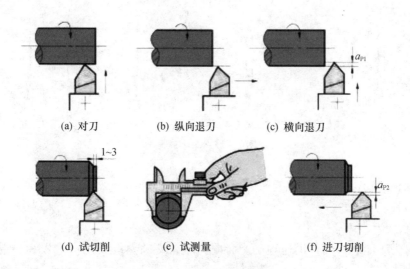

(a) 对刀　　　　　(b) 纵向退刀　　　　　(c) 横向退刀

(d) 试切削　　　　(e) 试测量　　　　　(f) 进刀切削

图 2 - 34　试切削测量的步骤

试切削测量的具体步骤如下：

1) 启动车床使工件旋转，左手摇动床鞍手轮，右手摇动中滑板手柄，使车刀刀尖轻轻地接触工件待加工表面，作为确定背吃刀量的零点位置。然后反向摇动床鞍手轮（此时中滑板手柄不动），使车刀向右离开工件 3 ~ 5mm。

2) 摇动中滑板手柄，使车刀横向进给，进给量为背吃刀量。

3) 车刀进刀后纵向移动约 2mm 时，纵向快退，停车测量。若尺寸符合要求，就继续切削。若尺寸还大，则加大背吃刀量；反之，则应减小背吃刀量。

以上是试切削的一个循环，如果尺寸还大，则仍按以上的循环再进行试切削，直至尺寸合格后，按确定下来的背吃刀量将整个表面加工完成。

（3）正常车削。通过试切削调节好背吃刀量后，便可选择机动或手动纵向进给正常车削。观察床鞍手轮刻度，当车削至所需部位时，横向退出车刀后再纵向退出，然后停车测量。如此多次进给，直到被加工表面达到图样要求为止。

2. 车端面的方法

圆柱体两端的平面称为端面，车端面常用的刀具有 45°车刀和偏刀两种。

（1）用 45°车刀车端面。一般采用 45°车刀的主切削刃车削端面，如图 2 - 35（a）所示。切削时若适当提高转速可提高表面质量。

（2）用偏刀车端面。①利用偏刀的副刀刃车削端面，这样加工的工件切削条件差，表面质量不理想，切削力向里，车刀容易扎入工件而形成凹面，如图 2 - 35（b）所示。②利用偏刀的主刀刃由中心向外车削，这样车出的端面平整不易产生凹面，还能得到较好的表面粗糙度，如图 2 - 35（c）所示。③利用左偏刀的主刀刃由外向中心车端面时，切削条件较好，端面平整，如图 2 - 35（d）所示。

3. 倒角及加工

一般采用 45°车刀进行直角倒角，作用是去除毛刺。还有一些倒角是圆弧倒角，可以起到减小应力集中，加强轴类零件强度的作用。例如，C2 表示倒角边与轴线夹角为 45°，倒角的直角边长为2mm。

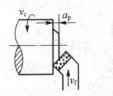 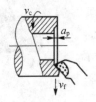

(a) 45°车刀车端面　　(b) 偏刀副刀刃车端面　　(c) 偏刀主刀刃车端面　　(d) 左偏刀主刀刃车端面

图2-35　车削端面

倒角加工过程：先将45°车刀刀刃移到外圆与端面的棱边处，然后纵向或横向移动相应的直角边长。

4. 刻度盘的计算与应用

车削时为了能够正确、迅速地确定背吃刀量，必须熟练使用中滑板和小滑板上的刻度盘。

（1）中滑板上的刻度盘。如CA6140型车床中滑板丝杠螺距为5mm，中滑板刻度盘等分为100格，当手柄带动刻度盘每转一格时，中滑板移动的距离为 $5 \div 100 = 0.05$（mm），即每小格的背吃刀量为0.05mm。由于工件是旋转的，所以工件上被切下的部分是车刀切深的两倍，也就是工件直径减少量为0.1mm。

注意：用中滑板进刀时，如果刻度盘多进了几格，或试切后发现尺寸不对而需将车刀退回时，因为丝杠与螺母之间存在间隙，而产生空行程，所以必须向相反方向消除刻度盘全部空行程后再进刀至所需刻度值，绝不能将刻度盘直接退回到所要的刻度值，如图2-36所示。如果要求刻度值转至30，但摇过头，刻度值成35，如图2-36（a）所示，直接退至30也是错误的，而是如图2-36（b）所示，应反转约一周后，再转至刻度值30，如图2-36（c）所示。

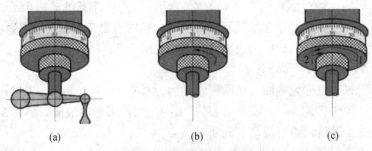

(a)　　　　　　　　(b)　　　　　　　　(c)

图2-36　消除刻度盘空行程的方法

（2）小滑板上的刻度盘。小滑板刻度盘的使用与中滑板刻度盘基本相同，但还需注意以下两个问题：①CA6140型车床刻度盘每转一格，则小滑板移动的距离为0.05mm。②小滑板刻度盘主要用于控制工件长度方向的尺寸，与加工圆柱面不同的是小滑板移动了多少距离，工件的长度尺寸就改变了多少。

5. 工件的测量

（1）游标卡尺测量工件。测量工件的一般精度尺寸时，常选用游标卡尺，其使用方法如图 2 – 37 所示。

（2）千分尺测量工件。测量尺寸精度要求较高的零件则选用千分尺，其使用方法如图 2 – 38 所示。

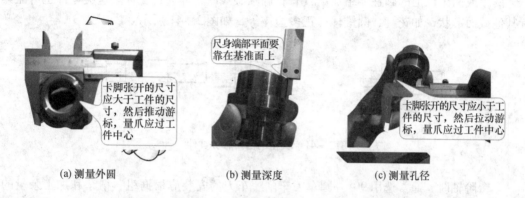

(a) 测量外圆　　　　　　　　　(b) 测量深度　　　　　　　　(c) 测量孔径

图 2 – 37　游标卡尺的使用方法

图 2 – 38　千分尺的使用方法

（3）工件径向跳动误差的测量。将工件支撑在车床上的两顶尖之间，如图 2 – 39 所示，先将杠杆百分表的测量头与工件被测部分的外圆接触，以消除间隙，当工件转过一圈，杠杆百分表读数的最大差值就是该测量面上的径向圆跳动误差。按上述方法测量若干个截面，各截面上测得圆跳动的最大值就是该工件的径向全跳动。也可将工件支撑在平板的 V 形架上，用百分表配合测量，测量需垂直指向零件的轴线，如图 2 – 40 所示。

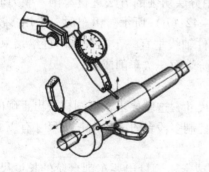

图 2 – 39　用杠杆百分表测量径向跳动误差

图 2 – 40　用 V 形架支撑测量

（4）端面的测量。对端面的要求是既与轴心线垂直，又要求平直。一般用刀口尺来检测端面的平面度。

（二）车削台阶工件

1. 台阶轴的安装与车削方法

两个或两个以上的圆柱体组成的具有相同轴心线的轴称为台阶轴。这类零件也可能具有其他截面形状，如花键、圆锥体、正多边体等，如图 2 - 41 所示。

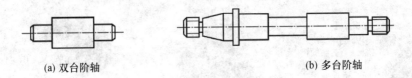

(a) 双台阶轴　　　　　　　　　　　　　(b) 多台阶轴

图 2 - 41　典型的台阶轴类零件

车台阶轴时，通常选用90°外圆车刀车削。车刀的安装应根据粗、精车和加工余量的多少来调整。粗车时，为了增加背吃刀量，减少刀尖的压力，保证车削过程中不发生"扎刀"现象，主偏角可小于90°（一般取70°~90°）。精车时，为了保证台阶端面和轴线垂直，主偏角可略大于90°（一般取91°~95°）。

（1）安装台阶轴的方法。短而粗的台阶轴可用三爪自定心卡盘夹紧。较重的或精度要求不高的台阶长轴可采用一端用卡盘夹紧，另一端用后顶尖顶住的安装方法，但要注意卡盘夹紧轴端的部分不能太长，顶尖与卡盘的轴心线要同轴。对于较长的或需多次装夹进行加工的台阶轴常采用两顶尖法来安装。

（2）车台阶轴的方法。车台阶轴实际上是车外圆和车端面的综合，有纵向进给和横向进给两种方式。当台阶轴的第一段长度较短时，可先横向进给车削，再纵向进给车削；当台阶轴的某段长度较长或表面尺寸精度要求较高时，则采用先纵向进给再横向进给车削的方法，以保证台阶端面与工件轴线的垂直度及表面粗糙度。

根据相邻两圆柱体直径差值大小，台阶轴可分为低台阶轴和高台阶轴，车削方法如下：

1）低台阶轴的车削。台阶轴的低台阶外圆可以一次走刀车出，如图 2 - 42（a）所示。由于台阶端面要求和工件轴线垂直，所以必须使用90°外圆车刀车削，并且装刀时要使主刀刃和工件轴线垂直。

2）高台阶轴的车削。台阶轴的高台阶外圆要用分层切削的方法进行车削。装刀时要求把90°外圆车刀的主偏角装成93°~95°，如图 2 - 42（b）所示。粗车时，采用多次走刀来完成高台阶轴的车削。在为保证台阶端面和工件轴线垂直，车刀在纵向进给结束后，用手摇动中滑板手柄，使车刀逐渐均匀退出，把台阶端面一次车削成型。

2. 控制台阶轴台阶长度的方法

车台阶轴时，应准确控制多段台阶的轴向长度尺寸，这就要求根据图样找出正确的测量基准，否则会造成累积误差过大而使工件报废。控制多段台阶的轴向长度尺寸有以下几种方法：

（1）刻线痕控制台阶长度。先用钢直尺、样板或卡钳测量出要车削台阶的长度尺寸，然后移动床鞍使车刀刀尖处于车削台阶长度的末端，再摇动中滑板手柄，使车刀刀尖在工

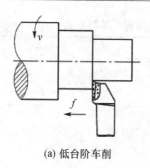

(a) 低台阶车削

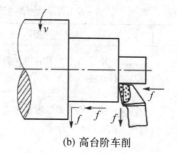

(b) 高台阶车削

图 2 - 42 台阶轴的车削方法

件外圆表面刻出台阶长度的线痕，最后进行车削，如图 2 - 43 所示。这种方法误差较大。

（2）利用车床床鞍和小滑板的刻度盘控制台阶长度。CA6140 型卧式车床床鞍的刻度盘每小格等于纵向进给 1mm；而小滑板刻度盘每转一格，则带动小滑板移动的距离为 0.05mm。根据床鞍和小滑板刻度盘转过的格数，即可算出进给长度。采用这种方法，台阶长度误差可控制在 0.1mm 之内。

3. 测量台阶轴台阶长度的方法

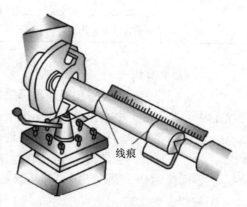

线痕

图 2 - 43 刻线痕确定台阶位置

台阶轴台阶长度尺寸可以用钢直尺、深度游标卡尺和内卡钳等测量，对于大批量或尺寸精度较高的台阶，还可以用量规测量，如图 2 - 44 所示。

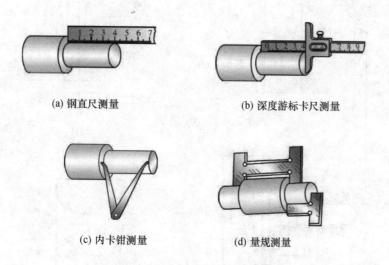

(a) 钢直尺测量

(b) 深度游标卡尺测量

(c) 内卡钳测量

(d) 量规测量

图 2 - 44 台阶长度的测量

4. 车台阶轴时产生废品的原因和预防方法

车台阶轴时产生废品的原因和预防方法如表 2 - 6 所示。

表 2 – 6　车台阶轴时产生废品的原因和预防方法

废品种类	产生原因	预防方法
台阶面与工件 轴线不垂直	较低的台阶是由于车刀装得歪斜，使主切削刃与工件轴线不垂直	装刀时必须使车刀的主切削刃垂直于工件的轴线，车台阶时最后一刀应从里向外车出
	较高的台阶不垂直的原因是车刀不锋利、小滑板太松或刀架未压紧，使车刀受背向力的作用而"让刀"	保持车刀锋利；中、小滑板的镶条不应太松；车刀刀架应压紧
台阶的长度 不正确	自动进给没有及时关闭，使车刀进给的长度超过应有尺寸	注意自动进给及时关闭或提前关闭，再用手动进给尺寸
	看错尺寸或事先没有根据图样尺寸进行测量	看准图样尺寸；正确测量工件

（三）钻中心孔

在工件安装中，一夹一顶或两顶都要先预制中心孔，在钻孔时为了保证同轴度也往往要先钻中心孔来决定中心位置。在车床上钻孔加工也是比较常见的工艺，如齿轮、轴套、带轮、盘盖类等零件的孔，都必须要先进行钻孔加工。中心孔是轴内零件的基准，又是轴内零件的工艺基准，也是轴类零件的测量基准，所以中心孔对轴类零件的作用是非常重要的。中心孔有：60°、75°、90°，其基准是 60°、75°、90°的圆锥面。

1. 中心孔的型式

按形状和作用可分为四种，如图 2 – 45 所示。

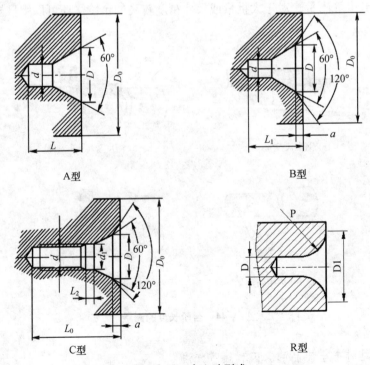

图 2 – 45　中心孔型式

（1）中心孔是机械设计中常见的结构要素，可用作零件加工和检测的基准。GB/T145—2001 规定中心孔有 A、B、C、R 四种型式。

（2）以上四种型式中心孔的圆锥角为 60°，重型工件用 75°或 90°的圆锥角。

（3）中心孔通常用中心钻钻出，直径在 6.3mm 以下的中心孔一般采用钻的加工工艺，较大的中心孔可采用车、锪等加工方法。制造中心钻的材料一般为高速钢。

2. 各类中心孔的作用

（1）A 型中心孔：由圆柱和圆锥两部分组成，圆锥孔 600，适用于不需多次安装或不保留中心孔的零件，起定位和导向作用。

（2）B 型中心孔：比 A 型中心孔的端部多一个 1200 的锥孔，目的是保护 600 圆锥孔，适用于多次安装的零件。

（3）C 型中心孔：外端与 B 型中心孔相同，里端有一个比圆柱孔还要小的内螺纹，适用于工件之间的紧固连接。

（4）R 型中心孔：将 A 型中心孔的圆锥母线改为圆弧线，适用于定位精度要求较高的工件。

中心孔圆柱部分的作用是：储存油脂，保护顶尖。圆柱部分的直径，就是选取中心钻的公称直径。

3. 中心孔的标注含义

中心孔的标注含义如表 2-7 所示，中心孔有关参数如表 2-8 所示。

表 2-7 中心孔的标注含义

要求	表示法示例	说明
在完工的零件上要求保留中心孔	示例1： GB/T 4459.5-B2.5/8	采用 B 型中心孔 D = 2.5mm，D$_1$ = 8mm 在完工的零件上要求保留
在完工的零件上可以保留中心孔	示例2： GB/T 4459.5-A4/8.5	采用 A 型中心孔 D = 4mm，D$_1$ = 8.5mm 在完工的零件上是否保留都可以
在完工的零件上不允许保留中心孔	示例3： GB/T 4459.5-A1.6/3.35	采用 A 型中心孔 D = 1.6mm，D$_1$ = 3.35mm 在完工的零件上不允许保留

表 2 - 8　R 型、A 型和 B 型中心孔有关参数

D 公称直径	型　式					
	R	A			B	
	D_1 公称直径	D_1 公称直径	t 参考尺寸		D_1 公称直径	t 参考尺寸
(0.5)	—	1.06	0.5		—	—
(0.63)	—	1.32	0.6		—	—
(0.8)	—	1.70	0.7		—	—
1.0	2.12	2.12	0.9		3.15	0.9
(1.25)	2.65	2.65	1.1		4	1.1
1.6	3.35	3.35	1.4		5	1.4
2.0	4.25	4.25	1.8		6.3	1.8
2.5	5.3	5.30	2.2		8	2.2
3.15	6.7	6.70	2.8		10	2.8
4.0	8.5	8.50	3.5		12.5	3.5
(5.0)	10.6	10.60	4.4		16	4.4
6.3	13.2	13.20	5.5		18	5.5
(8.0)	17	17.00	7.0		22.4	7.0
10.0	21.2	21.20	8.7		28	8.7

注：尽量避免选用括号中的符号。

4. 中心钻

（1）常用的中心钻有 A 型和 B 型两种，一般为高速钢，如图 2 - 46 所示。

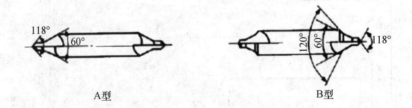

A 型　　　　　　　　　　　B 型

图 2 - 46　中心钻

（2）中心钻的装夹。

1）根据加工需要选择合适的中心钻，根据机床尾座套筒锥度选择带莫氏锥柄的钻夹。

2）用钻夹头钥匙逆向旋转夹头外套，三爪张开，装中心钻于三爪之间，伸出长度为中心钻长度的 1/3，然后用钻夹头钥匙顺时针方向转动钻夹头外套，三爪夹紧中心钻，如图 2 - 47 所示。

(a) 钻夹头钥匙的使用　　　　　(b) 装夹中心钻

图 2 - 47　中心钻的装夹

3）擦净钻夹头柄部和尾座锥孔，沿尾座套筒轴线方向将钻夹头锥柄部分，稍用力插入尾座套筒锥孔中（注意扁尾方向）。

（3）中心孔的钻削方法。

1）装夹中心钻。

2）钻中心孔，由于在工件轴心线上钻削，钻削线速度低，必须选用较高的转速：一般为 500～1000r/min，进给量要小。孔径越大，转速越小。

3）工件端面必须车平，不允许出现小凸头；尾座校正，以保证中心钻和轴线同轴。

4）中心钻起钻时，进给速度要慢，钻大工件时要用毛刷加注切削液并及时退屑冷却。钻削完毕时应使中心钻停留在中心孔中 2～3 秒，然后退出，使中心孔光、圆、准确。

钻头折断的原因如下：

（1）当中心钻轴线与工件旋转轴线不同轴时，会使中心钻受到一个附加力而折断。这通常是由于车床尾座偏位或钻夹头锥柄与尾座套筒锥孔配合不准确而造成的。因此，钻中心孔之前找正中心钻的位置是很必要的。

（2）工件端面没有车平，或中心处留有凸台，使中心钻不能准确定心而折断。

（3）切削用量选择不合适，如加工转速太低而中心钻进给太快使中心钻折断。

（4）中心钻磨钝后强行钻入工件而使中心钻折断。

（5）没有浇注充分的切削液或没有及时清除切屑，以致切屑堵塞在中心孔内而使中心钻折断。

（四）轴类工件的装夹

1. 用三爪自定心卡盘装夹

（1）三爪卡盘特点。三个卡爪是同步运动的，能自动定心，一般不需要找正。

卡爪：正爪、反爪——装夹直径较大的零件。装夹特点：方便、省时、自动定心好，但夹紧力小。

适用范围：装夹外型规则的中、小型工件。

（2）三爪卡盘装夹工件的找正。

找正原因：

1）工件较长，旋转中心与主轴中心不重合。

2）卡盘使用时间过长，已失去应有的精度，而加工精度要求又较高。

找正方法：

1）粗加工时可用目测和划针找正毛坯表面。

2）半精车、精车时可用百分表找正工件外圆和端面。

3）装夹轴向尺寸较小的工件，还可以先在刀架上装夹一圆头铜棒，再轻轻夹紧工件，然后使卡盘低速带动工件转动，移动床鞍，使刀架上的圆头棒轻轻接触已粗加工的工件端面，观察工件端面大致与轴线垂直后即停止旋转，并夹紧工件。

2. 用四爪单动卡盘装夹

（1）特点：四个卡爪各自独立运动；装夹时必须先对工件进行找正——加工部位的旋转中心与主轴的旋转中心重合；找正比较麻烦，装夹所费时间较长，夹紧力大；同样可以装成正爪或反爪两种形式，反爪用于装夹直径较大的工件。

（2）适用范围：适用于装夹大型或形状不规则的工件。

3. 用两顶尖装夹

适用范围：长度尺寸较大或加工工序较多的轴类工件。

特点：装夹方便，不需要找正，装夹精度高，但装夹刚性差，不能承受较大的切削力，尤其是较重的工件不能用这种装夹；装夹前必须在工件的两个端面钻出合适的中心孔。

顶尖：有前顶尖和后顶尖两种，用于定心并承受工件的重力和切削力。

（1）前顶尖。可直接安装在车床主轴锥孔中，也可用三爪自定心卡盘夹住一自制有60°锥角的钢制前顶尖。这种顶尖卸下后再次使用时必须将锥面再车一刀，以保证顶尖锥面的轴线与车床主轴旋转中心同轴。

（2）后顶尖。有固定顶尖和活顶尖两种。使用时可将后顶尖插入车床尾座套筒的锥孔内。

1）固定顶尖刚性好，定心准确，但中心孔与顶尖之间是滑动摩擦，易磨损和烧坏顶尖。因此只适用于低速加工精度要求较高的工件。支承细小工件时可用反顶尖，这时工件端部做成顶尖形。

2）活顶尖内部装有滚动轴承，顶尖和工件一起转动，能在高转速下正常工作。但活顶尖的刚性较差，有时还会产生跳动而降低加工精度。所以，活顶尖只适用于精度要求不太高的工件。

注意：工件一般不能由前、后顶尖直接带动旋转，必须通过拨盘和卡箍（鸡心夹头）带动工件旋转。拨盘装在车床主轴上，盘面有两种形状。一种是有 U 形槽的拨盘，用来拨弯尾鸡心夹头，如图 2-48、图 2-49 所示。

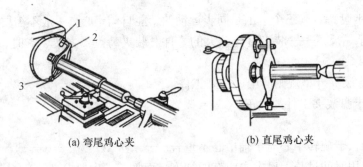

(a) 弯尾鸡心夹　　　　(b) 直尾鸡心夹

图 2-48　鸡心夹

（3）用两顶尖装夹工件的注意事项。

1）前后顶尖的连接应与主轴轴线重合，否则车出的工件会产生锥度。

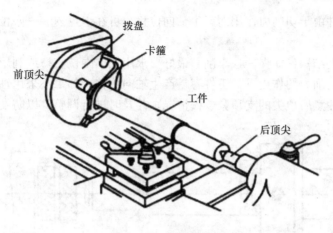

图2-49 两顶尖装夹

2）在不影响车刀切削的前提下，尾座套筒伸出的长度应尽量短些，以增加刚性，减少振动。

3）中心孔形状正确。中心孔应符合要求，表面粗糙度值要小。装入顶尖前，应清除中心孔内的切屑或异物。

4）如果后顶尖用固定顶尖（死顶尖），应在中心孔内加入工业润滑脂（黄油），以防止温度过高而"烧坏"顶尖和中心孔。

5）两顶尖与中心孔的配合必须松紧合适。如果顶得太紧，工作易引起弯曲变形。对于固定顶尖，会增加摩擦；对于回转顶尖，容易损坏顶尖内的滚动轴承。如果顶得太松，工件不能正确定中心，车削时容易振动，甚至会使工件从顶尖上掉下来。所以车削中必须随时注意顶尖的松紧及工件靠近顶尖部分的摩擦发热情况。当发现温度过高时（一般用手感来掌握），必须加黄油进行润滑，并及时调整松紧。

6）在两顶尖间装夹工件时，不能切断工件，以防止发生意外事故。

4. 用一夹一顶装夹

用两顶尖装夹虽然精度较高，但装夹刚性差。因此，车削一般工件，尤其是较重的工件，可采用一端用卡盘夹住，另一端用后顶尖顶住的装夹方法，如图2-50所示。

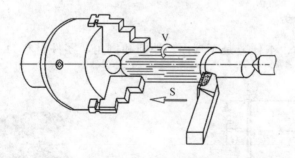

图2-50 一夹一顶装夹车削工件

特点：装夹刚性好，能承受较大的切削力，安全可靠。但对工序较多的轴类工件，多次装夹则不能达到同轴度要求。

为了防止工件由于切削力作用而产生轴向位移，可在卡盘内装一限位支承，或利用工件的阶台作限位。

一夹一顶装夹结构：一夹一顶车削，最好要求用轴向限位支撑或利用工件的阶台作限位，否则在轴向切削力的作用下，工件容易产生轴向位移。如果不采用轴向限位支撑，加工者必须随时要注意后顶尖的支顶紧、松情况，并及时进行调整，以防发生事故。装夹结构如图 2 – 51 所示。

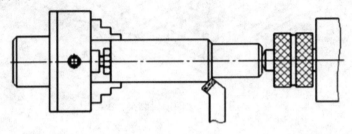

(a) 用限位支撑

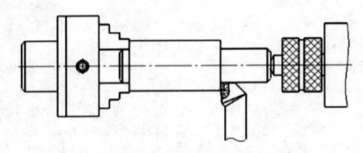

(b) 用工件台阶限位

图 2 – 51　一夹一顶装夹结构

技能训练

任务（一）

步骤一：布置任务

如图 2 – 52 所示，本任务是车端面、外圆和倒角。零件材料为 45 钢，毛坯规格为 $\phi45\,\mathrm{mm} \times 90\,\mathrm{mm}$。

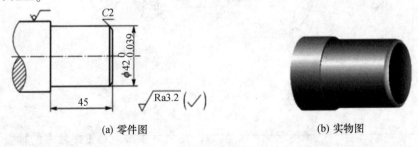

(a) 零件图

(b) 实物图

图 2 – 52　车削端面、外圆和倒角

步骤二：工、量、刃具准备（见表 2 – 9）

表 2 – 9　工、量、刃具清单

序号	名称	规格	精度	数量
1	千分尺	25 ~ 50	0.01	1
2	游标卡尺	0 ~ 150	0.02	1
3	钢直尺	0 ~ 150	1	1
4	外圆车刀	45°	—	自定
5	外圆车刀	90°	—	自定
6	常用工具	—	—	自定

步骤三：切削用量选取（见表 2 – 10）

表 2 – 10　切削用量（参考量）

刀具	加工内容	主轴转速（r/min）	进给量（mm/r）	背吃刀量（mm）
45°外圆车刀	端面	800	0.1	0.1 ~ 1
90°外圆车刀	粗车外圆	500	0.3	2
	精车外圆	1000	0.1	0.25

步骤四：解读评分表（见表 2 – 11）

表 2 – 11　外圆、端面和倒角的评分表

班级		姓名		学号	
零件名称		图号	图 2 – 52	检测	
序号	检测项目	配分	评分标准	检测结果	得分
1	$\phi 42^{0}_{-0.039}$、Ra3.2	40/20	每超差 0.01 扣 10 分，每降一级扣 5 分		
2	长度 45	20	每超 0.5 扣 10 分		
3	倒角两处	10	每处不符扣 5 分		
4	安全操作规程	10	按相关安全操作规程酌情扣 1 ~ 10 分		
	总分	100	总得分		

步骤五：加工步骤（见表 2 – 12）

表 2 – 12　车削外圆、端面和倒角加工步骤

加工步骤	加工内容
1	工件伸出卡爪 60mm 左右，校正并夹紧；粗、精车端面，保证表面粗糙度
2	粗、精加工 φ42mm × 45mm 外圆，并保证尺寸精度和表面粗糙度
3	加工完毕后，根据图纸要求倒角、去毛刺，并仔细检查各部分尺寸；最后卸下工件，完成操作

三、车内、外沟槽及端面槽技能实训

沟槽一般用作退刀或密封，还能用作轴肩部的清角，使零件装配时有一个正确的轴向位置。而切断加工在用较长毛坯加工较短零件时也是经常用到的。因此，切槽和切断在机械加工中是必不可少的。

在工件表面上车沟槽的方法叫切槽，常见的外圆沟槽有外圆直槽、圆弧沟槽和梯形槽等多种形式，如图 2 – 53 所示。

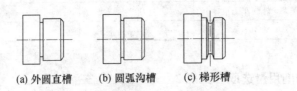

(a) 外圆直槽　　　(b) 圆弧沟槽　　　(c) 梯形槽

图 2 – 53　常见的各种沟槽

在车削加工时，常常会遇到较长的工件毛坯，需在车床上将其分割成一定长度，然后再进行车削，或者是将已加工好的工件从坯料上分割开。这种将工件或工件与坯料分割开的切削加工方法称为工件的切断。

（一）车外沟槽、切断

1. 外切槽刀和切断刀的几何角度

通常使用的切槽刀和切断刀都是以横向进给为主，前端的切削刃是主切削刃，两侧的切削刃是副切削刃。为了减少工件材料的浪费，防止切断时因刀头太宽而产生振动以及保证切断时能切至工件中心，切断刀的主切削刃一般比较窄。另外，由于切断刀刀头较长，刀头强度比其他车刀低，因此，在选择几何参数和切削用量时应特别注意。高速钢切断刀的几何形状如图 2 – 54 所示。

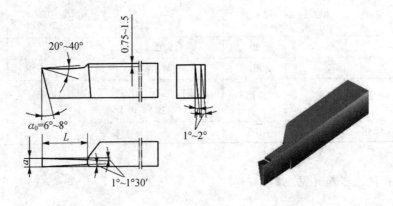

图 2 – 54　高速钢切断刀的几何角度

（1）前角（γ_0）。切断中碳钢工件时，$\gamma_0 = 20° \sim 30°$。切断铸铁工件时，$\gamma_0 = 0° \sim 10°$。

（2）主后角（α_0）。主后角一般取 6°~8°。切断塑性材料时取大些，切断脆性材料时

取小些。

（3）副后角（α'_0）。切断刀有两个对称的副后角，作用是减少切断刀副后面和工件两侧已加工表面之间的摩擦。考虑到切断刀的刀头狭长，两个副后角不宜太大，否则将影响切断刀刀头的强度，副后角一般取 $1°\sim2°$。

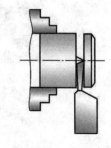

（4）主偏角（κ_r）。切断刀以横向进给为主，主偏角 $\kappa_r = 90°$。为防止切断时在工件端面中心处留有小凸台，以及使带孔工件不留飞边，可将切断刀主切削刃略磨斜（大约3°），如图2-55所示为斜刃切断。

图2-55　斜刃切断

（5）副偏角（κ'_r）。切断刀有两个对称的副偏角，它们的主要作用是减少副切削刃和工件端面的摩擦。为了不降低刀头强度，副偏角一般取 $1°\sim1.5°$。

（6）主切削刃宽度（a）。主切削刃太宽会因切削力过大而引起振动，浪费工件材料；太窄又会削弱刀头强度，容易使刀头折断。主切削刃宽度 a 可用下面的经验公式计算：

$$a \approx (0.5\sim0.6)\sqrt{d}$$

其中，a 为主切削刃宽度（mm）；d 为工件直径（mm）。

（7）刀头长度。切断刀的刀头不宜太长，否则会引起振动或折断刀头。刀头长度可按以下公式计算：$L = h + (2\sim3)$

其中，h 为切入深度，切断实心工件时，切入深度等于工件半径（mm）；L 为刀头长度（mm）。

（8）断屑槽。为了使排屑方便，在切断刀的前面应磨出一个较浅的断屑槽，一般深度为 $0.75\sim1.5$mm。

2. 外切槽刀和切断刀的刃磨要求

刃磨外切槽刀和切断刀时，应首先磨两副后面，保证两副后面平直、对称，以获得两侧副后角、副偏角，同时得到需要的主切削刃宽度；其次磨主后面，保证主切削刃平直，得到合理的主偏角和主后角；最后磨断屑槽和负倒棱，得到合理的前面和前角，具体尺寸由工件直径、工件材料和进给量决定。为了保护刀尖、提高刀具寿命、降低切断面的表面粗糙度，可以在两边刀尖处各磨一个小圆弧。

3. 外切槽刀和切断刀的安装要点

（1）安装时，切槽刀和切断刀都不宜伸出太长，以增加刀具刚度。

（2）切断刀的主切削刃必须与工件轴线平行，两副后角也应对称，以保证槽底平整。

（3）切断实心工件时，切断刀的主切削刃必须与工件中心等高，否则不能车到工件中心，并且容易崩刃，甚至断刀。

4. 车削外沟槽和切断的方法

（1）车削外沟槽的方法。

1）车削精度不高、宽度较窄的沟槽，可用刀宽等于槽宽的车槽刀，采用一次直进法车出，如图2-56（a）所示。

2）车削精度要求较高的沟槽时，一般采用两次直进法车出，即第一次车槽时槽壁两侧和槽底留精车余量，然后根据槽深和槽宽余量分别进行精车，如图2-56（b）所示。

3）车削较宽的沟槽时，可用多次直进法车削，并在槽壁两侧和槽底留一定精车余量，最后根据槽深、槽宽进行精车，如图2-56（c）所示。

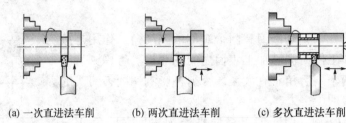

(a) 一次直进法车削   (b) 两次直进法车削   (c) 多次直进法车削

图 2 - 56　外沟槽的车削

4）车削较窄的梯形槽时，一般用成形刀一次完成；较宽的梯形槽，通常先切直槽，然后用梯形刀直进法或左右切削法完成，如图 2 - 57 所示。

5）车削较窄的圆弧槽时，一般用成形刀一次车出；车削较宽的圆弧槽时，可用双手联动车削，用样板检查并不断修整。

（2）切断的方法。

1）直进法切断工件。在垂直于工件轴线的方向直接进行进给切断，如图 2 - 58（a）所示。这种方法切断效率高、省材料；但对车床刚度，切断刀的刃磨、安装，以及切削用量的选择都有较高的要求，否则容易造成刀头折断。

2）左右借刀法切断工件。在切削系统（刀具、工件、车床）刚性不足的情况下，可采用左右借刀法切断，如图 2 - 58（b）所示。这种方法是指切断刀在径向进给一段距离后，再退回并轴向移动一小段距离再沿径向进给，如此反复直至工件被切断。

3）反切法切断工件。将工件反转，用反切刀切断，如图 2 - 58（c）所示。这种切断方法宜用于直径较大的工件。

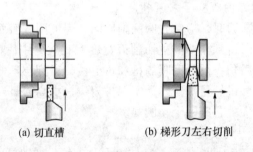

(a) 切直槽   (b) 梯形刀左右切削

图 2 - 57　车较宽梯形槽的方法

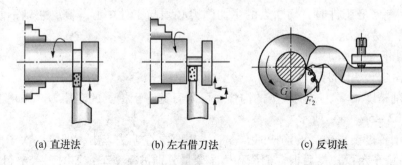

(a) 直进法   (b) 左右借刀法   (c) 反切法

图 2 - 58　切断工件的三种方法

5. 沟槽的检查和测量

（1）精度要求低的沟槽，可用钢直尺测量其宽度，用钢直尺、外卡钳相互配合等方法测量槽底直径，如图 2 - 59(a) 所示。

（2）精度要求高的沟槽，通常用外径千分尺测量沟槽槽底直径，如图 2 - 59(b) 所示；用样板和游标卡尺测量其宽度，如图 2 - 59(c)、(d) 所示。

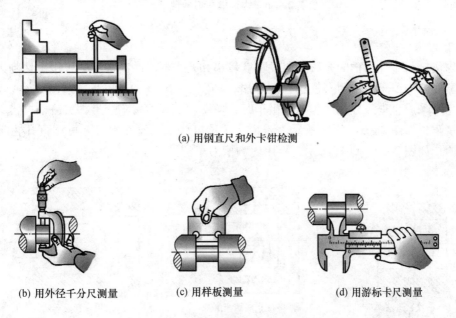

(a) 用钢直尺和外卡钳检测

(b) 用外径千分尺测量　　　(c) 用样板测量　　　(d) 用游标卡尺测量

图 2 - 59　沟槽的检查和测量

6. 切断刀折断的原因

切断刀刀头强度较差，很容易折断，操作时必须特别注意。切断刀折断的主要原因有：

（1）切断刀的几何形状磨得不正确。副偏角、副后角、主后角太大，断屑槽过深；主切削刃太窄，刀头过长等都会使刀头强度削弱而折断。如果这些角度磨得太小或没有磨出，则副切削刃、副后面与工件表面会发生强烈的摩擦，使切断刀折断；如果刀头磨得歪斜或装夹歪斜，切断时两边受力不均，也会使切断刀折断。

（2）切断刀装夹歪斜后，一侧副后角或副偏角将为零或负值，产生干涉而折断。

（3）进给量太大。

（4）切断时，前角太大、中滑板松动容易引起"扎刀"现象，导致切断刀折断。

注意：为防止切断刀折断，在具体操作时，应针对上述原因预先检查并纠正。

（二）车内沟槽

1. 内沟槽车刀的种类

内沟槽车刀与切断刀的几何形状相似，但是装夹方向相反。加工小孔中的内沟槽时，车刀做成整体式。常见的有高速钢整体式内沟槽车刀、硬质合金整体式内沟槽车刀；在直径较大的内孔中车内沟槽时，车刀可做成车槽车刀刀体，然后把车刀装夹在刀柄上使用，如图 2 - 60（c）所示，这样车刀刚性较好。由于内沟槽通常与孔轴线垂直，因此要求内沟槽车刀的刀体与刀柄轴线垂直。

(a) 高速钢整体式内沟槽车刀　　(b) 硬质合金整体式内沟槽车刀　　(c) 机夹式内沟槽车刀

图 2-60　内沟槽车刀的种类

2. 车内沟槽的方法

车内沟槽与车外沟槽的方法类似。宽度较小和要求不高的内沟槽，可用主切削刃宽度等于槽宽的内沟槽车刀采用直进法一次车出，如图 2-61（a）所示。要求较高或较宽的内沟槽，可采用直进法分几次车出，粗车时，槽壁和槽底留精车余量，然后根据槽宽、槽深进行精车，如图 2-61（b）所示。若内沟槽深度较浅，宽度较大，可用盲孔粗车刀先车出凹槽，如图 2-61（c）所示，再用内沟槽刀车沟槽两端垂直面。

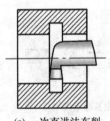 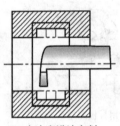 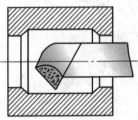

(a) 一次直进法车削　　　　(b) 多次直进法车削　　　　(c) 用盲孔刀车削

图 2-61　车内沟槽的方法

直进法车削内沟槽的步骤如下：

（1）启动车床，移动刀架，使内沟槽车刀的主切削刃轻轻地与孔壁接触，将中滑板刻度调至零位，确定槽深起始位置。

（2）将内沟槽车刀的外侧刀尖与工件端面轻轻接触，并将床鞍刻度调至零位，以确定内沟槽轴向起始位置。

（3）移动床鞍，使内沟槽车刀进入孔内，此时应观察床鞍刻度盘数值，以便控制内沟槽的轴向位置。

（4）反向转动中滑板手柄，使内沟槽车刀横向进给，并观察中滑板刻度值以确保切至所需内沟槽深度。

（5）车刀在槽底稍作停留，使主切削刃修正槽底，降低其表面粗糙度。

（6）先横向退刀，再纵向退刀。退刀时要避免内沟槽车刀与内孔孔壁擦碰而伤及内孔。

3. 内沟槽的测量

如图 2-62 所示，深度较大的内沟槽一般用弹簧卡钳测量；内沟槽直径较大时，可用弯脚游标卡尺测量；内沟槽的轴向尺寸可用钩形游标深度卡尺测量；内沟槽的宽度可用样板或游标卡尺（当孔径较大时）测量。

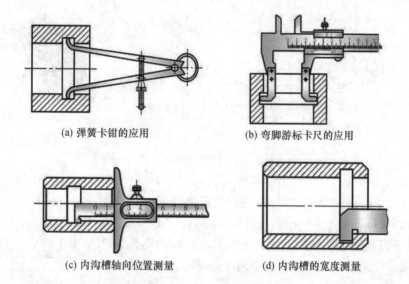

(a) 弹簧卡钳的应用　　　　　　　(b) 弯脚游标卡尺的应用

(c) 内沟槽轴向位置测量　　　　　(d) 内沟槽的宽度测量

图 2-62　内沟槽的测量

（三）车端面槽

1. 端面槽的种类

（1）端面直槽。用于密封或减轻零件重量，如图 2-63（a）所示。

（2）端面 T 形槽。T 形槽一般用作放入 T 形螺钉，如图 2-63（b）所示。

（3）端面燕尾槽。燕尾槽一般用作放入螺钉起固定作用，如图 2-63（c）所示。

（4）圆弧形槽。一般用作油槽，如图 2-63（d）所示。

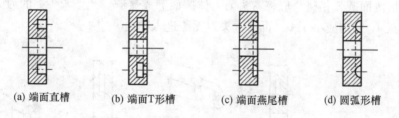

(a) 端面直槽　　　(b) 端面 T 形槽　　　(c) 端面燕尾槽　　　(d) 圆弧形槽

图 2-63　端面槽的种类

2. 端面槽车刀的特点

端面槽车刀是外圆车刀和内孔车刀的组合，其中左侧刀尖相当于内孔车刀，右侧刀尖相当于外圆车刀。车刀左侧副后面必须根据平面槽圆弧的大小刃磨成相应的圆弧形（小于内孔一侧的圆弧），并带有一定的后角或双重后角才能车削，如图 2-64 所示，否则车刀会与槽孔壁相碰而无法车削。

3. 端面槽的车削方法

（1）车端面直槽。

1）槽刀位置的控制。若工件外圆直径为 D，沟槽内孔直径为 d，则刀头外侧与工件外径之间的距离 L 为：

$$L = \frac{D-d}{2}$$

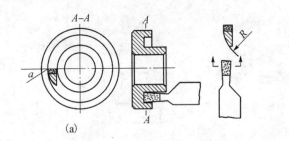 

图 2 - 64 端面车刀的形状

其中，L为刀头外侧与工件外径之间的距离（mm）；D为工件外圆直径（mm）；d为沟槽内孔直径（mm）。

加工时车刀轻碰工件外圆，然后使车刀向右移动离开工件 3 ~ 5mm，接着径向移动 L 加刀宽的距离就是槽的起始位置，如图 2 - 65 所示。

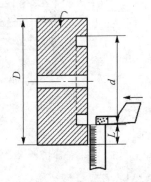

2）车端面直槽的方法。若端面直槽精度要求不高、宽度较窄且深度较浅，通常用等于槽宽的车刀采用直进法一次进给车出；如果槽的精度要求较高，则采用先粗车槽两侧并留精车余量，然后分别精车槽两侧的方法。

图 2 - 65 控制车槽刀位置

小提示： 当车削大、中型零件上较宽的端面直槽时，可先采用45°弯头车刀横向进给切削，然后再用端面直槽刀进行清角、精车。

（2）车 T 形槽。如图 2 - 66 所示，车 T 形槽比较复杂，通常首先用端面直槽刀车出直槽，其次用外侧弯头车槽刀车外侧沟槽，最后用内侧弯头车槽刀车内侧沟槽。为了避免弯头刀与直槽侧面圆弧相碰，应将弯头刀刀体侧面磨成弧形。此外弯头刀的刀刃宽度应小于或等于槽宽 a，L 则应小于 b，否则弯头刀无法进入槽内。

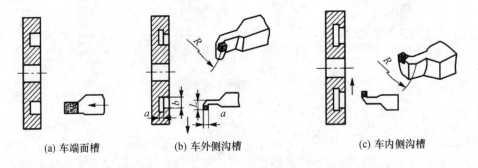

(a) 车端面槽   (b) 车外侧沟槽   (c) 车内侧沟槽

图 2 - 66 T 形槽车刀与车削

（3）车燕尾槽。燕尾槽的车削方法与 T 形槽相似，也是采用一组（三把）刀分三步车出，先车端面直槽，再分别车两侧，如图 2 - 67 所示。

4. 端面槽的测量

端面槽外径常用游标卡尺、千分尺及外卡钳等量具进行测量。端面槽内径常用游标卡尺、内测千分尺及内卡钳等量具进行测量。槽深一般用游标卡尺、深度游标卡尺及深度千分尺等量具进行测量。

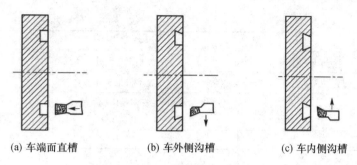

(a) 车端面直槽　　　　　(b) 车外侧沟槽　　　　　(c) 车内侧沟槽

图 2 - 67　燕尾槽车刀与车削

任务（二）

（1）如图 2 - 68 所示，本任务是车外沟槽。零件材料为 45 钢，毛坯规格为 φ40 × 105，写出工、量、刃具清单及加工步骤。

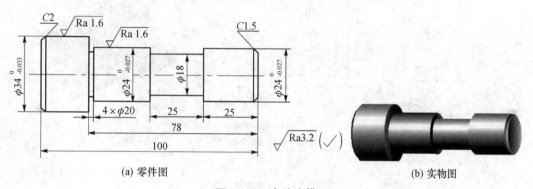

(a) 零件图　　　　　　　　　　　　　　　　　　(b) 实物图

图 2 - 68　车外沟槽

表 2 - 13　车外沟槽评分表

班级		姓名		学号	
零件名称		图号	图 2 - 68	检测	
序号	检测项目	配分	评分标准	检测结果	得分
1	$\phi34^{0}_{-0.033}$、Ra1.6	10/5	每超差 0.01 扣 2 分，每降一级扣 2 分		
2	$\phi24^{0}_{-0.027}$、Ra1.6	10/5	每超差 0.01 扣 2 分，每降一级扣 2 分		
3	$\phi24^{0}_{-0.027}$、Ra1.6	10/5	每超差 0.01 扣 2 分，每降一级扣 2 分		
4	100	5	超差不得分		
5	78	5	超差不得分		
6	25	5	超差不得分		
7	25	5	超差不得分		
8	φ18	10	超差不得分		

班级		姓名		学号	
9	4×φ20	10	每处不符扣5分		
10	倒角、去毛刺	5	每处不符扣3分		
11	安全操作规程	10	按相关安全操作规程酌情扣1~10分		
总分		100	总得分		

（2）如图2-69所示，本任务是车内沟槽。零件材料为45钢，毛坯规格为φ45×60，写出工、量、刃具清单及加工步骤。

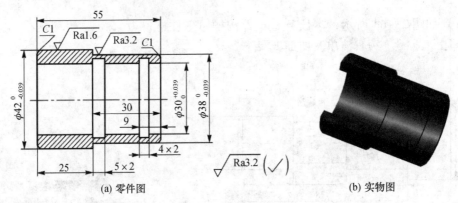

(a) 零件图　　　　　　　　　　(b) 实物图

图2-69　车内沟槽

表2-14　车外沟槽评分表

班级		姓名		学号	
零件名称		图号	图2-69	检测	
序号	检测项目	配分	评分标准	检测结果	得分
1	$\phi 42^{0}_{-0.039}$、Ra3.2	10/5	每超差0.01扣2分，每降一级扣2分		
2	$\phi 38^{0}_{-0.039}$、Ra3.2	10/5	每超差0.01扣2分，每降一级扣2分		
3	$\phi 30^{+0.039}_{0}$、Ra3.2	10/5	每超差0.01扣2分，每降一级扣2分		
4	4×2	10	超差不得分		
5	5×2	10	超差不得分		
6	9、30	5/5	超差不得分		
7	25、55	5/5	超差不得分		
8	倒角、去毛刺5处	5	每处不符扣1分		
9	安全操作规程	10	按相关安全操作规程酌情扣1~10分		
总分		100	总得分		

（3）如图 2－70 所示，本任务是车端面槽。零件材料为 45 钢，毛坯规格为 $\phi45mm \times$ 55mm。

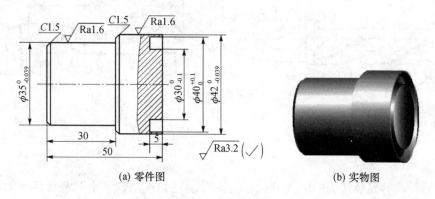

(a) 零件图　　　　　　　　　　　(b) 实物图

图 2－70　车端面槽

表 2－15　车端面槽评分表

班级			姓名		学号	
零件名称			图号	图 2－70	检测	
序号	检测项目	配分		评分标准	检测结果	得分
1	$\phi42^{0}_{-0.039}$、Ra1.6	10/5		每超差 0.01 扣 2 分，每降一级扣 2 分		
2	$\phi35^{0}_{-0.039}$、Ra1.6	10/5		每超差 0.01 扣 2 分，每降一级扣 2 分		
3	$\phi40^{+0.1}_{0}$、Ra3.2	10/5		每超差 0.01 扣 2 分，每降一级扣 2 分		
4	$\phi30^{0}_{-0.1}$、Ra3.2	10/5		每超差 0.01 扣 2 分，每降一级扣 2 分		
5	5	10		超差不得分		
6	30、50	10/10		超差不得分		
7	倒角、去毛刺 5 处	10		每处不符扣 4 分		
8	安全操作规程			按相关安全操作规程酌情扣 1～10 分		
	总分	100		总得分		

四、车、铰圆柱孔

（一）麻花钻刃磨及钻孔

1. 麻花钻的组成及主要角度

（1）麻花钻的组成。麻花钻是最常用的钻头，它的钻身带有螺旋槽且端部具有切削能力。标准的麻花钻由柄部、颈部及工作部分等组成，如图 2-71 所示。

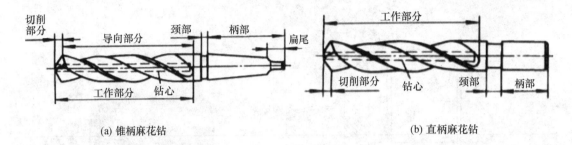

(a) 锥柄麻花钻　　　　　　　　　　　　　　　(b) 直柄麻花钻

图 2-71　麻花钻

1）柄部。柄部是钻头的装夹部位，装夹时起定心作用，钻削时起传递扭矩的作用。锥柄可传递较大扭矩（主要是靠柄的扁尾部分），用于直径大于 12mm 的钻头；直柄传递扭矩较小，一般用于直径小于 12mm 的钻头。

2）颈部。颈部是柄部与工作部分的连接部分，并作为磨削外径时的砂轮退刀位置。直径较大的钻头在颈部标注有商标、钻头直径和材料牌号等。小直径钻头不做出颈部。

3）工作部分。麻花钻工作部分是钻头的主要部分，它包括导向部分和切削部分。图 2-72（a）所示为切削部分的各部位名称。切削部分主要担负切削工作。螺旋槽的一部分为前刀面，钻头的顶锥面为主后刀面。导向部分的作用是当切削部分切入工件后起导向作用，也是切削部分的后备部分。导向部分有两条螺旋槽和两条棱边，螺旋槽起排屑和输送切削液作用，棱边起导向、修光孔壁作用。

小提示： 麻花钻常用高速钢制造，工作部分经热处理淬硬至 62~65HRC。用麻花钻钻孔属粗加工，尺寸精度为 IT11~IT13，表面粗糙度 Ra 为 12.5~50μm。主要用于质量要求不高的孔的终加工，如螺栓孔、油孔等。而对于精度要求较高的内孔，可通过车削加工等方式来完成。

（2）麻花钻的主要角度。麻花钻的主要几何角度如图 2-72（b）所示。麻花钻的几何角度对钻削加工的性能、切削力、排屑情况等都有直接的影响，使用时要根据加工材料和切削要求来选取。

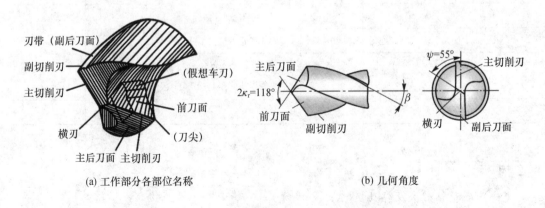

(a) 工作部分各部位名称　　　　　　　　　　　　(b) 几何角度

图 2-72　麻花钻工作部分及几何角度

2. 麻花钻的刃磨

（1）麻花钻的刃磨方法。

1）刃磨前，钻头切削刃应放在砂轮中心水平面上或稍高些。钻头轴线与砂轮外圆柱表面母线在水平面内的夹角等于顶角的一半，同时柄部向下倾斜1°～2°，如图2-73（a）所示。

2）刃磨钻头时，用右手握住钻头前端作支点，左手握住柄部，以钻头前端支点为圆心，柄部上下摆动，并略带旋转，如图2-73（b）所示。

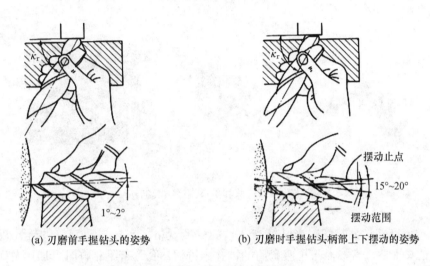

(a) 刃磨前手握钻头的姿势　　　　(b) 刃磨时手握钻头柄部上下摆动的姿势

图2-73　麻花钻的刃磨方法

3）当一个主切削刃磨削完毕后，把钻头转过180°刃磨另一个主切削刃，身体和手要保持原来的位置和姿势，这样容易达到两刃对称的目的，刃磨方法同上。

（2）麻花钻的刃磨要求。对于操作者来说，钻头只需刃磨两个主后刀面，但同时要保证后角、顶角和横刃斜角，所以刃磨麻花钻是一项要求较高的技能。麻花钻刃磨后，必须符合以下要求：

1）麻花钻的两条主切削刃和钻头轴线之间的夹角应对称。

2）麻花钻的两条主切削刃长度应相等。

3）麻花钻的横刃斜角应为55°。

麻花钻刃磨不正确对加工工件的影响如图2-74所示。

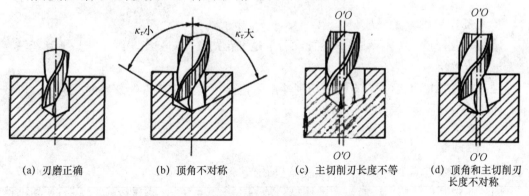

(a) 刃磨正确　　(b) 顶角不对称　　(c) 主切削刃长度不等　　(d) 顶角和主切削刃
　　　　　　　　　　　　　　　　　　　　　　　　　　　　　　　　长度不对称

图2-74　麻花钻刃磨不正确对加工工件的影响

小提示：麻花钻柄部不能转动过多或上下摆动不能太大，以防磨出负后角或把另一面主切削刃磨掉。特别是在刃磨直径较小的麻花钻时更应注意。

3. 麻花钻的装卸

（1）直柄麻花钻的装卸。安装直柄麻花钻时，用带锥柄的钻夹头夹紧直柄麻花钻柄部，再将钻夹头的锥柄用力插入车床尾座套筒的锥孔内。如果钻夹头的锥柄不够大，可套上莫氏变径钻套（用来过渡）再插入尾座套筒的锥孔。拆卸时顺序相反。钻夹头和莫氏变径钻套的外形如图 2-75 所示。

(a) 钻夹头钥匙　　　　　　(b) 钻夹头　　　　　　(c) 莫氏变径钻套

图 2-75　钻夹头和莫氏变径钻套的外形

（2）锥柄麻花钻的装卸。当锥柄麻花钻的锥柄规格与车床尾座套筒的锥孔规格相同时，可将钻头锥柄部直接插入尾座套筒的锥孔内进行钻孔，若不相符时可加用莫氏变径钻套。拆卸时，先将车床尾座套筒向后缩回，取下麻花钻后，再用斜铁插入莫氏变径钻套腰形孔内，敲击斜铁就可把钻头卸下来，如图 2-76 所示。

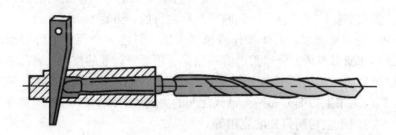

图 2-76　用斜铁拆卸锥柄麻花钻

4. 钻孔时切削用量的选择

（1）背吃刀量（a_p）。钻孔时的背吃刀量是麻花钻直径的一半，因此它是随麻花钻直径大小而改变的。

（2）切削速度（v_c）。钻孔时的切削速度是指麻花钻主切削刃外缘处的线速度，可按下式计算，即

$$v_c = \frac{\pi dn}{1000}$$

其中，v_c 为切削速度（m/min）；d 为麻花钻的直径（mm）；n 为主轴转速（r/min）。

用高速钢麻花钻钻钢料时，切削速度一般为 15~30m/min；用钻铸铁材料时，切削速度稍低一些，一般取 10~25m/min。根据切削速度的计算公式，直径越小的钻头，主轴转

速应越高。

（3）进给量（f）。钻孔时，工件每转一圈，钻头沿轴向相对位移的距离为进给量，单位为 mm/r。

在车床上是用手动方式缓慢转动尾座手轮来实现进给运动的。当选用直径为 φ12～30mm 的钻头钻削钢料时，一般取 f = 0.15～0.35mm/r。选用直径越小的钻头，进给量也要相应减小，否则会使钻头折断。

5. 钻孔方法

（1）钻孔的方法和步骤。

1）根据钻孔直径和孔深正确选择麻花钻。对于钻孔后需后续加工如车削内孔的工件，应提前选择直径较小的钻头，防止因钻孔直径过大，没有车削余量而报废。

2）钻孔前，先将工件平面车平，中心处不允许留有凸台，便于钻头正确定心。

3）钻头装入车床尾座套筒后，将车床尾座往主轴方向推移，使钻头靠近工件端面，然后锁紧车床尾座。

4）根据钻头直径调节主轴转速。

5）开动车床，均匀而缓慢地转动尾座手轮，使钻头逐步钻入工件。待两切削刃完全钻入工件时，可适当加大进给量。

6）双手交替转动尾座手轮，使钻头进一步钻入工件。为了便于排屑，钻削时可降低进给速度，甚至停止进给。

7）钻削较深的内孔时，当出现排屑困难时，应将钻头及时退出至孔外，清除铁屑后再继续钻孔，同时充分浇注冷却液。

8）钻盲孔时，为保证钻削深度，当麻花钻钻尖刚切入工件端面时，记录当前尾座套筒伸出的长度，钻削的深度就等于当前尾座套筒伸出的长度加上孔深尺寸。当尾座套筒刻度值到达所要求的钻削深度时，退出钻头，完成钻孔。

9）钻通孔与钻盲孔的方法基本相同，只是钻通孔时不需要控制孔的深度。但当通孔即将钻穿时，应减慢进给速度，防止由于轴向切削力的骤然减小而损坏钻头。钻穿后，退出钻头，完成钻孔。

（2）钻孔的注意事项。

1）钻孔前要找正尾座，使钻头中心对准工件回转轴线，否则可能会将孔径钻大、钻偏甚至折断钻头。

2）选用直径较小的麻花钻钻孔时，一般先用中心钻在工件端面上钻出中心孔，再用钻头钻孔，这样便于定心且钻出的孔同轴度较好。

3）在实体材料上钻孔，孔径不大时可以用钻头一次钻出，若孔径超过 30mm，则不易用直径大的钻头一次加工完成。因为钻头越大，其横刃越长，轴向切削阻力越大，钻削时越费力，强行钻入还可能损坏车床部件。因此，应分两次钻出孔径尺寸，即先用小直径钻头钻出底孔，再用大直径钻头钻出所要求的尺寸。通常第一次选用的钻头直径为第二次钻头直径的 0.5～0.7 倍。

（二）车通孔、台阶孔、平底孔

1. 内孔车刀的种类

内孔车刀又称镗刀，是对经过锻孔、铸孔或钻孔的工件进行粗、精加工的刀具，切削部分基本与外圆车刀相似。

（1）根据刀片固定的形式分类。

1）整体式镗刀。整体式镗刀一般分为高速钢和硬质合金两种。高速钢整体式镗刀一般用不同规格的高速钢车刀磨出刀头和刀杆，如图 2-77 所示。硬质合金整体式镗刀是将一块硬质合金刀片焊接在 45 钢制成的刀杆的切削部分上。

图 2-77　高速钢整体式镗刀

2）机械夹固式镗刀。机械夹固式镗刀由刀杆、刀片和紧固螺钉组成，其特点是能增加刀杆强度，节约刀杆材料，一般刀头为硬质合金，只需拧开紧固螺钉便可更换刀片，使用起来灵活方便，如图 2-78 所示。

(a) 机械夹固式通孔镗刀　　　　　　　　(b) 机械夹固式盲孔镗刀

图 2-78　机械夹固式镗刀

（2）根据不同的加工情况分类。

1）通孔镗刀。通孔镗刀主要用于粗、精加工通孔，切削部分的几何形状与 45°端面车刀相似，如图 2-79（a）和图 2-79（b）所示。为了减小径向切削抗力，防止车孔时产生振动，主偏角应取大一些，一般取 60°~75°；副偏角略小，一般取 15°左右。

2）盲孔镗刀。盲孔镗刀用来车削盲孔或粗、精加工台阶孔，切削部分的几何形状与 90°外圆车刀相似，如图 2-79（c）和图 2-79（d）所示。主偏角要求略大于 90°，一般在 92°~95°，副偏角取 6°~10°。与通孔镗刀不同的是盲孔镗刀的刀尖必须处于刀头部位的最顶端，否则就无法车平台阶孔底。

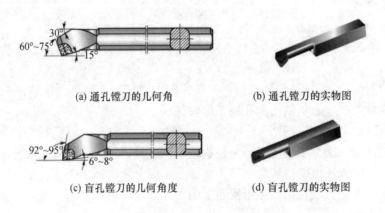

(a) 通孔镗刀的几何角　　　　　　　　　(b) 通孔镗刀的实物图

(c) 盲孔镗刀的几何角度　　　　　　　　(d) 盲孔镗刀的实物图

图 2-79　硬质合金整体式镗刀

2. 内孔车刀的刃磨步骤

内孔车刀的刃磨步骤为：粗磨前刀面→粗磨主后刀面→粗磨副后刀面→粗、精磨前刀角→精磨主后刀面、副后刀面→修磨刀尖圆弧。

3. 内孔车刀的装夹

内孔车刀安装得正确与否将直接影响到车内孔时的安全和质量，安装时需注意以下几点：

（1）安装内孔车刀时，刀尖应对准工件中心或略高一些，这样可以避免镗刀受到切削力的作用产生"扎刀"现象，而把孔径车大。

（2）为了保证内孔车刀有足够的刚性，避免产生振动，刀杆伸出的长度尽可能短一些，一般比工件孔深长 5～6mm。

（3）内孔车刀的刀杆应与工件轴心平行，否则在车削到一定深度后，刀杆后半部分容易和工件孔口处相碰。

（4）为了确保镗孔安全，通常在镗孔前让内孔车刀在孔内试走一刀，以便及时了解内孔车刀在孔内加工的状况，确保镗孔顺利进行。

（5）使用盲孔车刀加工盲孔或台阶孔时，主刀刃应与端面成 3°～5° 夹角，并且在镗削孔底端面时，要求横向有足够的退刀余地，即刀尖到刀杆外端的距离应小于内孔半径，否则就无法车平孔底平面，如图 2-80 所示。

4. 内孔的车削步骤

内孔的车削过程基本与车外圆相同，只是中滑板进退刀的方向与车外圆相反。

（1）通孔的车削步骤。

1）在钻削完毕的孔壁处对刀，调整中滑板刻度盘数值至零位。

2）根据内孔孔径的加工余量，计算中滑板刻度盘的进刀数值，粗车内孔，并留精加工余量。

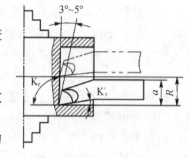

图 2-80 盲孔车刀的装夹

3）按余量精加工内孔，对孔径进行试切和试测，并根据尺寸公差微调中滑板进刀数值，反复进行，直至符合孔径尺寸精度要求后纵向机动进给，退刀后完成通孔的加工。

4）根据图纸要求对孔口等部位去毛刺、倒角。

（2）台阶孔的车削步骤。车削直径较小的台阶孔时，由于观察困难，尺寸不易掌握，所以通常先粗、精车小孔，再粗、精车大孔；车削直径大的台阶孔时，在便于测量小孔尺寸而视线又不受影响的情况下，通常先粗车大孔和小孔，再精车大孔和小孔。车削小直径台阶孔的步骤如下：

1）在工件端面及钻削完毕的孔壁处依次对刀，分别调整床鞍上的手轮刻度盘和中滑板刻度盘数值至零位。

2）根据小孔孔径和孔深的加工余量，计算中滑板刻度盘的进刀数值，粗车小孔，并留精加工余量。

3）精加工小孔底平面，保证小孔孔深尺寸精度。

4）按余量精加工小孔孔径，对孔径进行试切和试测，并根据尺寸公差微调中滑板进刀数值，反复进行，直至符合孔径尺寸精度要求后纵向机动进给，当床鞍刻度值接近小孔孔深时，改用床鞍手轮手动进给，退刀后完成对小孔的加工。

5）重复以上 2～4 步骤，即先粗加工大孔孔径和孔深，再精加工大孔孔深，最后试切、试测并纵向进给，保证大孔孔径尺寸精度，退刀后完成对大孔的加工。

6）根据图纸要求对孔口等部位去毛刺、倒角。

（3）车平底孔（盲孔）。车盲孔时其内孔车刀的刀尖必须与工件旋转中心等高，否则不能将孔底车平。检验刀尖中心高的简便方法是车端面时进行对刀，若端面能车至中心，则盲孔底面也能车平。

1）粗车盲孔。

①车端面，钻中心孔。

②钻底孔。可选择比孔径小 1.5~2mm 的钻头先钻出底孔。其钻孔深度从钻头顶尖量起，并在钻头刻线作记号，以控制钻孔深度。然后用相同直径的平头钻将孔底扩成平底。孔底平面留 0.5~1mm 的余量。

③盲孔车刀靠近工件端面，移动小滑板，使车刀刀尖与端面轻微接触，将小滑板或床鞍刻度调至零位。

④将车刀伸入孔口内，移动中滑板，刀尖进给至与孔口刚好接触时，车刀纵向退出，此时将中滑板刻度调至零位。

⑤有中滑板刻度指示控制切削深度（孔径留 0.3~0.4mm 精车余量），若机动纵向进给车削平底孔时要防止车刀与孔底面碰撞。因此，当床鞍刻度指示离孔底面还有 2~3mm 距离时，应立即停止机动进给改用手动进给。如孔大而浅，一般车孔底面时能看清。若孔小而深，就很难观察到是否已车到孔底，此时通常要凭感觉来判断刀尖是否已切到孔底。若切削声音增大，表明车刀已车至孔底。当中滑板横向进给车孔底平面时，若切削声音消失，控制横向进给手柄的手已明显感觉切削抗力突然减小，则表明孔底平面已车出，应先将车刀横向退刀后再迅速纵向退出。

⑥如果孔底余量较多需车第二刀时，纵向位置保持不变，向后移动中滑板，使刀尖退回至车削时的起始位置，然后用小滑板刻度控制纵向切削深度，第二刀的车削方法与第一刀相同。粗车孔底面时，孔深留 0.2~0.3mm 的精车余量。

2）精车盲孔。精车时用试切的方法控制孔径尺寸。试切正确可采用与粗车类似的进给方法，使孔径、孔深都达到图纸要求。

5. 测量孔径的方法

测量孔径尺寸时，应根据工件的尺寸、精度以及数量的要求选择相应的量具，如图 2-81 所示。孔径精度要求较低时，可用钢直尺、游标卡尺或内卡钳测量。精度要求较高的，常选用内径千分尺、内测千分尺、内径百分表及圆柱塞规等测量。

（三）铰圆柱孔

1. 定义

用铰刀对已有孔进行精加工的过程，如图 2-82 所示。

2. 特点

（1）加工精度：IT9~IT7，表面粗糙度：Ra=1.6~0.2μm。

（2）刀齿数多（6~12 个），制造精度高；具有修光部分，可以用来校准孔径、修光孔壁。

（3）刀体强度和刚性较好（容屑槽浅，芯部直径大）；故导向性好，切削平稳。

（4）铰孔的余量小，切削力较小；铰孔时的切速度较低，产生的切削热较少。

3. 铰刀各部名称

由工作部分、颈部和柄部三个部分组成，如图 2-83 所示。

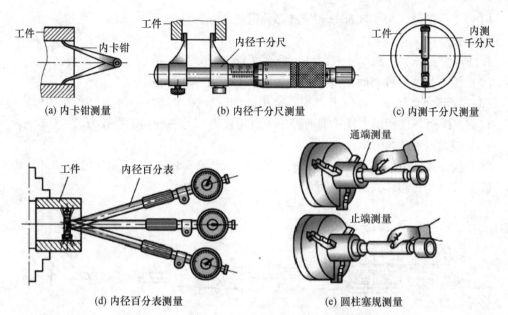

(a) 内卡钳测量　　　　　(b) 内径千分尺测量　　　　　(c) 内测千分尺测量

(d) 内径百分表测量　　　　　(e) 圆柱塞规测量

图 2-81　测量孔径的方法

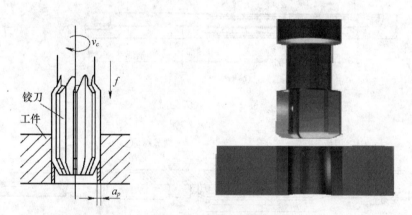

图 2-82　铰孔加工图

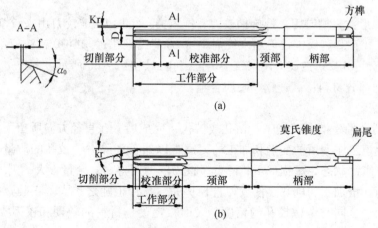

图 2-83　铰刀各部名称

（1）工作部分：由切削部分和校准部分组成。

切削部分：切削作用。

校准部分：导向、修光孔壁，外形为倒锥，铰刀齿为 4~8 齿，一般偶数制造。

（2）颈部为磨制铰刀时供退刀用，也用来刻印商标和规格。

（3）颈部为磨制铰刀时供退刀用，也用来刻印商标和规格。柄部用来装夹和传递转矩：直柄、锥柄、直柄带方榫；前两种用于机用铰刀，后一种用于手铰刀。

4. 铰刀的种类

（1）按使用的方法：手用铰刀、机用铰刀，如图 2-84 所示。

（2）按结构：整体式铰刀、可调式铰刀，如 2-85 所示。

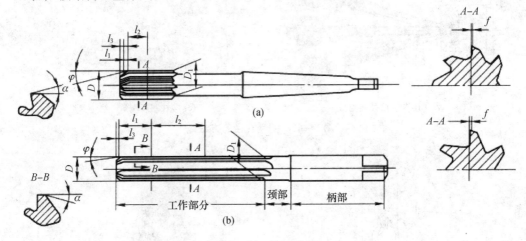

图 2-84　铰刀形状

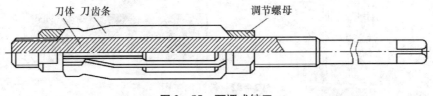

图 2-85　可调式铰刀

（3）按外形：直槽铰刀、螺旋槽铰刀、锥铰刀：①1:10 锥铰刀用来铰削联轴器上与锥销配合的锥孔；②莫氏锥铰刀用来铰削 0~6 号莫氏锥孔；③1:30 锥铰刀用来铰削套式刀具上的锥孔；④1:50 锥铰刀用来铰削定位销孔。如图 2-86 所示。

（4）切削部分材料：高速钢、硬质合金。

5. 铰削用量

（1）铰削余量是指上道工序（钻孔或扩孔）完成后，在直径方向所留下的加工余量。余量太小，上道工序残留的变形和加工的刀痕难以纠正和除去，铰孔的质量达不到要求。同时铰刀处于啃刮状态，磨损严重，降低了铰刀的使用寿命。余量太大，则增加了每一刀齿的切削负荷，增加了切削热，使铰刀直径扩大，孔径也随之扩大。正确选择铰削余量，应按孔径的大小，同时考虑铰孔的精度、表面粗糙度、材料的软硬和铰刀类型等多种因素。铰削余量如表 2-16 所示。

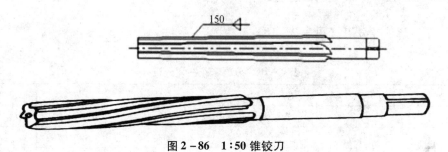

图 2 – 86　1:50 锥铰刀

表 2 – 16　铰削余量

铰孔直径（mm）	<5	5 ~ 20	21 ~ 32	33 ~ 50	51 ~ 70
铰孔余量（mm）	0.1 ~ 0.2	0.2 ~ 0.3	0.3	0.5	0.8

（2）机铰的切削速度和进给量：切削速度：钢件为 4 ~ 8m/min；进给量：钢件为
0.4 ~ 0.8mm/r。

（3）切削液：机油。

6. 铰孔操作

（1）钻底孔，铰孔直径小于 0.2mm。

（2）工件装夹。

（3）选用铰刀及铰杠。

（4）加机油。

（5）顺时针旋转，不允许逆时针旋转。

（6）检测。

任务（三）

1. 如图 2 – 87 所示，本任务要求刃磨麻花钻。

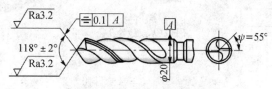

图 2 – 87　麻花钻的刃磨

步骤一：工、量、刃具准备（见表 2 – 17）

表 2 – 17　工、量、刃具清单

序　号	名　称	规　格	精　度	数量
1	高速钢麻花钻	φ20	—	1
2	万能角度尺	0° ~ 320°	2′	1
3	砂轮机	—	—	1
4	砂轮修整器	—	—	1
5	常用工具	—	—	自定

步骤二：解读评分表（见表 2 –18）

表 2 –18   刃磨麻花钻评分表

班　级		姓名		学　号	
零件名称		图号	图 2 –87	检　测	
序　号	检测项目	配分	评分标准	检测结果	得分
1	顶角 118°±2°	20	每超差 1°扣 4 分		
2	顶角对称度	20	不符扣 5～20 分		
3	两主切削刃等长	20	不符扣 5～20 分		
4	两主切削刃平直	10	不符扣 2～10 分		
5	横刃	10	不符扣 2～10 分		
6	主后刀面 Ra3.2 两处	10	每处每降一级扣 2 分		
7	安全操作规程	10	按相关安全操作规程 酌情扣 1～10 分		
	总分	100	总得分		

2. 如图 2 –88 所示，本任务是车台阶盲孔。零件材料为 45 钢，毛坯规格为 $\phi45mm\times50mm$。

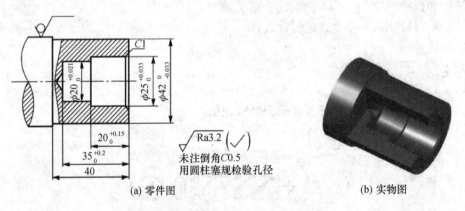

(a) 零件图　　　　　　　　　　　　　　(b) 实物图

图 2 –88   车台阶盲孔

步骤一：工、量、刃具准备（见表 2 –19）

表 2 –19   工、量、刃具清单

序　号	名　称	规　格	精　度	数　量
1	千分尺	25～50	0.01	1
2	游标卡尺	0～150	0.02	1
3	深度游标卡尺	0～200	0.02	1
4	圆柱塞规	$\phi20H7$	—	1
5	圆柱塞规	$\phi25H8$	—	1

序　号	名　　称	规　格	精　度	数　量
6	钢直尺	0～150	—	1
7	外圆车刀	45°	—	自定
8	外圆车刀	90°	—	自定
9	盲孔镗刀	$\phi20 \times 40$	—	自定
10	麻花钻	$\phi18$	—	1
11	常用工具	—	—	自定

步骤二：切削用量选取（见表 2 - 20）

表 2 - 20　切削用量（参考量）

刀　具	加工内容	主轴转速 （r/min）	进给量 （mm/r）	背吃刀量 （mm）
45°外圆车刀	端面	800	0.1	0.1～1
90°外圆车刀	粗车外圆	500	0.3	2
	精车外圆	1000	0.1	0.25
$\phi18$ 麻花钻	钻孔	250	—	—
盲孔镗刀	粗车内孔	400	0.2	1
	精车内孔	700	0.1	0.15

步骤三：解读评分表（见表 2 - 21）

表 2 - 21　车削台阶盲孔评分表

班级			姓名		学号	
零件名称		图号	图 2 - 88	检测		
序号	检测项目	配分	评分标准	检测结果	得分	
1	$\phi42^{0}_{-0.033}$、Ra3.2	10/4	每超差 0.01 扣 2 分， 每降一级扣 2 分			
2	$\phi25^{+0.033}_{0}$、Ra3.2	12/6	不符合圆柱塞规检测要求全 扣，每降一级扣 2 分			
3	$\phi20^{+0.021}_{0}$、Ra3.2	12/6	不符合圆柱塞规检测要求全 扣，每降一级扣 2 分			
4	$35^{+0.2}_{0}$	10	每超差 0.02 扣 2 分			
5	$20^{+0.15}_{0}$	10	每超差 0.02 扣 2 分			
6	40、Ra3.2	5/3	每降低 10% 扣 4 分， 每降一级扣 4 分			
7	倒角、去毛刺 4 处	12	每处不符扣 3 分			
8	全操作规程	10	按相关安全操作规程 酌情扣 1～10 分			
总分		100	总得分			

步骤四：加工步骤（见表 2 – 22）

表 2 – 22　盲孔加工步骤

加工步骤	图　示	加工内容
1	$\phi42_{-0.033}^{0}$　40	工件伸出卡爪 50mm 左右，校正并夹紧；车平端面；粗、精加工 ϕ42mm×40mm 的外圆
2	$\phi18$　32~34	用麻花钻钻 ϕ18mm 孔，有效孔深 32～34mm
3	$\phi20_{0}^{+0.021}$　$35_{0}^{+0.2}$	粗、精加工 ϕ20mm×35mm 的小孔孔径
4	$\phi25_{0}^{+0.033}$　$20_{0}^{+0.15}$	粗、精加工 ϕ25mm×20mm 的大孔孔径
5	C1	加工完毕后，根据图纸要求倒角、去毛刺；仔细检查各部分尺寸；最后卸下工件，完成操作

五、车内、外圆锥面技能实训

在机械制造中，除采用圆柱体和内圆柱面作为配合表面外，还有许多使用圆锥面配合的情形。本项目主要介绍常见圆锥体及圆锥孔零件的加工方法、零件的加工工艺与质量分析、保证圆锥零件的表面质量的方法和加工时的技巧。

（一）车外圆锥面

1. 车外圆锥面的方法（见表 2 – 23）

表 2 – 23　车外圆锥面的常用方法

常用方法	特点	适用场合	图示
转动小滑板法	操作简单，可加工任意锥角的内、外锥面；因受小滑板行程的限制，只能加工较短的锥面；需手动进给，劳动强度较大，工件表面粗糙度较难控制	适用于单件、小批量生产中，车削精度较低和长度较短的圆锥面	
偏移尾架法	两顶尖装夹工件；受尾座偏移量的限制，不能车锥度较大的工件；能采用自动进给，表面粗糙度值小；不能加工整锥体及内圆锥面	适用于单件、小批量生产中，加工锥度较小，锥形部分较长的外圆锥面	
仿形法、靠模法	锥度调整方便准确，能采用自动进给车削内、外圆锥面，劳动强度低，表面质量高。但要对机床进行改造，且角度调节范围小	适用于大批量，加工锥度小，长度较长的内、外圆锥面	
宽刃刀车削法	宽刃刀刃必须平直，刃倾角为零，对刀具的安装要求高；机床、工件及刀具必须具有足够的刚度	适用于大批量，锥度较大，长度较短的内、外圆锥面	

2. 小滑板转动角度的计算

（1）圆锥的基本参数（见表2-24）。

表2-24　圆锥的基本参数

名称	代号	图示
最大圆锥直径（简称大端直径）	D	
最小圆锥直径（简称小端直径）	d	
圆锥角	α	
圆锥半角	$\dfrac{\alpha}{2}$	
工件圆锥部分长度（最大圆锥直径与最小圆锥直径之间的轴向距离）	L	
锥度	C	
工件全长	L_0	

（2）圆锥半角的计算。根据零件给定的条件，可用以下公式计算圆锥半角：

$$\tan\frac{\alpha}{2} = \frac{C}{2} = \frac{D-d}{2L}$$

应用上面公式计算出$\dfrac{\alpha}{2}$（须查三角函数表得出角度）。当$\dfrac{\alpha}{2}<6°$时，可用下列近似方法来计算：

$$\frac{\alpha}{2} \approx 28.7 \times \frac{D-d}{L}$$

当零件图在圆锥面上标注锥度C时，可利用两个已知条件进行计算。公式如下：

$$C = \frac{D-d}{L}$$

车削常用锥度和标准锥度时的小滑板转动角度如表2-25所示。

表2-25　车削常用锥度和标准锥度时的小滑板转动角度

名称		锥度	小滑板转动角度		圆锥角	锥度	小滑板转动角度
莫氏	0	1:19.212	1°29′27″	标准锥度	0°17′11″	1:200	0°08′36″
	1	1:20.047	1°25′43″		0°34′23″	1:100	0°17′11″
	2	1:20.020	1°25′50″		1°08′45″	1:50	0°34′23″
	3	1:19.922	1°26′16″		1°54′35″	1:30	0°57′17″
	4	1:19.254	1°29′15″		2°51′51″	1:20	1°25′56″
	5	1:19.002	1°30′26″		3°49′06″	1:15	1°54′33″
	6	1:19.180	1°29′36″		4°46′19″	1:12	2°23′09″

续表

名称		锥度	小滑板转动角度	圆锥角		锥度	小滑板转动角度
标准 锥度	30°	1:1.866	15°	标准 锥度	5°43′29″	1:10	2°51′45″
	45°	1:1.207	22′30″		7°09′10″	1:8	3°34′35″
	60°	1:0.866	30°		8°10′16″	1:7	4°05′08″
	75°	1:0.652	37′30″		11°25′16″	1:5	5°42′38″
	90°	1:0.5	45°		18°55′29″	1:3	9°27′44″
	120°	1:0.289	60°		16°35′32″	7:24	8°17′46″

3. 转动小滑板车外圆锥的步骤

（1）根据圆锥大端直径和圆锥面长度完成外圆柱面的粗、精加工，即车一个台阶外圆。

（2）根据工件图样选择相应的公式，计算出圆锥半角$\frac{\alpha}{2}$，即是小滑板应转动的角度。

（3）用扳手将小滑板底座转盘上的两个螺母松开，将转盘转至圆锥半角$\frac{\alpha}{2}$刻度上，然后旋紧转盘上的螺母。

（4）移动中、小滑板，粗车试切外圆锥。

（5）根据试切外圆锥角度的大小，重复以上3、4步，逐步找正，调整。

（6）精车外圆锥，保证锥长。

注意：为防止圆锥面与圆锥大端直径相交处出现摆动，导致锥长错误，圆锥面与圆锥大端直径必须一次装夹车削完成。

小技巧： 用百分表校正圆锥角度转动小滑板车外圆锥时，圆锥角度的精度主要靠小滑板转动的角度来保证，这时可采用百分表来校正小滑板转动的角度。具体方法如下：

（1）用扳手将小滑板底座转盘上的两个螺母松开，将转盘转到所需要的圆锥半角$\frac{\alpha}{2}$的刻度上，然后旋紧转盘上的螺母。

（2）将百分表表座固定在刀架或小滑板上，并使百分表水平安装，测量头与工件轴线等高。

（3）移动中滑板使百分表测量头接触到工件外圆。

（4）根据图样标注的标准锥度，按相应的比值关系均匀、缓慢地移动小滑板，同时观察百分表读数。

（5）根据百分表表盘读数的大小，判断标准锥度的大小。

（6）反复调整小滑板转动的角度，直至小滑板移动的长度与百分表指针读数符合标准锥度对应的比值关系。

4. 外圆锥的检测

检测外圆锥的方法有万能角度尺检测、圆锥套规涂色法检测、角度样板检测和正弦规检测四种。

（1）万能角度尺检测。

1）万能角度尺的结构及识读万能角度尺的结构如图2-89所示。

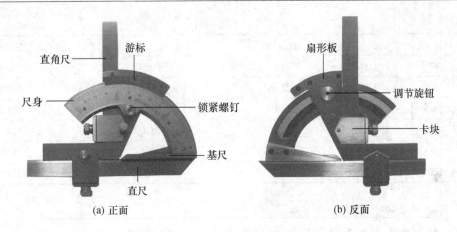

图 2-89 万能角度尺的结构

(a) 正面　　　　　　　　　　(b) 反面

常用万能角度尺的分度值一般分为 5′ 和 2′ 两种。下面介绍分度值为 2′ 的刻线原理。万能角度尺的尺身刻度为每格 1°，游标上总角度为 29°，并等分成 30 格，如图 2-90（a）所示。每格所对应的角度为 $\frac{29°}{30} = \frac{60′ \times 29}{30} = 58′$。因此 $1° - \frac{29°}{30} = 60′ - 58′ = 2′$。即万能角度尺的测量精度为 2′。

万能角度尺的读数方法与游标卡尺相似，即先从尺身上读出游标零线前面的整数值，然后在游标上读出分的数值，两者相加就是被测件的角度数值，如图 2-90（b）所示。

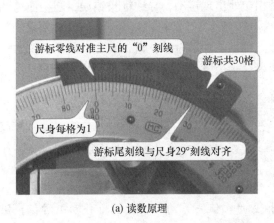
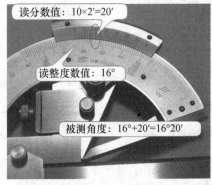

(a) 读数原理　　　　　　　　　(b) 读数方法

图 2-90 分度值为 2′ 的万能角度尺的刻线原理

2）万能角度尺检测圆锥角度的测量方法。用万能角度尺检测圆锥角度时，应根据工件角度的大小，选择不同的测量方法。万能角度尺检测圆锥角度时的测量方法如表 2-26 所示。

（2）圆锥套规涂色法检测。采用圆锥套规涂色法检测的具体方法如下：

1）在外圆锥表面上顺着母线、圆周上相隔约 120°，薄而均匀地涂上三条显示剂。

2）把圆锥套规轻轻套在外圆锥上，稍加轴向推力，将套规转动约半圈。

表 2－26 万能角度尺检测圆锥角度时的检测方法

测量内容	调节方法	测量示意图
0°~50°	0° 50°	
50°~140°	50° 140°	
140°~230°	140° 230°	
230°~320°	230° 320°	

注意：用万能角度尺检测圆锥角度时，一定要使测量平面通过工件轴线，以保证测量的准确性。

3）取下圆锥套规，观察外圆锥表面显示剂的情况。若三条显示剂全长擦痕均匀，说明圆锥表面接触良好，圆锥角准确；若小端显示剂被擦去，说明圆锥角偏小；若大端显示剂被擦去，说明圆锥角偏大，如图 2 - 91 所示。

4）反复试切调整，使圆锥套规与外圆锥表面接触率达到 70% 以上。

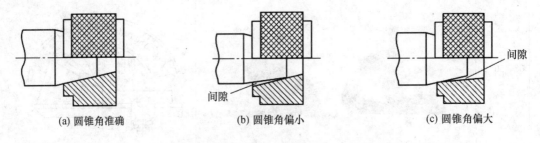

(a) 圆锥角准确   (b) 圆锥角偏小   (c) 圆锥角偏大

图 2 - 91　半精车后检测外圆锥角度的方法

注意：用圆锥套规涂色法检测工件时必须在半精加工后且表面粗糙度值较低的情况下。

（3）角度样板检测。在大批量生产时，可用专用的角度样板来测量工件。如图 2 - 92 所示为用角度样板检测圆锥齿轮坯角度的情况。

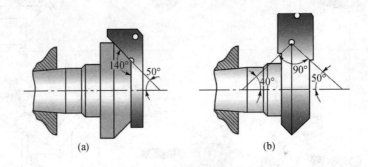

(a)   (b)

图 2 - 92　用角度样板检测圆锥齿轮坯角度

（4）正弦规检测。正弦规是间接检验零件及量规角度和锥度的量具，它是利用三角函数中的正弦关系来度量的，故称正弦规或正弦尺。正弦规由带有精密工作平面的长方体和两个相同直径的精密钢制圆柱体组成，四周可装有挡板，如图 2 - 93 所示。两圆柱的轴心线距离 L 一般为 100mm 或 200mm。如图 2 - 94 所示为应用正弦规测量圆锥塞规锥角的示意图。

注意：正弦规一般用于测量小于 40° 的角度，在测量小于 3° 的角度时，精确度可达 $\pm 3'' \sim \pm 5''$。

（二）车内圆锥面

1. 车圆锥孔的常用方法及特点

车圆锥孔的常用方法有转动小滑板法、仿形法、铰圆锥孔法等。车圆锥孔比车外圆锥要困难些，主要是因为车圆锥孔不易观察和测量，排屑和冷却条件也较差。加工圆锥孔时，镗孔刀刀杆受孔径大小和孔深的限制，使得刀具的刚性不足，增加了加工的难度。

小提示：为了便于加工和测量，装夹工件时应使圆锥孔大端直径的位置靠外端。

图2-93 正弦规

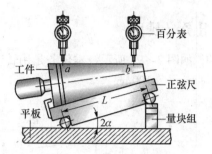

图2-94 用正弦规测量圆锥角

2. 转动小滑板法车圆锥孔的步骤

用转动小滑板法车圆锥孔的具体步骤如下：

（1）用麻花钻钻孔。

（2）根据工件图样选择相应的公式计算出圆锥半角$\frac{\alpha}{2}$，即是小滑板应转动的角度。

（3）用扳手将小滑板底座转盘上的两个螺母松开，将转盘转至所需要的圆锥半角$\frac{\alpha}{2}$的刻度上，然后旋紧转盘上的螺母。

（4）移动中、小滑板，粗车试切圆锥孔。

（5）根据试切圆锥孔角度的大小，重复以上3、4步骤，逐步找正，调整。

（6）精车圆锥孔，保证锥孔长度。

小技巧：车削配套圆锥

在实际生产过程中，经常遇到加工配套圆锥的情况，为了保证配套圆锥的配合精度，车削时，一般先把外圆锥车削准确，这时不要变动小滑板的角度，只要把车孔刀反装，使前刀面向下，然后车削圆锥孔。由于小滑板角度未改变，因此，这种加工方法可获得十分准确的圆锥配合表面，并提高生产效率，如图2-95所示。

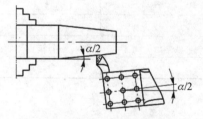

(a) 转动小滑板车削外圆锥

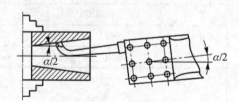

(b) 小滑板角度不变车削圆锥孔

图2-95 车削配套圆锥的方法

3. 圆锥孔的检测

圆锥孔一般采用圆锥塞规涂色法检测，圆锥塞规如图2-96所示。

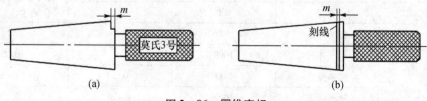

图2-96 圆锥塞规

任务（四）

1. 如图 2 - 97 所示，本任务是用转动小滑板法车外圆锥。零件材料为 45 钢，毛坯规格为 $\phi45\text{mm} \times 100\text{mm}$。

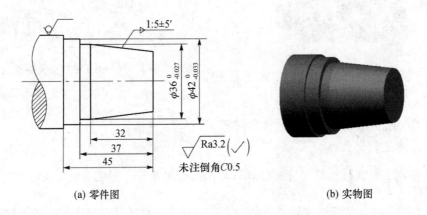

(a) 零件图　　　　　　　　　　　(b) 实物图

图 2 - 97　转动小滑板法车外圆锥

步骤一：工、量、刃具准备（见表 2 - 27）

表 2 - 27　工、量、刃具清单

序号	名称	规格	精度	数量
1	千分尺	25 ~ 50	0.01	1
2	游标卡尺	0 ~ 150	0.02	1
3	万能角度尺	0° ~ 320°	2′	1
4	钢直尺	0 ~ 150	—	1
5	外圆车刀	45°	—	自定
6	外圆车刀	90°	—	自定
7	常用工具	—	—	自定

步骤二：切削用量选取（见表 2 - 28）

表 2 - 28　切削用量参考量

刀具	加工内容	主轴转速（r/min）	进给量（mm/r）	背吃刀量（mm）
45°外圆车刀	端面	800	0.1	0.1 ~ 1
90°外圆车刀	粗车外圆	500	0.3	2
	精车外圆	1000	0.1	0.25
	粗车圆锥	700	0.2	1 ~ 2
	精车圆锥	1000	0.08	0.25

步骤三：解读评分表（见表 2–29）

表 2–29 转动小滑板法车削外圆锥评分表

班级		姓名		学号	
零件名称		图号	图 2–97	检测	
序号	检测项目	配分	评分标准	检测结果	得分
1	$\phi42$	15	每超差 0.01 扣 2 分，每降一级扣 2 分		
2	$\phi36^{0}_{-0.027}$、Ra3.2	10/5	每超差 0.01 扣 2 分，每降一级扣 2 分		
3	锥度 1:5±5′、Ra3.2	20/10	每超差 2′扣 4 分，每降一级扣 4 分		
4	45	7	超差不得分		
5	37	7	超差不得分		
6	32	7	超差不得分		
7	倒角、去毛刺 3 处	9	每处不符扣 3 分		
8	安全操作规程	10	按相关安全操作规程酌情扣 1~10 分		
总 分		100	总得分		

步骤四：加工步骤（见表 2–30）

表 2–30 转动小滑板法车外圆锥的加工步骤

加工步骤	图示	加工内容
1	$\phi36^{0}_{-0.027}$ $\phi42^{0}_{-0.033}$ 37 45	工件伸出卡爪 60mm 左右，校正并夹紧；车平端面；粗、精加工 $\phi42mm\times45mm$、$\phi36mm\times37mm$ 外圆
2	1:5±5′	粗加工、半精加工外圆锥，并用万能角度尺检测圆锥角；调整后，保证 1:5 圆锥角度

续表

加工步骤	图示	加工内容
3		在1:5圆锥角度准确后,精加工外圆锥,并保证32mm长度尺寸
4		加工完毕后,根据图纸要求倒角、去毛刺,并仔细检查各部分尺寸;最后卸下工件,完成操作

2. 如图2-98所示,本任务是用转动小滑板法车削圆锥孔。零件材料为45钢,毛坯规格为 ϕ45mm×350mm。

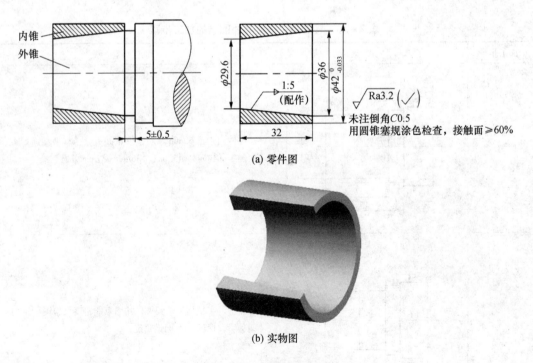

图 2-98 转动小滑板法车圆锥孔

步骤一：工、量、刃具准备（见表2-31）

表2-31 工、量、刃具清单

序号	名称	规格	精度	数量
1	千分尺	25~50	0.01	1
2	游标卡尺	0~150	0.02	1
3	1:5圆锥塞规	按图2-96自制	—	1
4	钢直尺	0~150	—	1
5	外圆车刀	45°	—	自定
6	外圆车刀	90°	—	自定
7	盲孔镗刀	$\phi 25 \times 35$	—	自定
8	切断刀	4×25	—	自定
9	麻花钻	$\phi 25$	—	自定
10	常用工具	—	—	自定

步骤二：切削用量选取（见表2-32）

表2-32 切削用量（参考量）

刀具	加工内容	主轴转速（r/min）	进给量（mm/r）	背吃刀量（mm）
45°外圆车刀	端面	800	0.1	0.1~1
	粗车外圆	500	0.3	2
90°外圆车刀	精车外圆	1000	0.1	0.25
$\phi 25$麻花钻	钻孔	250	—	—
盲孔镗刀	粗车内孔	400	0.2	1
	精车内孔	700	0.1	0.15
切断刀	切断	500	—	—

步骤三：解读评分表（见表2-33）

表2-33 转动小滑板法车圆锥孔评分表

班级		姓名			学号	
零件名称		图号		图2-98	检测	
序号	检测项目	配分	评分标准		检测结果	得分
1	$\phi 42^{0}_{-0.033}$、Ra3.2	15/5	每超差0.01扣2分，每降一级扣2分			
2	$\phi 36$	6	超差不得分			
3	锥度1:5±5′，用圆锥塞规涂色检验，锥配接触面积≥60%、Ra3.2	20/10	每降低10%扣4分，每降一级扣4分			

班级			姓名		学号	
4	32、两侧 Ra3.2		8/10	超差不得分，每降一级扣2分		
5	倒角、去毛刺4处		16	每处不符扣4分		
6	安全操作规程		10	按相关安全操作规程酌情扣1~10分		
	总分		100	总得分		

步骤四：加工步骤（见表2-34）

表2-34 转动小滑板法车圆锥孔步骤

加工步骤	图示	加工内容
1	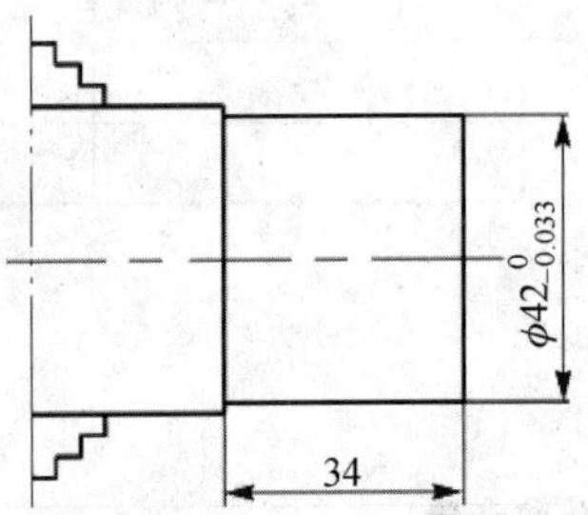	工件伸出卡爪50mm左右，校正并夹紧；车平端面；粗、精加工 φ42mm×34mm 外圆
2	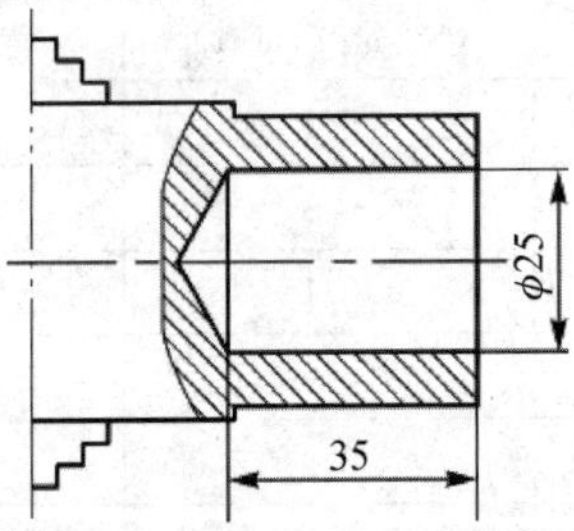	用麻花钻钻 φ25mm 孔，有效孔深35mm
3	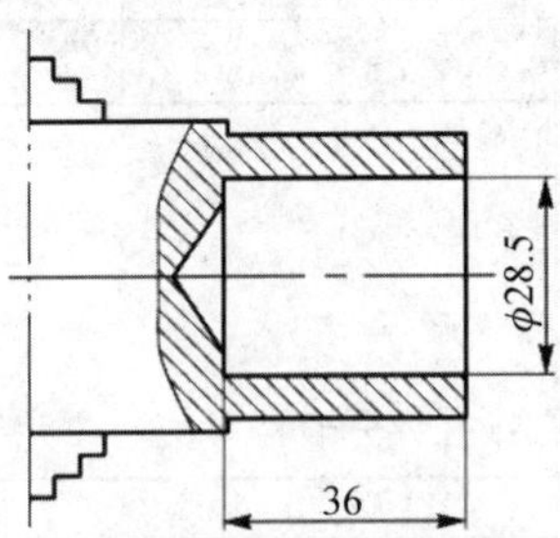	盲孔镗刀粗加工、半精加工内孔至 φ28.5mm，留1mm左右的加工余量
4	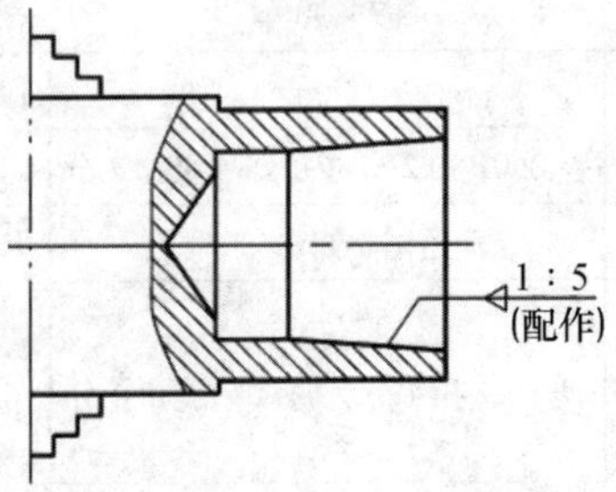	粗加工、半精加工圆锥孔，并用自制的1:5圆锥塞规涂色检测圆锥角；调整后，保证1:5圆锥角度准确

续表

加工步骤	图示	加工内容
5	$\phi 36$	在1:5圆锥角度准确后，精加工圆锥孔，并保证φ36mm的锥孔大端直径
6	32.5	加工完毕后，根据图纸要求倒角、去毛刺；仔细检查各部分尺寸；在32.5mm处切下工件
7	32	工件掉头装夹，校正并适当夹紧；车平端面，同时保证32mm总长；加工完毕后，根据图纸要求倒角、去毛刺；仔细检查各部分尺寸；卸下工件，完成操作

六、成形面车削和表面修饰技能实训

在机械制造中，经常会遇到有些零件表面素线不是直线而是曲线的情况，如滑板手柄和手轮上的球形或圆弧表面等，这些带有曲线的零件表面叫成形面。还有的零件表面形状美观，具有很规则的花纹，如机床刻度盘、千分尺上的微分筒以及我们所使用的圆规，这些规则的花纹都属于表面修饰加工。通过本项目的学习，我们需要掌握成形面及滚花的加工步骤和车削方法。

（一）滚花

1. 滚花花纹的种类

用滚花刀来挤压工件，使其表面产生塑性变形而形成花纹的加工工艺称为滚花。如图2-99所示，滚花花纹一般有直花纹、斜花纹和网纹三类，都是用滚花刀在工件表面滚压而成的花纹，作用是增大捏手部分的摩擦力，便于拿握和使用，同时使零件表面形状美观。

(a) 直花纹   (b) 斜花纹   (c) 网纹

图 2-99　滚花花纹的种类

滚花花纹有粗纹、中纹和细纹之分。花纹的粗细取决于模数 m，模数和节距的关系是 $P=\pi m$。当 $m=0.2$ 时，花纹是细纹；当 $m=0.3$ 时，花纹是中纹；当 $m=0.4$ 或 $m=0.5$ 时，花纹是粗纹。滚花的各部分尺寸见表 2-35 所示。

表 2-35　滚花的各部分尺寸

种类	模数（m）	h	r	节距（P）
细纹	0.2	0.132	0.06	0.628
中纹	0.3	0.198	0.09	0.942
1	0.4	0.264	0.12	1.257
粗纹	0.5	0.326	0.16	1.571
		图示		

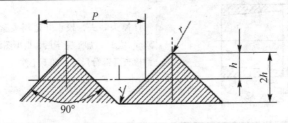

注：2h 为花纹高度；$h=0.785m-0.414$。

2. 滚花刀

滚花刀按轮数可分为单轮、双轮和六轮三种，如图 2-100 所示。滚花刀由滚轮与刀杆组成，滚轮的直径通常为 20~25mm。单轮滚花刀用于滚直纹；双轮滚花刀有左旋和右旋滚轮各 1 个，用于滚网纹；六轮滚花刀是在同一把刀杆上装有三组粗细不等的滚花刀，使用时可根据需要方便地选用。

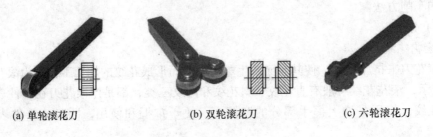

(a) 单轮滚花刀   (b) 双轮滚花刀   (c) 六轮滚花刀

图 2-100　滚花刀

3. 滚花加工的过程

（1）滚花加工的步骤。

1）由于滚花时工件表面会产生塑性变形，所以在滚花前，应根据工件材料的性质和滚花节距的大小，将滚花部位的外圆直径车小 0.6~1.5m 或 0.2~1.5Pm。

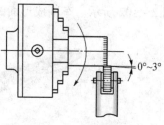

图 2-101 滚花刀的安装

2）安装滚花刀时，滚花刀的装刀中心应与工件轴线等高。滚轮外圆与工件外圆平行，或顺时针旋转与工件外圆相交成一个 0°~3° 的夹角，如图 2-101 所示，这样滚花刀就容易切入工件表面。

3）滚花时需选择较低的切削速度，一般为 7~15m/min。

4）开始滚压时，挤压力要大，使工件圆周上一开始就形成较深的花纹，这样就不容易产生乱纹（俗称破头）。

注意：为了减少开始时的径向压力，可用滚花刀表面约 1/3~1/2 宽度与工件接触进行挤压。

5）停车检查花纹滚压情况，符合要求后即可纵向机动进给，这样滚压一至二次，直至花纹清晰饱满，即可完成加工。

6）为防止滚轮发热损坏，滚花时应充分浇注冷却液，同时也能及时清除滚花刀上的铁屑末，保证滚花质量。

（2）滚花的安全技术要求。滚花时会产生很大的径向压力，所以要特别注意以下几点：

1）装夹工件时，在不影响滚花加工的情况下，工件伸出长度应尽可能短一些，并要求装夹牢固。

2）严禁用手或棉纱接触滚压表面，以防发生事故。

3）严禁用毛刷或纱布清除滚花刀上的铁屑末，以防发生事故。

4）薄壁套类零件外表面要求滚花时，应先滚花，后钻孔和车削内孔。

5）滚花时操作不当常会出现乱纹现象，应立即退刀并检查原因，及时纠正。乱纹原因及预防措施如表 2-36 所示。

表 2-36 乱纹原因及预防措施

乱纹产生的原因	预防措施
工件外径周长不能被滚花刀节距 P 整除	可把外圆略车小一些
开始滚花时，横向进给压力过小，或滚花刀与工件表面接触面过大	开始滚花时就要使用较大的压力或把滚花刀偏一个很小的角度
滚花刀转动不灵，或滚花刀跟刀杆小轴配合间隙太大	检查原因或调换小轴
主轴转速太高，滚花刀跟工件表面产生打滑	降低主轴转速
滚花前没有清除滚花刀中的细屑，或滚花刀齿磨损	清除细屑或更换滚花刀

（二）双手成形面及表面修饰加工

1. 车成形面的方法

有些机械零件表面的轴向剖面呈曲线形，如手柄、圆球等，这样的表面叫成形面，如

图 2 – 102 所示。车削成形面的主要方法见表 2 – 37 所示。

(a) 摇手柄

(b) 球头手柄

图 2 – 102　成形面零件

表 2 – 37　车成形面的主要方法

常用方法	定义	特点及适用场合	图示
双手控制法	用双手同时控制中、小滑板（或床鞍和中滑板）手柄，通过双手的协调动作，车出所要求的成形面的方法	这种方法操作技术灵活、方便。不需要其他辅助工具，但需要较高的技术水平，难度较大，精度低、表面质量差，生产效率低，只适用于精度要求不高的单件、小批量生产	
成形刀车削法	将刀具切削部分的形状按加工要求刃磨成和工件加工部分相同的形状，再通过车削得到成形表面的加工方法	这种方法生产效率高，但刀具刃磨困难，车削时接触面积大，容易出现振动和工件位移。适用于批量较大的生产中，车削刚性好、长度较短且形状较简单的成形面	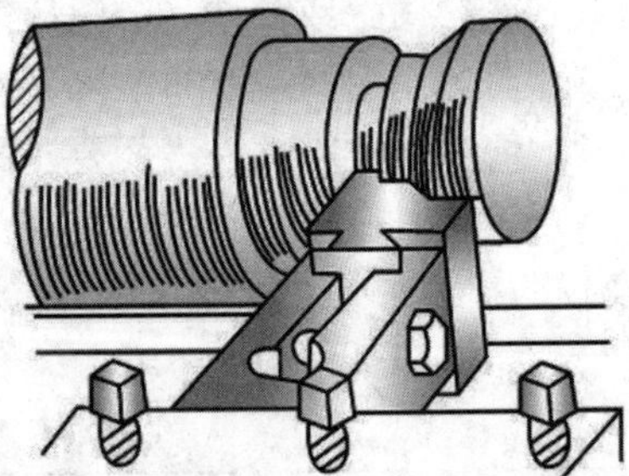
仿形法靠模法	制造一种与工件形状相符的模板，它是刀具按模板仿形装置进给来加工成形面的方法	这种方法操作简单，劳动强度小，生产效率高，精度高，是一种比较先进的加工方法，但需制造专用靠模。适合质量要求较高的大批量生产	

2. 双手控制法车单球手柄

（1）圆弧车刀。圆弧表面要求光滑、具有良好的表面粗糙度，为使每次进给切削时过度圆滑，需采用主切削刃呈圆弧形的车刀，如机夹式圆弧车刀，如图 2 - 103（a）所示。

小提示：圆弧车刀的刃磨方法与刃磨外切槽车刀相似，可用外切槽车刀改磨，如图 2 - 103（b）所示。

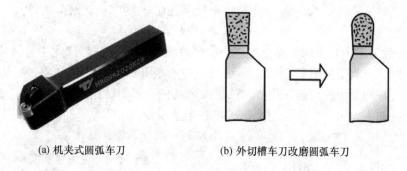

(a) 机夹式圆弧车刀　　　　　　　(b) 外切槽车刀改磨圆弧车刀

图 2 - 103　圆弧车刀

（2）球体部分的长度计算。车单球手柄前，要先根据圆球直径 D 和圆球柄部直径 d 计算圆球部分的长度 L，如图 2 - 104 所示。计算公式如下：

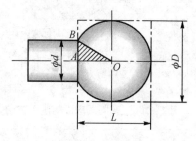

$$L = \frac{D + \sqrt{D^2 - d^2}}{2}$$

（3）进给速度分析。用双手控制法车成形面时，首先要分析曲面各点的坐标位置，然后根据坐标位置确定纵向、横向走刀的快慢，分析圆球面的纵、横向走刀速度，如图2 - 105 所示。

图 2 - 104　单球手柄

车 a 点时，横向进刀速度要慢，纵向退刀速度要快。车到 b 点时，横向进刀和纵向退刀速度基本相同。车到 c 点时，横向进刀要快，纵向退刀要慢，即可车出球面。此操作的关键是双手摇动手柄的速度配合要恰当。

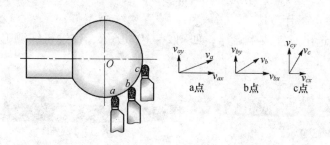

图 2 - 105　圆球面的纵、横向走刀速度分析

小技巧：双手控制进给速度的配合

为了掌握控制进给的速度，粗加工以快速去除余量为主，可用床鞍和中滑板手轮来控制进给速度；而精加工又以修正圆球轮廓和保证表面粗糙度为重点，因此采用转动小滑板和中滑板手柄达到控制进给速度的目的。

（4）车单球手柄的步骤。

1）先分别车圆球直径 D 和柄部直径 d，均留 $0.3 \sim 0.5$mm 精车余量，并根据公式计算圆球部分 L 的长度。

2）确定圆球的中心位置，即车圆球前，用钢直尺或游标卡尺测量出圆球中心，并用车刀刻线痕。对于熟练的操作者，可观察床鞍手轮上的刻度值，对刀、计算并用车刀刻线痕。

3）用圆弧刀粗车右半球。具体过程为：先将车刀进至离右半球面中心线 $4 \sim 5$mm 处接触外圆，然后用双手同时移动中、小滑板，中滑板开始时进给速度要慢，以后逐渐加快；小滑板恰好相反，开始速度快些，以后逐渐减慢。双手动作要协调一致。最后一刀离球面中心位置约 1.5mm，以保证有足够的精加工余量。

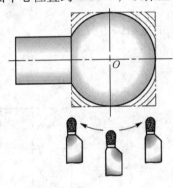

图 2 - 106 车削圆球面的进刀方向

小技巧：粗加工圆球的方法

（1）粗加工圆球时，往往因为余量过多而浪费大量的时间，降低了切削效率，建议采用45°车刀先在圆球的两侧车两个较大的倒角，以减少加工余量。

（2）用圆弧刀粗车左半球。车削方法与右半球相似，不同之处是圆球柄部与球面连接处要用切断刀清根，清根时注意不要碰伤圆球面。

（3）提高主轴转速，精车圆球面，适当减慢进给速度。车削时仍由球中心直径最大处向两半球进行。

（4）半球左右进刀，如图 2 - 106 所示。最后一刀的起始点应从球的中心线痕处开始进给，逐步修整，注意勤检查，防止把球车废。

注意：为了使圆球面和圆球柄部交线处轮廓清晰，应采用切断刀修整圆球面和圆球柄部的连接部位，最后精加工圆球柄部。

3. 表面修光的方法

用双手控制法车成形面，由于进给不均匀，工件表面往往留下高低不平的痕迹，表面粗糙度难以达到要求，因此，车削完成的成形面还要用锉刀、砂布修整抛光。

（1）锉刀修整的操作方法。

1）锉刀通常选用扁锉或半圆锉，如图 2 - 107 所示，锉纹粗细视工件表面具体情况而定。

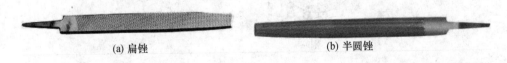

(a) 扁锉   (b) 半圆锉

图 2 - 107 锉刀

2）锉削时，压力要均匀一致，推锉速度要慢，并适当做纵向移动，如图 2 - 108 所示，避免把工件锉扁或呈节状。

3）为防止锉屑滞塞在锉纹里而损伤工件表面，锉削前可在锉齿表面涂上一层粉笔末，并经常用铜丝刷清理齿缝。

4）合理选择车床主轴转速，防止转速过高而加速锉刀磨钝，缩短锉刀使用寿命。

注意：为了确保安全，在车床上锉削成形面时，应左手握锉刀柄，右手扶住锉刀的前端，如图 2 - 108 所示。

（2）砂布抛光的操作方法。

1）根据工件表面痕迹，合理选用从粗到细的砂布。

2）选择较高的车床主轴转速。

3）为了确保安全，提高抛光的质量和效率，应将砂布垫在锉刀下面，采用锉刀修整的姿势进行抛光。

4）用细砂布进一步抛光时，可直接用手捏住砂布两端，如图 2 - 109 所示，并使砂布在工件上做纵向往复移动。要注意两手压力不可过猛，以防砂布撕裂发生事故。

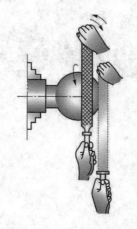

图 2 - 108　成形面的锉削

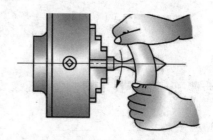

图 2 - 109　手捏砂布抛光成形面

5）严禁用砂布包裹工件进行抛光，以防发生严重事故。

6）抛光内孔时，可将砂布顺时针缠绕在木棒上，然后放入孔内进行抛光，严禁用砂布缠绕在手指上抛光内孔，以防发生严重事故。

小提示：为提高表面抛光的效果，抛光时可在砂布上加上少量机油。

4. 成形面的检测

在车成形面的过程中要做到随时检测。为了保证成形面外形和尺寸的正确，可根据不同的精度要求选用样板、游标卡尺或千分尺等进行检测。

精度要求不高的成形面可用样板检测，如图 2 - 110 所示。检测时，样板中心应通过工件轴线，并采用透光法判断样板与工件之间的间隙大小来修整成形面，最终使样板与工件曲面轮廓全部重合。

精度要求较高的成形面除用样板检测其外形外，还须用游标卡尺或千分尺通过被检测表面的中心，多方位地进行测量，使其尺寸公差满足工件精度要求，如图 2 - 111 所示。

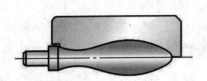

图 2 – 110 用样板检测成形面

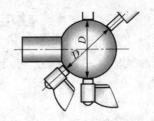

图 2 – 111 用千分尺检测成形面

任务（五）

如图 2 – 112 所示，本任务是车双联球杆。零件材料为 45 钢，毛坯规格为 $\phi 25mm \times 100mm$。

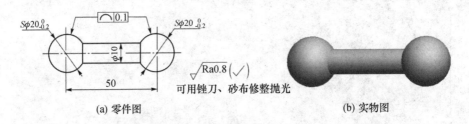

(a) 零件图   (b) 实物图

图 2 – 112 车双联球杆

步骤一：工、量、刃具准备（见表 2 – 38）

表 2 – 38 工、量、刃具清单

序号	名称	规格	精度	数量
1	千分尺	25 ~ 50	0.01	1
2	游标卡尺	0 ~ 150	0.02	1
3	R 规	R7 ~ R14.5	—	1 副
4	钢直尺	0 ~ 150	—	1
5	外圆车刀	45°	—	自定
6	外圆车刀	90°	—	自定
7	圆弧车刀	R2 或 R3	—	自定
8	切槽刀或切断刀	4 × 15	—	自定
9	中心钻	A2	—	1
10	扁锉刀	—	—	自定
11	砂布	—	—	自定
12	常用工具		—	自定

步骤二：切削用量选取（见表 2 - 39）

表 2 - 39 切削用量（参考量）

刀具	加工内容	主轴转速（r/min）	进给量（mm/r）	背吃刀量（mm）
45°外圆车刀	端面	800	0.1	0.1 ~ 1
90°外圆车刀	粗车外圆	600	0.3	2
	精车外圆	1000	0.1	0.25
切槽刀	切沟槽	700	—	—
切断刀	切断		—	—
圆弧车刀	粗车圆球	1000	—	—
	精车圆球		—	—
中心钻	钻中心孔	1000	—	—

步骤三：解读评分表（见表 2 - 40）

表 2 - 40 车削双联球杆评分表

班级		姓名		学号	
零件名称		图号	图 2 - 112	检测	
序号	检测项目	配分	评分标准	检测结果	得分
1	$S\phi20^{0}_{-0.2}$ 两处	20	每处每超差 0.1 扣 2 分		
2	$S\phi20^{0}_{-0.2}$ 两处 Ra0.8	20	每处每降一级扣 2 分		
3	$\phi10$	10	每超差 0.05 扣 2 分		
4	$\phi10$ 处的 Ra0.8	10	每降一级扣 2 分		
5	50	10	超差全扣		
6	⌒ 0.1	20	每超差 0.01 扣 2 分		
7	安全操作规程	10	按安全操作规程酌情 1 ~ 10 分		
总分		100	总得分		

步骤四：加工步骤（见表2-41）

表2-41 车削双联球杆加工步骤

加工步骤	图示	加工内容
1		工件伸出卡爪30mm左右，校正并夹紧；车平端面；钻A2中心孔
2		一夹一顶装夹工件，粗加工 φ20.5mm×75mm 和 φ5mm×8mm 外圆
3		粗加工 φ10.5mm × 32.68mm 沟槽，保证18.66mm长度；加工圆球中心位置线10mm，保证两球中心位置长度50mm
4		粗加工两个 Sφ20.5mm 的球面，注意靠近卡盘的球仅先加工右侧球面部分
5		精加工 φ10mm 的沟槽；加工 φ6mm 的沟槽，保证靠近卡盘的球面左侧有足够的加工余量

续表

加工步骤	图示	加工内容
6	$S\phi20_{-0.2}^{0}$ $S\phi20_{-0.2}^{0}$	精加工两个 $S\phi20$mm 的球面，并留抛光余量
7	10.5	对两个 $S\phi20$mm 的球面及 $\phi10$mm 的球柄进行修整抛光后切下工件
8	$S\phi20$	对工件两端进行粗、精及修整抛光加工；完毕后，根据图纸要求仔细检查各部分尺寸；最后卸下工件，完成操作

七、螺纹加工实训

在各种机械产品中，带有螺纹的零件应用十分广泛。车削螺纹是常用的螺纹加工方法，也是车工的基本技能之一。而三角形螺纹是最常见的螺纹，在螺纹加工中具有典范意义。

（一）车三角形外螺纹

1. 三角形螺纹的分类

三角形螺纹按规格和用途不同可分为普通螺纹、英制螺纹和管螺纹三类。其中普通螺纹的应用最广泛，分为普通粗牙螺纹和普通细牙螺纹，牙型角均为60°。

普通粗牙螺纹用字母"M"及公称直径来表示，如 M10、M24 等；普通细牙螺纹用字母"M"、公称直径后加"$\times$螺距"来表示，如 M10$\times$1、M24$\times$2 等。

2. 普通三角形螺纹的尺寸计算

根据工艺需要，在螺纹加工之前，必须对螺纹的有关尺寸进行计算（或查相关标准）。普通三角形外螺纹的基本牙型如图2－113所示，其基本要素的计算公式及实例如表2－42所示。

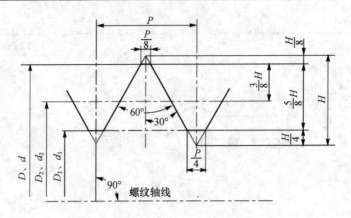

图 2 – 113　普通三角形外螺纹的基本牙型

表 2 – 42　普通三角形外螺纹基本要素计算公式及实例

单位：mm

基本要素	计算公式	实例（求 M30×2 基本要素尺寸）
牙型角（α）	$\alpha = 60°$	$\alpha = 60°$
螺纹大径（d）	d = 公称直径	d = 30
牙型高度（h_1）	$h_1 = 0.5413P$	$h_1 = 0.5413 × 2 = 1.0826$
螺纹小径（d_1）	$d_1 = d - 1.0825P$	$d_1 = 30 - 1.0825 × 2 = 27.835$
螺纹中径（d_2）	$d_2 = d - 0.6495P$	$d_2 = 30 - 0.6495 × 2 = 28.701$

注：①螺纹牙型理论高度 $H_1 = 0.866P$，当外螺纹牙底在 H/4 处削平时，牙型高度 $h_1 = 0.5413P$；当外螺纹牙底在 H/8 处削平时，牙型高度 $h_1 = 0.6495P$。②标准螺纹的相关尺寸可查相关标准。

3. 三角形外螺纹车刀的刃磨与安装

（1）三角形外螺纹车刀的刃磨要求。

1）螺纹车刀的刀尖角等于牙型角。

2）螺纹车刀的左、右切削刃必须平直。

3）螺纹车刀刀尖角的角平分线应尽量与刀侧面杆平行。

4）螺纹车刀的进刀后角因受螺纹升角的影响，应磨得大些。

5）粗车径向前角 γ_0 时可采用有 5°~15°径向前角螺纹车刀；精车时为保证牙型准确，径向前角一般为 0°~5°。

（2）三角形外螺纹车刀的刃磨步骤。准备好刀具图样、高速钢刀具材料、细粒度砂轮（如 80#白刚玉砂轮）、防护眼镜、冷却水、角度尺和样板等，如图 2 – 114 所示。

注意：在磨刀前，要对砂轮机的防护设施进行检查，如防护罩壳是否齐全，有托架的砂轮，托架与砂轮之间的间隙是否恰当等。

三角形外螺纹车刀刃磨操作步骤如表 2 – 43 所示。

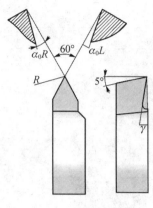

(a) 刀具图样

(b) 其他

图 2 – 114 三角形外螺纹车刀刃磨准备

表 2 – 43 三角形外螺纹车刀刃磨操作步骤

步骤		图示
1	刃磨进给方向为后刀面，控制刀尖半角 $\varepsilon r/2$ 及后角 $\alpha_0 L (\alpha_0 + \psi)$，此时刀杆与砂轮圆周夹角约 $\varepsilon r/2$，刀面向外侧倾斜 $\alpha_0 + \psi$	
2	刃磨背进给方向后刀面，以初步形成两刃夹角，控制刀尖角 εr 及后角 $\alpha_0 R (\alpha_0 - \psi)$，刀杆与砂轮圆周夹角约 $\varepsilon r/2$，刀面向外侧倾斜 $\alpha_0 - \psi$	
3	精磨后刀面，保证刀尖角	

续表

步骤	图示
4	用螺纹车刀样板来测量刀尖角，测量时样板应与车刀底平面平行，用透光法检查
5	粗、精磨前刀面，以形成前角，离开刀尖、大于牙型深度处在砂轮边角为支点，夹角等于前角，使火花最后在刀尖处磨出
6	刃磨刃尖圆弧，刀尖过渡棱宽约为0.1P

（3）三角形外螺纹车刀的安装要求。螺纹车刀安装得正确与否，对螺纹牙型有很大的影响。换句话说，如果刀具安装存在偏差，即使刀尖角刃磨十分准确，车削后的牙型仍然会产生误差。例如，车刀装得左右歪斜，车出的螺纹会出现两牙型半角不相等的倒牙现象。又如，车刀装得偏高或偏低，将使螺纹牙型角产生与有径向前角时类似的误差。因此，安装螺纹车刀时需要注意以下几点：

1）螺纹车刀刀尖与车床主轴轴线等高，一般可根据尾座顶尖高度调整和检查。为防止高速车削时产生振动和"扎刀"，外螺纹车刀刀尖也可以高于工件中心0.1~0.2mm，必要时可采用弹性刀柄螺纹车刀。

2）使用螺纹对刀样板校正螺纹车刀的安装位置（见图2－115），确保螺纹车刀刀尖角的对称中心线与工件轴线垂直。

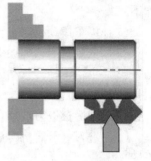

3）螺纹车刀伸出刀架不宜过长，一般伸出长度为刀柄高度的1.5倍，约25～30mm。装刀时，将刀尖对准工件中心，然后用样板在已加工外圆或平面上靠平，将螺纹车刀两侧切削刃与样板角度槽对齐并做透光检查，如出现车刀侧斜现象，则用铜棒敲击刀柄，使车刀位置对准样板角度，符合要求后紧固车刀。一般情况下，装好车刀后，由于夹紧力会使车刀产生很小的位移，故需重复检查并调整。

图2－115　校正螺纹车刀的装刀位置

4. 车螺纹时车床的调整

（1）手柄位置的调整。按工件螺距在车床进给箱铭牌上查出交换齿轮的齿数和手柄位置，并将手柄调整到所需位置。

（2）中、小滑板间隙的调整。在车螺纹之前，应调整中、小滑板的镶条间隙，使之松紧适当。如果中、小滑板间隙过大，车削时容易出现"扎刀"现象；间隙过小，则操作不灵活，摇动滑板费力。

5. 车螺纹时的几种进给方式

（1）直进法。车螺纹时，中滑板横向进给，如图2－116（a）所示，经几次行程逐步车至螺纹深度，使螺纹达到要求的精度及表面粗糙度，这种方法叫直进法。采用直进法车螺纹时可以得到比较正确的牙型，但车刀两侧切削刃同时参加切削，螺纹表面不易车光，并且容易产生"扎刀"现象，一般用于加工螺距较小的三角形螺纹。

（2）斜进法。车螺纹时，中滑板横向进给，如图2－116（b）所示，同时小滑板做微量的纵向进给，车刀只有一侧切削刃进行切削，这种方法叫斜进法。此方法只适宜粗车螺纹，一般用于螺距较大的三角形螺纹、梯形螺纹的粗车。

（3）左右切削法。车削较大螺距的螺纹时，为了减小车刀两个切削刃同时切削所产生的"扎刀"现象，可使车刀只用一侧切削刃参与切削。每次进给除了中滑板横向进给外，还要利用小滑板使车刀向左或向右微量进给，如图2－116（c）所示，直到螺纹深度。除方牙螺纹外，这种进给方法可用于各种外螺纹的粗车和精车。

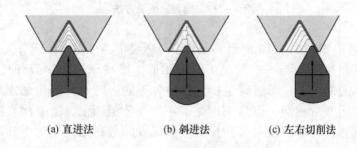

　　(a) 直进法　　　　　(b) 斜进法　　　　　(c) 左右切削法

图2－116　车削螺纹的进刀方法

6. 三角形外螺纹的加工步骤

三角形外螺纹可用开合螺母法或倒顺车法来车削加工。三角形外螺纹的加工步骤如下：

（1）停车拨动机床主轴手柄，选择较低的主轴转速，一般选 50～100r/min。

（2）依照机床铭牌拨动机床溜板箱手柄，选择所要加工螺距。

（3）主轴正转，移动床鞍及中滑板，轻碰工件外圆，记下中滑板刻度后，退刀离开工件端面 5～10mm。

（4）中滑板进刀选择合适的背吃刀量。

（5）进刀（开合螺母法是压下开合螺母手柄，倒顺车法是主轴操作手柄提起使主轴正转）。

（6）到退刀位置时，中滑板先迅速退刀，再使床鞍后退（开合螺母法是提起开合螺母手柄后，将床鞍摇回原位再压下开合螺母；倒顺车法是压下主轴手柄，使主轴反转而使刀具纵向退出）。

（7）重新选择一次背吃刀量，重复前面的操作，直至螺纹中径加工至尺寸要求。

7. 三角形外螺纹的检验与测量

车三角形外螺纹时，必须根据质量要求和生产批量选择不同的测量方法进行测量。常用的测量方法有单项测量法和综合测量法。

（1）单项测量法。单项测量法是指测量螺纹的某一单项参数，一般针对螺纹大径、螺距和中径分项测量。测量的方法和选用的量具也不相同。

1）测量大径。螺纹大径公差较大，一般采用游标卡尺或千分尺测量。

2）测量螺距。螺距一般可用钢直尺或螺距规测量，如图 2－117 所示。用钢直尺测量时，需多量几个螺距的长度，再除以所测牙数，得出平均值。用螺距规测量时，螺距规样板应平行轴线方向放入牙型槽中，应使工件螺距与螺距规样板完全符合。

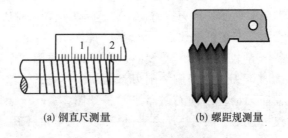

(a) 钢直尺测量   (b) 螺距规测量

图 2－117　螺距的测量方法

3）测量中径。如图 2－118 所示，三角形外螺纹中径可用螺纹千分尺来测量。螺纹千分尺的结构和使用方法与一般外径千分尺相似，读数原理与一般外径千分尺相同，它有两个可调换的测量头，可进行更换测量各种不同螺距和牙型角的螺纹中径。测量时，两个跟螺纹牙型角相同的测量头正好卡在螺纹牙型面上，需要注意的是，千分尺要和工件轴线垂直，再多次轻微移动找到被测螺纹的最高点，这时千分尺的读数值就是螺纹中径的尺寸。

（2）综合测量法。综合测量法是采用极限量规对螺纹的基本要素（螺纹大径、中径和螺距等）同时进行综合测量的测量方法。测量外螺纹时可采用螺纹环规，如图 2－119 所示。综合测量法测量效率高，使用方便，能较好地保证互换性，广泛用于对标准螺纹或大批量生产螺纹的检测。

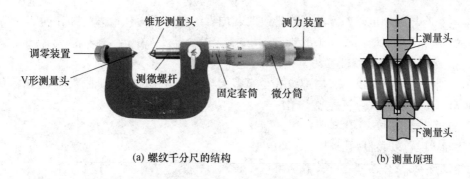

(a) 螺纹千分尺的结构   (b) 测量原理

图 2 – 118 三角形螺纹中径的测量

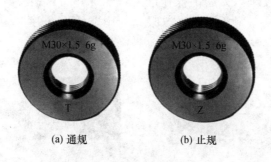

(a) 通规   (b) 止规

图 2 – 119 螺纹环规

测量前，做好量具和工件的清洁工作，检查螺纹的大径、牙型、螺距和表面粗糙度，以免尺寸不对而影响测量。测量时，如果螺纹环规的通规能顺利拧入工件螺纹的有效长度范围，而止规不能拧入，则说明螺纹符合尺寸要求。

注意：螺纹环规是精密量具，使用时不能用力过大，更不能用扳手强拧，以免降低环规测量精度，甚至损坏环规。

8. 车三角形外螺纹的注意事项

（1）螺纹大径一般比公称直径约小 0. 13P。

（2）选择较低的主轴转速，防止因床鞍移动太快来不及退刀而发生事故。

（3）根据工件、机床丝杠两者的螺距判断是否会产生乱牙，选择合理的操作方法。

（4）车螺纹时，应注意检查进刀和退刀位置是否够用。

（5）采用左右切削法或斜进法粗车螺纹时，每边应留 0. 2 ~ 0. 3mm 精车余量。

（6）车削高台阶的螺纹车刀，靠近高台阶一侧的切削刃应短些，否则会碰伤轴肩端面。

（7）在加工螺纹中途产生"扎刀"现象时应换刀，消除丝杠间隙后应对刀，即开正转进行"中途对刀"。

（8）不得用棉纱擦拭工件，应用毛刷清理切屑。

（9）根据工件材料选择合适的切削液。

（二）车三角形内螺纹

1. 车三角形内螺纹的特点

车三角形内螺纹比车三角形外螺纹要困难些，主要是因为车削内螺纹时不易观察和测量，排屑和冷却条件也较差。加工内螺纹时，内螺纹刀刀杆受孔径大小和孔深的限制，使得刀具的刚性不足，增加了加工的难度。

2. 普通三角形内螺纹孔径的确定

车普通三角形内螺纹时，内螺纹孔径车多大与工件材料性质、螺距大小有关。

通常可按以下公式计算孔径 D 孔：

车削塑性金属时：D 孔 = D − P

车削脆性金属时：D 孔 ≈ D − 1.05P

小提示：孔径公差可查有关普通螺纹公差表。

3. 三角形内螺纹车刀的刃磨与安装

（1）三角形内螺纹车刀刃磨的操作准备。准备好高速钢刀具材料、刀具图样、细粒度砂轮（如 80# 白刚玉砂轮）、防护眼镜、冷却水、角度尺和样板，如图 2 − 120 所示。

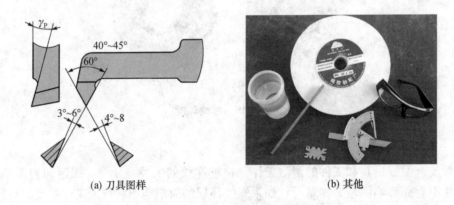

(a) 刀具图样　　　　　　(b) 其他

图 2 − 120　三角形内螺纹车刀刃磨准备

内螺纹车刀刃磨操作过程如表 2 − 44 所示。

表 2 − 44　三角形内螺纹车刀刃磨操作步骤

步骤		图示
1	根据螺纹长度和牙型深度，刃磨出刀头和刀杆部分	

步骤		图示
2	刃磨进给方向后刀面	
3	刃磨背进给方向后刀面，以初步形成两刀尖角	
4	刃磨前刀面，以形成前角	
5	粗、精磨后刀面，并用螺纹车刀样板来测量刀尖角	
6	修磨刀尖	

步骤	图示
7	磨出径向后角，防止与螺纹顶径相碰（磨圆弧形，以形成两个后角）	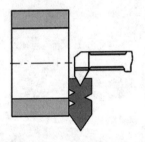

（2）三角形内螺纹车刀的安装。

1）刀柄的伸出长度应大于内螺纹长度 10~20mm。

2）刀尖应与工件轴心线等高。如果装得过高，车削时容易引起振动，使螺纹表面产生鱼鳞斑；如果装得过低，刀头下部会与工件发生摩擦，车刀切不进去。

3）应将螺纹对刀样板侧面靠平工件端面，刀尖部分进入样板的槽内进行对刀，如图 2-121 所示，同时调整并夹紧刀具。

4）装夹好的螺纹车刀应在底孔内手动试走一次，如图 2-122 所示，以防正式加工时刀柄和内孔相碰而影响加工。

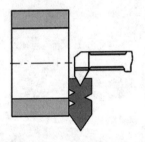

图 2-121 用螺纹样板安装内螺纹车刀

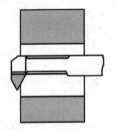

图 2-122 检查刀柄是否与孔底相碰

图 2-123 螺纹塞规

4. 三角形内螺纹的检测

检测三角形内螺纹一般采用综合测量法。检测时，采用螺纹塞规测量，如图 2-123 所示。若螺纹塞规通端正好可旋入工件，而止端旋不进，说明加工的螺纹符合精度要求，反之工件不合格。

5. 车三角形内螺纹的注意事项

（1）三角形内螺纹车刀的两侧切削刃要平直，否则螺纹牙型侧面不平直。

（2）车平底孔螺纹时，左侧切削刃要磨得短些，这样可使车刀切削刃两侧在退刀槽中留有一定的空隙。

（3）用中滑板进给时，控制每次车削的背吃刀量，进给、退刀方向与车外螺纹时相反。

（4）小滑板应调整得紧一些，以防车削时车刀移位而产生乱牙。

任务（六）

1. 如图 2 - 124 所示，本任务是车三角形外螺纹。零件材料为 45 钢，毛坯规格为 φ40mm×60mm。

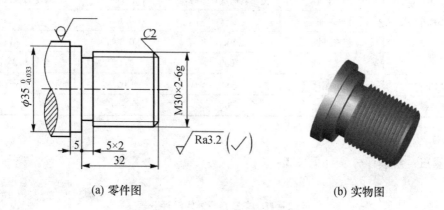

(a) 零件图   (b) 实物图

图 2 - 124　车三角形外螺纹

步骤一：工、量、刃具准备（见表 2 - 45）

表 2 - 45　工、量、刃具清单

序号	名称	规格	精度	数量
1	千分尺	25～50	0.01	1
2	游标卡尺	0～150	0.02	1
3	螺纹千分尺	25～50	0.01	1
4	螺纹环规	M30×2-6g	—	1
5	钢直尺	0～150	—	1
6	三角形外螺纹车刀	60°	—	自定
7	切槽刀	刀宽≤5mm	—	自定
8	外圆车刀	45°	—	自定
9	外圆车刀	90°	—	自定
10	常用工具	—	—	自定

步骤二：切削用量选取（见表 2 - 46）

表 2 - 46 切削用量（参考量）

刀具	加工内容	主轴转速（r/min）	进给量（mm/r）	背吃刀量（mm）
45°外圆车刀	车端面	800	0.1	0.1~1
90°外圆车刀	粗车外圆	500	0.3	2
	精车外圆	1000	0.1	0.25
外切槽刀	车外圆槽	500	0.05	—
三角形外螺纹刀	车外螺纹	70	—	—

步骤三：解读评分表（见表 2 - 47）

表 2 - 47 车三角形外螺纹评分表

班级			姓名		学号	
零件名称			图号	图 2 - 124	检测	
序号	检测项目	配分		评分标准	检测结果	得分
1	$\phi35^{0}_{-0.033}$、Ra3.2	10/5		每超差 0.01 扣 2 分，每降一级扣 2 分		
2	M30×2 - 6g 牙型、粗糙度	10/10		超差不得分		
3	M30×2 - 6g 中径	25		每超差 0.01 扣 5 分		
4	5×2	7		超差不得分		
5	5	7		超差不得分		
6	32	7		超差不得分		
7	倒角、去毛刺 3 处	9		每处不符扣 3 分		
8	安全操作规程	10		按相关安全操作规程酌情扣 1~10 分		
总分		100		总得分		

步骤四：加工步骤（见表 2 - 48）

表 2 - 48 三角形外螺纹的加工步骤

加工步骤	图示	加工内容
1	$\phi35^{0}_{-0.33}$ 37	工件伸出卡爪 50mm 左右，校正并夹紧；车平端面；粗、精加工 $\phi35mm×37mm$ 外圆

续表

加工步骤	图示	加工内容
2		粗、精加工 M30×2，螺纹大径 φ29.8mm×32mm；倒角 C2
3		切 5mm×2mm 槽
4		粗、精加工 M30×2 三角形螺纹，加工完毕后，根据图纸要求倒角、去毛刺，并仔细检查各部分尺寸；最后卸下工件，完成操作

2. 如图 2－125 所示，本任务是车三角形内螺纹。零件材料为 45 钢，毛坯规格为 φ50mm×80mm。

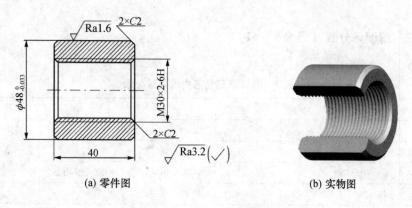

(a) 零件图　　　　　　　(b) 实物图

图 2－125　车三角形内螺纹

步骤一：工、量、刃具准备（见表2-49）

表2-49　工、量、刃具清单

序号	名称	规格	精度	数量
1	千分尺	25～50	0.01	1
2	游标卡尺	0～150	0.02	1
3	螺纹塞规	M30×2-6H	—	1
4	外圆车刀	45°	—	自定
5	外圆车刀	90°	—	自定
6	盲孔镗刀	φ25×45	—	自定
7	三角形内螺纹车刀	φ27×40	—	自定
8	切断刀	4×25	—	自定
9	麻花钻	φ25	—	自定
10	常用工具	—		自定

步骤二：切削用量选取（见表2-50）

表2-50　切削用量（参考量）

刀具	加工内容	主轴转速（r/min）	进给量（mm/r）	背吃刀量（mm）
45°外圆车刀	车端面	800	0.1	0.1～1
90°外圆车刀	粗车外圆	500	0.3	2
	精车外圆	1000	0.1	0.25
φ25麻花钻	钻孔	250	0.05	—
盲孔镗刀	粗车内孔	400	0.2	1
	精车内孔	700	0.1	0.15
切断刀	切断	400	0.05	—
三角形内螺纹刀	车内螺纹	35	—	0.05～0.3

步骤三：解读评分表（见表2-51）

表2-51　车三角形内螺纹评分表

班级			姓名			学号	
零件名称			图号		图2-125	检测	
序号	检测项目		配分	评分标准		检测结果	得分
1	$\phi48^{0}_{-0.033}$、Ra3.2		15/5	每超差0.01扣2分，每降一级扣2分			
2	螺纹小径φ28		6	超差不得分			

班级		姓名		学号	
3	M30×2－6H 用螺纹塞规检验，通端要通过，止端旋进不能超过1/3。牙型两侧 Ra3.2	20/10	每降低10%扣4分，每降一级扣4分		
4	40、两侧 Ra3.2	8/10	超差不得分，每降一级扣2分		
5	倒角、去毛刺4处	16	每处不符扣4分		
6	安全操作规程	10	按相关安全操作规程酌情扣1~10分		
总　　分		100	总得分		

步骤四：加工步骤（见表2－52）

表2－52 三角形内螺纹的加工步骤

加工步骤	图示	加工内容
1		工件伸出卡爪55mm左右，校正并夹紧；车平端面；粗、精加工 φ48mm×45mm 的外圆，并保证表面粗糙度；倒角 C2
2		用麻花钻钻 φ25mm 孔，有效孔深50mm
3		在40.5mm长度处切下工件

加工步骤	图示	加工内容
4		工件掉头装夹,校正并适当夹紧;车平端面,同时保证40mm总长;倒角 C2
5		粗、精加工螺纹内孔 φ28mm
6		车 M30×2-6H 螺纹至尺寸要求,并保证牙型及两侧粗糙度
7		工件掉头装夹,根据图纸要求倒角、去毛刺;仔细检查各部分尺寸;最后卸下工件,完成操作

中级车工实操案例

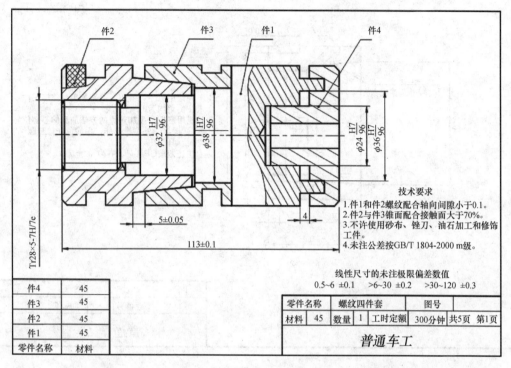

件2　件3　件1　件4

技术要求
1. 件1和件2螺纹配合轴向间隙小于0.1。
2. 件2与件3锥面配合接触面大于70%。
3. 不许使用砂布、锉刀、油石加工和修饰工件。
4. 未注公差按GB/T 1804-2000 m级。

线性尺寸的未注极限偏差数值
0.5~6 ±0.1　>6~30 ±0.2　>30~120 ±0.3

件4	45
件3	45
件2	45
件1	45
零件名称	材料

零件名称	螺纹四件套		图号	
材料	45	数量	1	工时定额	300分钟　共5页　第1页

普通车工

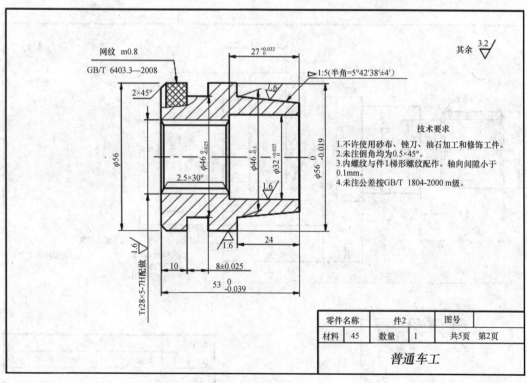

网纹 m0.8
GB/T 6403.3—2008

其余 3.2

1:5(半角=5°42′38′±4′)

技术要求
1. 不许使用砂布、锉刀、油石加工和修饰工件。
2. 未注倒角均为0.5×45°。
3. 内螺纹与件1梯形螺纹配作。轴向间隙小于0.1mm。
4. 未注公差按GB/T 1804-2000 m级。

零件名称	件2		图号	
材料	45	数量	1	共5页　第2页

普通车工

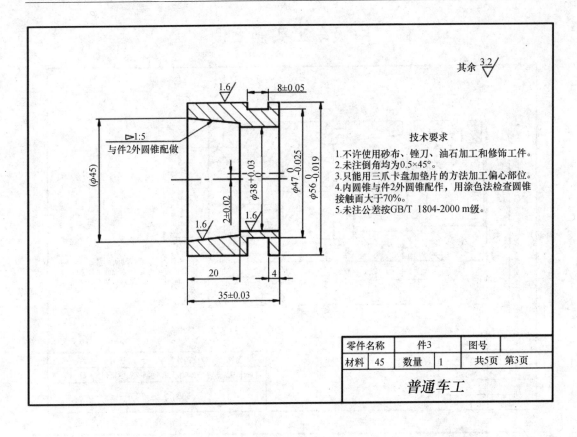

其余 3.2

技术要求
1.不许使用砂布、锉刀、油石加工和修饰工件。
2.未注倒角均为0.5×45°。
3.只能用三爪卡盘加垫片的方法加工偏心部位。
4.内圆锥与件2外圆锥配作,用涂色法检查圆锥接触面大于70%。
5.未注公差按GB/T 1804-2000 m级。

零件名称		件3		图号	
材料	45	数量	1	共5页	第3页
普通车工					

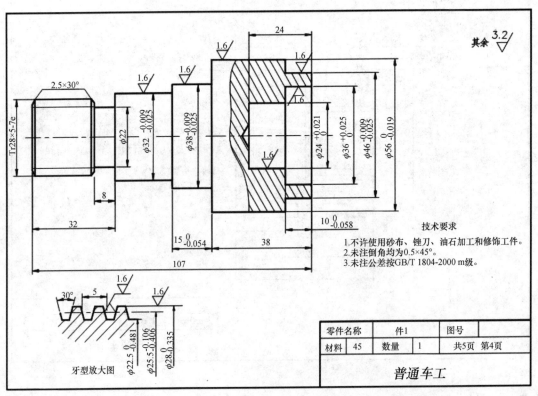

其余 3.2

技术要求
1.不许使用砂布、锉刀、油石加工和修饰工件。
2.未注倒角均为0.5×45°。
3.未注公差按GB/T 1804-2000 m级。

牙型放大图

零件名称		件1		图号	
材料	45	数量	1	共5页	第4页
普通车工					

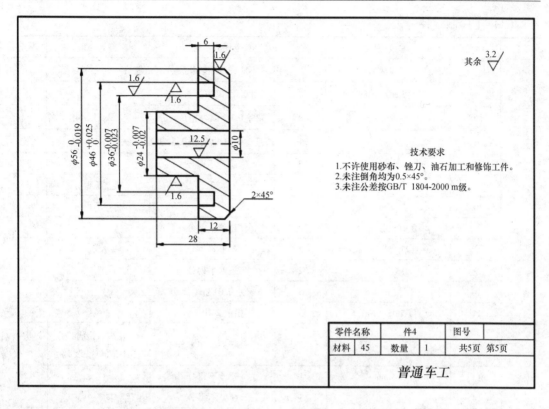

技术要求

1. 不许使用砂布、锉刀、油石加工和修饰工件。
2. 未注倒角均为0.5×45°。
3. 未注公差按GB/T 1804-2000 m级。

零件名称	件4		图号	
材料	45	数量	1	共5页 第5页
普通车工				

（1）操作技能考核总成绩表。

序号	项目名称	配分	得分	备注
1	现场操作规范	10		
2	工序制定	20		
3	工件质量	50		
4	工件装配	20		
	合计	100		

（2）现场操作规范评分表。

序号	项目	考核内容	配分	现场表现	得分
1		工具的正确使用	2		
2	现场操作规范	量具的正确使用	2		
3		刀具的合理使用	2		
4		设备正确操作和维护保养	4		
合计			10		

（3）工序制定评分表。

项目	序号	考核项目	配分	评分标准	检查结果	得分
		组装成型	4	不能完成组装不得分	能（ ）不能（ ）	
总成	1	113±0.1mm	2	超0.05以内扣0.5分		
	2	5±0.05mm	2	超差0.05以内扣0.5分		
	3	4mm	1	超差0.01以内扣0.5分		
件1	4	$\phi 56^{0}_{-0.019}$ mm Ra1.6	2	超差不得分		
	5	$\phi 46^{0}_{-0.025}$ mm Ra1.6	0	2	超差不得分	
	6	$\phi 32^{+0.025}_{0}$ mm Ra1.6		2	超差不得分	
	7	8±0.025mm	2	超差不得分		
	8	$\phi 27^{+0.033}_{0}$ mm	2	超差不得分		
	9	$\phi 53^{0}$ mm	2	超差不得分		
	10	网纹 m0.8	5	超差0.01扣0.5分		
	11	锥度1:5 Ra1.6	3	超差2′扣1分		
	12	Tr28×5-7H	5	每降一级扣1分	花纹：饱满、不饱满、乱纹	
	13	24mm	1	超差不得分		
	14	10mm	3	超差不得分	优、良、中、差	
	15	2×45°	2	超差不得分		
件2	16	$\phi 56^{0}$ mm Ra1.6	3	超差不得分		
	17	$\phi 47^{0}$ mm Ra1.6	3	超差不得分		
	18	$\phi 48^{+0.03}_{0}$ mm Ra1.6	3	超差不得分		
	19	35±0.03mm	2	超差不得分		
	20	8±0.05mm	2	超差不得分		
	21	锥度1:5配做接触面积大于75% Ra1.6	4	超差不得分	接触面积达： %	
	22	e=2±0.02mm	2	超差0.01扣0.5分		
	23	// 0.025	1	超差0.01扣0.5分		
件3	24	$\phi 56^{0}$ mm Ra1.6	2	超差不得分		
	25	$\phi 46^{-0.009}_{-0.025}$ mm Ra1.6	2	超差不得分		
	26	$\phi 36^{+0.025}_{0}$ mm Ra1.6	2	超差不得分		
	27	$\phi 24^{+0.021}_{0}$ mm Ra1.6	2	超差不得分		
	28	$\phi 38^{-0.0090}_{-0.025}$ mm Ra1.6	2	超差0.01扣1分		
	29	$\phi 32^{-0.009}_{-0.025}$ mm Ra1.6	2	超差不得分		
	30	2.5×30° 2处	2	不符合要求不得分		
	31	Tr28×5-7H	7	超差0.01扣0.5分		

续表

项目	序号	考核项目	配分	评分标准	检查结果	得分
件4	32	$\phi56_{-0.019}^{0}$ mm Ra1.6	3	超差不得分		
	33	$\phi46_{0}^{+0.025}$ mm Ra1.6	2	超差不得分		
	34	$\phi36_{-0.023}^{-0.007}$ mm Ra1.6	2	超差不得分		
	35	28mm 12mm 6mm	2	超差不得分		
	36	$\phi24_{-0.023}^{-0.007}$ mm Ra1.6	5	每降一级扣1分	花纹：饱满、不饱满、乱纹	
	43	$\phi10$mm Ra12.5	3	不符合要求不得分		
	44	$2\times45°$ 1处	2	不符合要求不得分		

任务三　铣削加工知识

铣削加工是指铣刀旋转做主运动，工件平移做进给运动的一种切削加工方法，它是金属切削加工中最常用的方法之一。在切削加工中，铣削的工作量仅次于车削，特别是在平面、沟槽、成形面零件加工中，除导轨、镶条等狭长的平面之外，铣削加工几乎完全代替刨削加工。

任务目标

（1）熟悉立式铣床型号及其组成。
（2）掌握铣削加工基本知识及铣削安全操作规程。

 基本概念

一、概述

1. 铣削加工范围

铣削通常在卧式铣床和立式铣床上进行，主要用来加工各类平面、沟槽和成形面。利用万能分度头对工件进行分度，在铣床上可以铣花键、铣齿，还可以在工件上进行钻孔、锁孔等加工。常见的铣削加工范围如图 2 – 126 所示。铣削加工时，工件的尺寸公差等级一般可达 IT10 – IT8，表面粗糙度一般可达 Ra6.3 – 1.6N。

2. 铣削加工特点

（1）生产效率高。铣削使用的铣刀是旋转的多齿刀具，切削能力强，刀刃的散热条件好，可以相对提高切削速度，故生产效率很高。

（2）加工范围广。铣刀的规格种类丰富，铣床的随机附件齐全，铣削加工方法灵活多样，因此加工范围很广。

（3）容易产生振动。由于铣刀刀齿不断切入切出，使切削力不断变化，因而容易产生冲击和振动。

（4）加工成本较高。铣床的结构复杂，铣刀的制造和刃磨都比较困难，使得加工成本较高；但由于铣削的生产效率高，在大批量生产时可以使生产成本相对减低。

3. 铣削运动和铣削用量

铣削运动有主运动和进给运动。铣削时刀具绕自身轴线的快速旋转运动为主运动，工件缓慢的直线运动为进给运动，通常将铣削速度 Vc、进给量 f、铣削深度 a_p 和铣削宽度 a_t 称为铣削用量四要素，如图 2 – 127 所示。

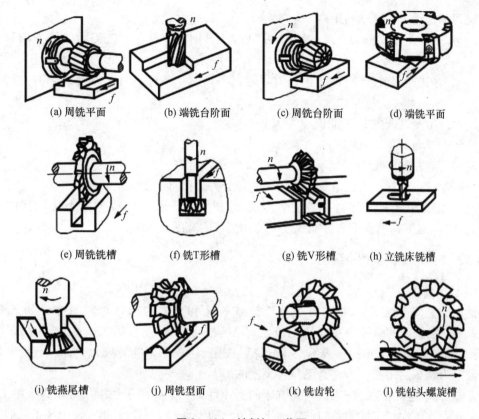

| (a) 周铣平面 | (b) 端铣台阶面 | (c) 周铣台阶面 | (d) 端铣平面 |

| (e) 周铣铣槽 | (f) 铣T形槽 | (g) 铣V形槽 | (h) 立铣床铣槽 |

| (i) 铣燕尾槽 | (j) 周铣型面 | (k) 铣齿轮 | (l) 铣钻头螺旋槽 |

图 2 – 126　铣削加工范围

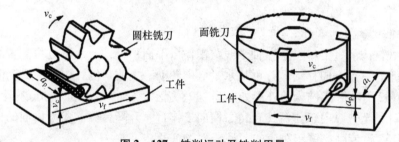

图 2 – 127　铣削运动及铣削用量

（1）铣削速度 V_c。铣削速度即为铣刀最大直径处的线速度，可用下式表示：

$$V_c = \frac{\pi\, d n}{1000}$$

其中，d 为铣刀切削刃上最大直径（mm）；n 为铣刀转速（r/min）；V_c 为铣刀最大直径处的线速度（m/min）。

在铣床标牌上所标出的主轴转速采用每分钟转速表示，即每分钟时间内主轴带动铣刀旋转的转数，单位为 r/min。铣削时，是通过选择一定的铣刀转速 n 来获得所需要的铣削速度的。生产中的实际方法是：根据刀具材料、工件材料，选择合适的切削速度，计算出铣刀转速 n，再从机床标牌上的转速中适当进行选定。

（2）进给量。铣削进给量有三种表示方式：

1）每分钟进给量 V_f(mm/min)。每分钟进给量也称为进给速度，指每分钟内，工件相对铣刀沿进给方向移动的距离。

2）每转进给量 $f_n(\mathrm{mm/r})$。指铣刀每转过一转时，工件相对铣刀沿进给方向移动的距离。

3）每齿进给量 $f_z(\mathrm{mm/v})$。指铣刀每转过一齿时，工件相对铣刀沿进给方向移动的距离。

三种进给量之间的关系如下：

$$V_f = f_n = f_z zn$$

其中，n 为铣刀每分钟转速（r/min）；z 为铣刀齿数。

铣床铭牌上所标出的进给量，采用的是每分钟进给量表示方式。

（3）铣削深度和铣削宽度。铣削深度 a_p 指平行于铣刀轴线方向上切削层的厚度（mm）。铣削宽度指垂直于铣刀轴线方向的切削层的宽度（mm）。

二、铣床的结构及型号编制

1. 铣床的型号

铣床的种类很多，最常用的是万能卧式铣床和立式铣床，它们的型号如 X5032、X6132 等。在铣床的编号中左起第一位字母 X 表示铣床；左起第二位 5 表示立式铣床，6 表示卧式铣床；左起第三位表示立式升降台铣床，1 表示万能升降台铣床；最后两位阿拉伯数字为铣床的主参数，它是工作台宽度的 1/10。

万能卧式铣床和立式铣床这两类铣床的适用性强，主要用于加工尺寸不太大的工件。此外，还有加工大型工件的龙门铣床、小型灵活的工具铣床等。近年来又出现了功能强大的数控铣床，它具有适应性强、自动化程度高、精度好、生产效率高、劳动强度低等明显优点。

2. 万能卧式铣床

万能卧式铣床的主要特点是主轴轴线与工作台平面平行，呈水平方位配置。工作台可沿纵、横、垂直三个方向移动，并可在水平面内转动一定的角度，以适应铣削时不同的工作需要。X6132 万能卧式铣床的外形如图 2-128 所示，它的主要组成部分有床身、主轴、横梁、刀杆、吊架、纵向工作台、转台、横向工作台、升降台等。参考以前的机床型号表示方法，X6132 万能卧式铣床对应的旧型号为 X62W。

3. 立式铣床

立式铣床的主要特点是主轴的轴线与工作台面垂直。在立式铣床上，能够使用装有可转位不重磨硬质合金刀片的面铣刀进行高速强力铣削，因而生产效率高，应用很广泛。X5032 立式铣床的外形如图 2-129 所示，它对应的旧型号为 X52。

4. 铣床的传动系统

X6132 万能卧式铣床的传动系统如图 2-130 所示。经分析知：该铣床的主运动与进给运动是由两个电动机分别驱动两套不同的传动系统来实现，两套传动系统之间没有必然的机械联系，所以计算进给速度时只能以某一段时间内的主轴转数和工作台移动距离来计算，故铣削加工进给量通常采用每分钟进给量表达方式。

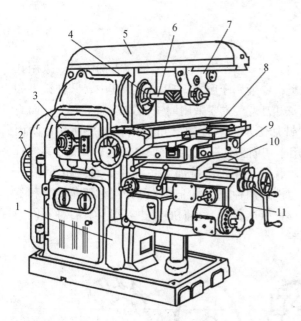

1—床身；2—电动机；3—主轴变速机构；4—主轴；
5—横梁；6—刀杆；7—吊架；8—纵向工作台；
9—转台；10—横向工作台；11—升降台

图 2 - 128　X6132 万能卧式铣床

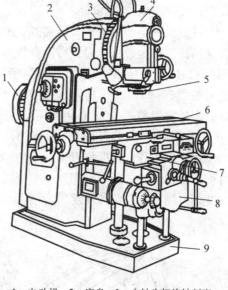

1—电动机；2—床身；3—主轴头架旋转刻度；
4—主轴头架；5—主轴；6—工作台；
7—横向工作台；8—升降台；9—底座

图 2 - 129　X5032 立式铣床

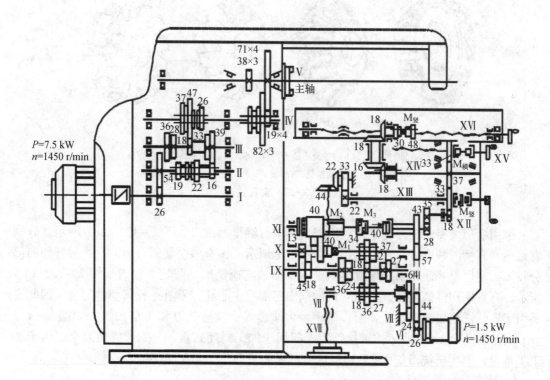

图 2 - 130　X6132 铣床的传动系统

三、铣削的基本知识

1. 铣刀的种类

铣刀的种类很多，按其装夹方式的不同，可分为带孔铣刀和带柄铣刀两大类。采用孔装夹的铣刀称为带孔铣刀，它们有很多种类，一般用于卧式铣床加工。其中，圆柱铣刀如图2－131（a）所示，它的圆柱面上制有多刃刀齿，主要采用周铣方式铣削平面；三面刃铣刀如图2－131（b）所示，主要用于周铣加工不同宽度的直角沟槽、小平面和台阶面等；锯片铣刀如2－131（c）所示，主要用于切断工件或铣削窄槽；成形铣刀如图2－131（d）、图2－131（g）、图2－131（h）所示，主要用于卧铣加工各种成形面，如凸圆弧、凹圆弧、齿轮等；角度铣刀分为单角和双角铣刀两种，双角铣刀又分为对称双角铣刀和不对称双角铣刀，如图2－131（e）、图2－131（f）所示，它们的周边刀刃具有各种不同的角度，可用于加工各种角度的沟槽及斜面等。

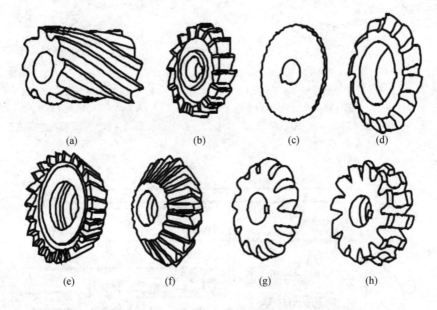

(a)　　　　　(b)　　　　　(c)　　　　　(d)

(e)　　　　　(f)　　　　　(g)　　　　　(h)

（a）圆柱铣刀；（b）三面刃铣刀；（c）锯片铣刀；（d）模数铣刀；
（e）单角铣刀；（f）双角铣刀；（g）凹圆弧铣刀；（h）凸圆弧铣刀

图2－131　带孔铣刀

采用柄部装夹的铣刀称为带柄铣刀。其中，镶齿面铣刀如图2－132（a）所示，分别有锥柄和直柄两种形式，它们多用于立式铣床所示，镶有多个硬质合金刀片，刀杆伸出部分较短，刚性很好，可采用端铣方式进行平面的高速铣削；圆柱立铣刀如图2－132（b）所示，有直柄和锥柄两种，由于它们的端面芯部有中心孔，不具备任何切削能力，因此主要用于周铣铣削加工平面、斜面、沟槽、台阶面等；键槽铣刀和T形槽铣刀如图2－132（c）、图2－132（d）所示，键槽铣刀专门用于加工封闭式键槽，T形槽铣刀专门用于加工T形槽；燕尾槽铣刀如图2－132（e）所示，专门用于加工燕尾槽。

2. 铣床附件及工件安装

（1）平口虎钳。铣床上经常使用平口虎钳装夹工件。图2－133所示为带转台的机用

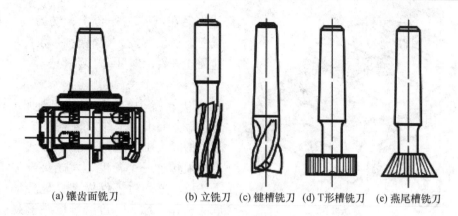

| (a) 镶齿面铣刀 | (b) 立铣刀 | (c) 键槽铣刀 | (d) T形槽铣刀 | (e) 燕尾槽铣刀 |

图 2 - 132 带柄铣刀

平口虎钳，由座、钳身、固定钳口、活动钳口、钳口铁、螺杆等零件组成。平口虎钳底面两端装有定位键，在铣床上安装平口虎钳时，应将两个定位键卡入铣床工作台面的 T 形槽内，并推靠一侧贴紧，使平口虎钳在铣床上获得正确的定位。带转台的平口虎钳钳身上带有可转动的刻度，松开钳身上的压紧螺母，就可以扳转钳身到达所需的方位。

用百分表校正带转台平口虎钳的操作方法如图 2 - 134 所示：①在铣床主轴上装好百分表，让表头测杆轻轻接触固定钳口；②往复移动工作台，观察百分表，校正平口虎钳的固定钳口，使之与铣床工作台的移动方向平行；③必要时松开钳身上的压紧螺母，仔细调整固定钳口的转角方位；④校正合格后，压紧螺母，复查无误方可安装夹紧工件。

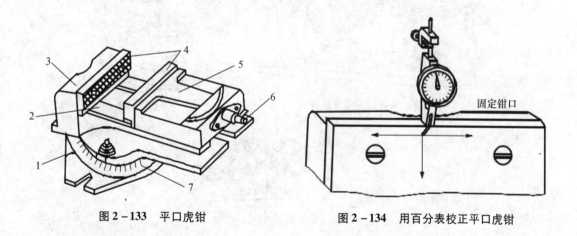

图 2 - 133 平口虎钳   图 2 - 134 用百分表校正平口虎钳

用平口虎钳装夹工件时，为了防止工件上的已加工表面被夹伤，可在钳口与工件之间垫软铜片进行保护。装夹时先用平行垫铁将工件垫起；然后一面夹紧，一面用木榔头或铜棒轻轻敲击工件上部；夹紧后用手抽动工件下方的垫铁进行检查，如有松动应重新操作夹紧。

（2）回转工作台。回转工作台的外形如图 2 - 135 所示，它的内部装有传动比为 1：80 的蜗杆蜗轮，手柄与蜗杆同轴连接，转台与蜗轮连接。转动手柄，即可通过蜗杆蜗轮机构使转台低速回转；借助转台周围的 0°～360°刻度，可用来观察和确定转台的位置；转台中央的孔内可以安装心轴，用来找正和确定工件的回转中心。

回转工作台一般用于零件的分度工作，以及具有非整圆弧面的工件加工。加工时，工

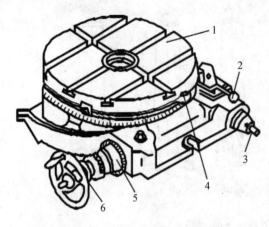

1—回转台；2—离合器手柄；3—传动轴；
4—挡铁；5—刻度盘；6—手柄

图 2 – 135　回转工作台

件装夹在回转工作台上，铣刀高速旋转，缓慢地摇动手轮，使转台带动工件进行低速圆周进给，即可铣削圆弧槽等。

（3）分度头。

1）分度头的功用。在铣削加工具有均布、等分要求的工件如螺栓六方头、齿轮、花键槽时，工件每加工一个面或一个槽之后必须转过一个角度，才能接着加工下一个部位。这种将工件周期性地转动一定角度的工作，称为分度。分度头就是用于进行精密分度的装置，生产中最常见的是万能分度头。

万能分度头是铣床的重要附件，其主要功用是能在水平、垂直和倾斜等任何位置对工件进行精密分度，如图 2 – 136 所示。如果配搭挂轮，万能分度头还可以配合工作台的移动使工件连续旋转，完成铣削螺旋槽或铣削加工凸轮等工作。

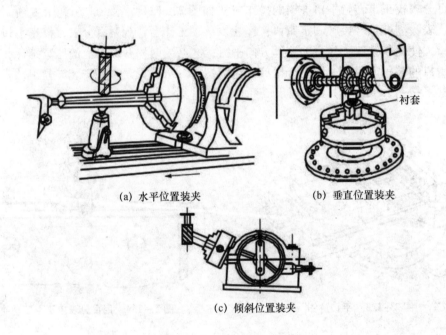

(a) 水平位置装夹　　　　(b) 垂直位置装夹

(c) 倾斜位置装夹

图 2 – 136　万能分度头装夹

2）分度头的结构。万能分度头的结构如图 2 – 137 所示，它由基座、分度盘、扇形叉、手柄、蜗杆、蜗轮、主轴等组成。主轴前端安装三爪自定心卡盘或顶尖，分度时拔出定位销，转动手柄，通过蜗轮蜗杆带动分度头主轴旋转进行分度。

3）分度头的使用方法。

①工作原理。分度头的传动系统如图 2 – 138 所示，蜗杆与蜗轮的传动比关系为当手柄转一圈时，通过齿数比为 1∶1 的直齿圆柱齿轮副传动，使单头蜗杆也转一圈，相应地

使蜗轮带动主轴转 1/40 圈。可见，若工件在整个圆周上需要等分数为 Z，则每一次等分时，分度手柄所需转过的圈数 n 可由下列比例关系求得：

$$n = \frac{40}{Z}$$

其中，n 为手柄转数；Z 为工件等分数；40 为分度头定数。

②分度方法。使用分度头分度的方法很多，有直接分度法、简单分度法、角度分度法和差动分度法等。这里仅介绍最常用的简单分度法。

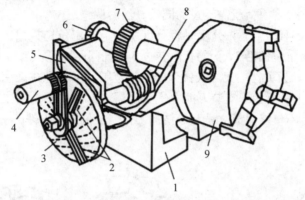

1—基座；2—扇形叉；3—分度盘；4—手柄；5—回转体；
6—分度头主轴；7—蜗轮；8—蜗杆；9—三爪自定心卡盘

图 2 – 137　万能分度头的结构

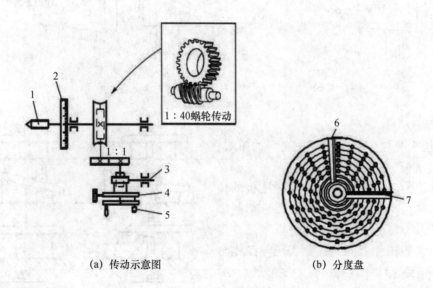

(a) 传动示意图　　　　　　　　　(b) 分度盘

1—主轴；2—刻度环；3—挂轮轴；4—分度盘；5—定位销；6、7—分度叉

图 2 – 138　分度头的传动系统

简单分度法的计算公式为，$n = 40/Z$。例如，铣削直齿圆柱齿轮时，工件的齿数为 36，每一次分度时，手柄所需转数为：

$$n = \frac{40}{Z} = \frac{40}{36} = 1\frac{1}{9} = 1\frac{6}{54} \text{（圈）}$$

根据上述计算结果，每分一个齿，手柄需转过 $1\frac{1}{9}$ 圈。我们可以在图 2 – 138（b）所示的分度盘上找到孔数为 54 的圈孔，借助于手柄和分度叉，实现所需的分度。

分度头备有两块分度盘。分度盘的两面分别有许多圈孔，各圈的孔数不相等，但同一孔圈上的孔距是均匀等分的。第一块分度盘正面各圈孔数为 24、25、28、30、34、37；反面孔数为 38、39、41、42、43。第二块分度盘正面各圈孔数为 46、47、49、51、53、54；反面孔数为 57、58、59、62、66。以齿数 $Z = 36$ 的工件为例，简单分度的操作方法如下：首先计算每次分度手柄所需转过的圈数，然后调整定位销的位置，使之移动到孔数为 9 的倍数的孔圈（54 孔）上；分度时将分度手柄上的定位销拔出，将手柄转过一圈之后，再借助分度叉将定位销沿 54 孔的孔圈转过 6 个孔间距即可。

4）万能立铣头。为了扩大卧式铣床的工作范围，可在卧式铣床主轴上安装一个万能立铣头，如图 2 – 139 所示。安装万能立铣头之后，万能立铣头的主轴可以在相互垂直的两个平面内旋转，不仅能完成立铣和卧铣的工作，还可以在工件的一次装夹中，进行任意角度的铣削。

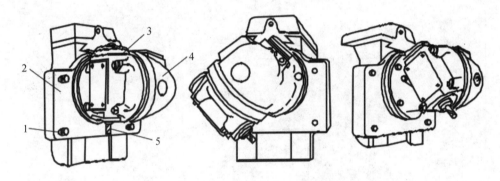

1—螺栓；2—底座；3—铣头主轴壳体；4—壳体；5—铣刀
图 2 – 139　万能立铣头

5）压板螺栓装夹工件。在铣削加工时，可以使用压板、螺栓等简易工具，在铣床工作台上直接装夹工件。装夹工件时压板的位置要安排得当，夹压点要尽可能靠近切削部位，夹紧力的大小要合适。工件夹紧后，要用划针盘复查工件上的划线是否仍与工作台面平行，避免工件在装夹过程中变形或走动。装夹薄壁工件时，夹压点应选在工件刚性较好的部位，必要时可在工件的空心位置处增加辅助支承，防止工件产生过大变形或因受切削力而产生振动。

图 2 – 140 为压板、螺栓的正确装夹与错误装夹方法的比较示例。

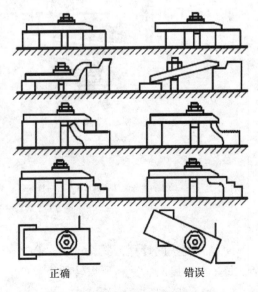

正确　　　　错误

图 2 – 140　压板螺栓的正确用法

四、铣床的日常维护与保养

（一）安全生产文明常识

1. 安全技术

（1）防护用品的穿戴。

1）工作服要合身，袖口要扎紧或戴紧口袖套，无脱出的带子和衣角，无破洞。

2）女工一定要戴工作帽，头发应塞入帽内。

3）在铣床工作时，不准戴手套操作。

4）铣削铸铁等脆性材料时，最好戴口罩。

5）高速铣削时，应戴防护眼镜，防止高速飞出的切屑损伤眼睛。

6）不宜戴首饰操作铣床。

（2）操作前的机床检查。

1）对机床各滑动部分注润滑油。

2）检查机床各手柄是否在规定位置上。

3）检查各进给方向行程挡块是否紧固在最大行程以内。

4）启动机床后，检查刀轴和进给系统工作是否正常，油路是否畅通。

5）检查夹具、工件装夹是否牢固。

（3）机床操作时的注意事项。

1）不得在机床运转时变换主轴转速和进给量。

2）工作时要集中思想，不得擅自离开机床。离开机床时，要切断电源。

3）工作台面和各导轨面上不能直接放工具或量具。

4）在加工过程中不准抚摸工件加工表面，机动进给完毕，应先停止进给，再停止铣刀旋转。

5）刀轴未停稳不准测量工件。

6）铣削时，铣削层深度不能过大；毛坯工件，应从最高部分逐步切削。

7）操作时不要站立在切屑流出的方向，以免切屑飞入眼中。

8）操作中如果发生事故，应立即停机，切断电源和保护现场，报告指导教师。

（4）防止铣刀割伤。

1）装拆铣刀时要用揩布垫衬，不能用手直接握住铣刀。

2）在铣刀停止旋转前，头和手不能靠近铣刀。

3）装卸铣刀和拿铣刀时，要注意防止刃口割伤手指。

4）不可用手去刹住转动的铣刀或刀轴。

5）使用扳手和拉切削液管子时，用力方向不能指向铣刀，以免打滑时造成工伤。

（5）防止切屑刺伤和烫伤。

1）在清除切屑时，不能用手直接去抓。

2）不要太靠近切削的地方去观察。

3）高速铣削或注冲切削液时，应加放挡板，以防切屑飞出及切削液外溢。

4）切屑飞入眼中后，应把眼睛闭起来，切勿用手揉擦，眼珠也尽量不转动，应尽快到医务室治疗。

（6）安全用电。

1）不准任意装卸电气设备。

2）不准随便使用不熟悉的电气装置。

3）不能在没有遮盖的导线附近工作，以防发生事故。

4）不能用扳手和金属棒等去拨动电钮或开关。

5）发现铣床的电气装置损坏时，应请电工修理，不能随便乱动。

6）发现有人触电时，不要慌乱，应立即切断电源或用木棒将触电者撬离电源，然后送医院。

2. 文明生产

（1）平时应做好一级保养和润滑，并懂得一般调整和维修知识。

（2）操作者对周围场地应保持整洁，地上无油污、积水和积油。

（3）操作时，工具与量具应分类整齐地安放在工具架上，不用时要揩净上油，以防生锈。

（4）高速铣削或注冲切削液时，应加放挡板，以防切屑飞出及切削液外溢。

（5）工件加工完毕，应安放整齐，不乱丢乱放，以免碰伤已加工表面。

（6）图样和工艺文件应安放在指定位置并保持清洁完整，用后应妥善保管。

（二）铣床的润滑与保养

1. 铣床的润滑

（1）垂向导轨处油孔是弹子油杯，注油时，将油壶嘴压住弹子后注入。

（2）纵向工作台两端油孔，各有一个弹子油杯，注油方法同垂向导轨油孔。

（3）横向丝杠处，用油壶直接注射于丝杠表面，并摇动横向工作台，使整个丝杠都注到油。

（4）导轨滑动表面，工作前、后擦净表面后注油。

（5）手动油泵在纵向工作台左下方，注油时，开动纵向机动进给，使工作台往复移动的同时，拉（或压）动手动油泵8回，使润滑油流至纵向工作台运动部位。

（6）手动油泵油池在横向工作台左上方，注油时，旋开油池盖，注入润滑油至油标线齐。

（7）挂架上油池在挂架轴承处，注油方法同手动油泵油池。

2. 铣床的维护保养

（1）铣床开机前，应检查各部件，如操纵手柄和按钮等是否处于正常位置，其灵敏度是否可靠。

（2）操作工人在使用机床时应合理。操作铣床应掌握一定的铣削基本知识，如合理选择切削用量、铣削方法，不能让机床超负荷工作；安装夹具及工件时，应轻放，工作台面不应乱放工量具及杂物。

（3）在工作中应时刻观察铣削情况，如发现异常现象，应立即停车检查。

（4）工作完毕应清除铣床上及周围的切屑等杂物，关闭电源，擦净机床，在滑动部位加注润滑油，整理工、量、夹具，做好交接班工作。

（5）铣床在运转500h后，一定要进行一级保养。保养作业以操作工人为主，维修工人配合进行，一级保养的内容和要求具体如表2-53所示。

3. 保养操作

（1）摇动工作台手柄，使工作台移动后，用油石修光导轨面并加油。

（2）清洗油毛毡。

（3）拆卸横向工作台镶条，清洗后去除毛刺。

（4）加油后装入镶条并进行调整，手摇时松紧适当，灵活正常。

（5）清洗丝杠，用清洗油清洗，加润滑油。

表 2 - 53 一级保养的内容和要求

保养部位	保养内容及要求
外表	（1）清洗外表，各罩内外保持清洁，无锈蚀，无黄袍 （2）清洗机床附件，上油防蚀 （3）清洗各部丝杠
传动	（1）导轨面修光毛刺，调整镶条 （2）调整丝杠螺母间隙，逆铣允许 1/20 圈，顺铣允许 1/40 圈 （3）调整丝杠轴向蹿动在允许范围内 （4）调整离合器摩擦片间隙 （5）适当调整 V 带
润滑	（1）清洗导轨上的防尘油毛毡 （2）检查手拉油泵，内外清洁无油污 （3）检查油质的透明度和黏度 （4）油路通，无泄漏，油窗亮
冷却	（1）清洗过滤网和切削液，应无沉淀物和切屑 （2）定期或根据情况更换添加切削液
附件	（1）清洗机床附件，加工面涂防锈漆 （2）清洗其他工装器具，摆放整齐
电器	（1）擦拭、清扫电器箱和电动机 （2）检查限位开关是否动作灵敏，准确可靠

 任务试题

（1）铣床有哪些种类？

（2）简述立式铣床的加工范围及其特点。

（3）根据用途分类，铣刀的种类有哪些？

任务四 铣削技能实训

任务目标

（1）掌握顺铣、逆铣的铣削方式。
（2）掌握长方体零件的加工顺序和基准面的选择方法。
（3）掌握斜面的铣削方法。
（4）熟悉斜面的测量方法和平面的检测方法。

基本概念

一、铣削基本技能

（一）铣床的操作

1. 常用铣床的种类

（1）升降台式铣床。这类铣床根据主轴位置不同可分为卧式铣床和立式铣床两种。

（2）固定台座式铣床。

（3）龙门铣床。

（4）特种铣床。

（5）数控铣床。

（6）多功能铣床。

2. X6132 型铣床简介（见图 2 – 141）

（1）铣床型号及参数。

（2）X6132 型铣床加工范围、特点和性能。X6132 型铣床是目前应用最广泛的一种卧式万能升降台铣床之一。其主要特点是：结构可靠、转速高、功率大、刚性好、操作方便、灵活、通用性强，对中小型平面、各种沟槽、特型表面、齿轮、螺旋面和小型箱体上的孔都能加工。

图 2 – 141　X6132 型铣床

（3）X6132 型铣床的组成，X——铣床类；6——卧式铣床；1——万能升降台铣床；32——工作台宽度 1/10。如图 2 – 142 所示。

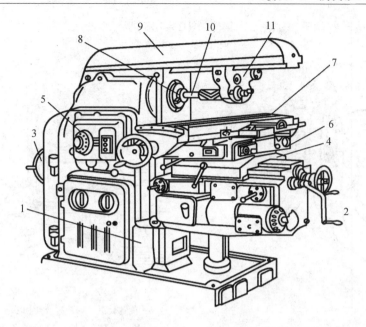

1—床身底座；2—升降台；3—主电动机；4—横向工作台；5—主轴变速机构；
6—转台；7—纵向工作台；8—主轴；9—横梁；10—刀杆；11—吊架

图 2 – 142 X6132 型铣床基本结构

3. X6132 型铣床的操作

（1）手柄的功能和使用。X6132 型铣床各手柄位置如图 2 – 143 所示。

（2）主运动的调整，如图 2 – 144 所示。

1、5—垂向、横向自动进给手柄；2、8—纵向
自动进给手柄；3—纵向、横向、垂向
紧固手柄；4—进给变速手柄；6—升降
台手动进给手柄；7—横向手动进给手柄；
9—纵向手动进给手柄；
10—主轴变速手柄

图 2 – 143 X6132 型铣床手柄位置

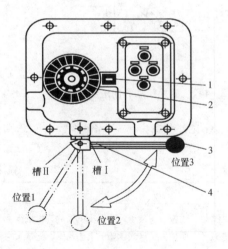

1—指示箭头；2—转数盘；
3—变速手柄；4—压块

图 2 – 144 主运动的调整

（3）进给运动的调整，如图 2 – 145 ~ 图 2 – 148 所示。

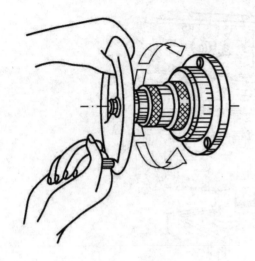

图 2 – 145　手动变换进给方向和距离

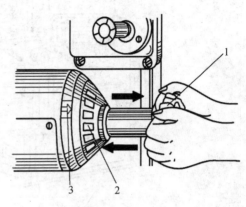

1—变速操纵手柄；2—转速盘；3—指针

图 2 – 146　机动进给量调整图

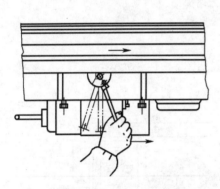

图 2 – 147　变换机动纵向进给方向

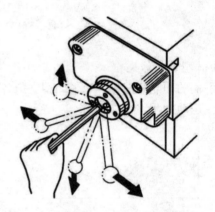

图 2 – 148　变换机动横向、垂向进给方向

4. X6132 型铣床常用附件的结构和功用

表 2 – 54　铣床常用附件及功用

名称	使用说明
立铣头	立铣头安装于卧式铣床主轴端，由铣床主轴驱动立铣头主轴回转，使卧式铣床起立式铣床的功用，从而扩大了卧式铣床的工艺范围。立铣头主轴在垂直平面内最大转动角度为 ±45°，其转速与铣床主轴转速相同
平口钳	机床用平口虎钳的固定钳口本身精度及其相对于底座底面的位置精度均较高。底座下面带有两个定位键，用于在铣床工作台 T 形槽定位和连接，以保持固定钳口与工作台纵向进给方向垂直或平行。当加工工件精度要求较高时，安装平口虎钳要用百分表对固定钳口进行校正，它有固定钳口和活动钳口，通过丝杆螺母，传动钳口间距离，可装夹直径不同的工件，按钳口宽度不同，常用的机床用平口虎钳有 100mm、125mm、136mm、160mm、200mm、250mm 6 种规格。平口钳装夹工件方便，节省时间，效率高。适合装夹板类零件、轴类零件、方体零件

名称	使用说明
万能分度头	万能分度头是铣床的重要精密附件，用于多边形工件、花键、齿式离合器、齿轮等的圆周分度和螺旋槽的加工。常用的万能分度头按夹持工件的最大直径分为 FW200、FW250 和 FW320 三种，其中以 FW250 型万能分度头应用最为普遍，分度头的基座上有回转件，回转件上有主轴，分度头主轴可随回转件在铅垂面内振动或水平、垂直或倾斜位置；分度时，摆动分度手柄，通过蜗杆蜗轮带动分度头主轴旋转
回转工作台	回转工作台又称圆转台，分手动进给和机动进给两种，以手动进给式应用较多。按工作台直径不同，回转工作台有 200mm、250mm、320mm、400mm、500mm 等规格。直径大于 250mm 的均为机动进给式。机动式回转工作台的结构与手动式基本相同，主要差别在于其传动轴与铣床传动装置连接，实现机动回转进给，离合器手柄可改变圆工作台的回转方向和停止圆工作台的机动进给，回转工作台主要用于中小型工件的分度和回转曲面的加工，圆弧中心与转台中心重合，铣刀旋转，工件作弧线进给运动，可加工圆弧槽、圆弧面等零件
万能铣头	万能铣头与立铣头的区别是增加了一个可转动的壳体，它与铣头壳体的轴线互成 90° 的角度，因此，铣头主轴可实现空间转动，万能铣头是一种扩大卧式铣床加工范围的附件，利用它可以在卧式铣床上进行立铣工作，使用时卸下横梁，装上万能铣头，根据加工需要其主轴在空间可以转成任意方向

铣床操作：

操作一：手动进给操作练习。

按照以下步骤，进行铣床的手动进给操作练习。

(1) 在教师指导下检查机床。

(2) 熟悉各个进给方向刻度盘。

(3) 做手动进给练习。

(4) 使工作台纵向移动 4.3mm，横向移动 7.5mm，垂直方向移动 5.1mm。

(5) 学会消除工作台丝杠和螺母间传动间隙对移动尺寸的影响。

(6) 每分钟均匀地手动进给 30mm、60mm、90mm。

操作二：自动进给操作练习。

(1) 检查各进给方向紧固手柄是否松开，限位挡铁位置是否适当。

(2) 使工作台的各个进给方向处于中间位置。

(3) 在低速范围内，变换进给速度。

(4) 使工作台做自动进给，先纵向，后横向，再垂直方向。

(5) 停止工作台进给，重复以上练习。

操作三：主轴空运转操作练习。

按照以下步骤，进行铣床主轴的空运转操作练习。

(1) 将电源开关接通。

(2) 在低速范围内，练习变换主轴转速 3 次。

(3) 按"启动"按钮，使主轴旋转 2min。

(4) 停止主轴旋转，重复以上练习。

(5) 停止工作台进给，重复以上练习。

（二）铣刀的安装

1. 带孔铣刀

（1）圆柱铣刀和三面刃铣刀等带孔铣刀的刀杆形式如图 2－149 所示。

（2）面铣刀的刀杆形式如图 2－150 所示。

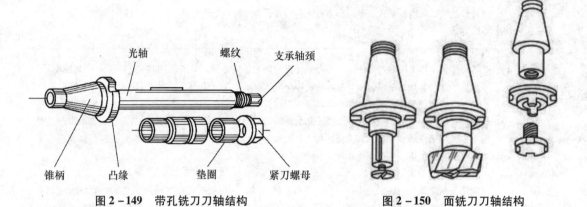

图 2－149　带孔铣刀刀轴结构　　　　图 2－150　面铣刀刀轴结构

2. 带柄铣刀

（1）直柄铣刀。

（2）锥柄铣刀。

铣刀安装操作：

操作一：安装带孔类铣刀。

（1）调整横梁。

（2）安装铣刀杆，如图 2－151 所示。

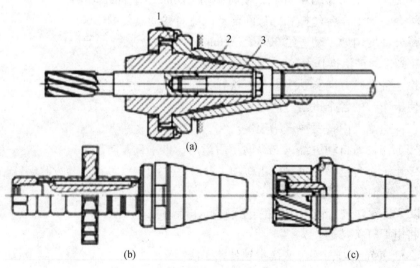

(a)

(b)　　　　　　　　(c)

1—螺母；2—刀杆体；3—套阀

图 2－151　快速装卸式刀杆

（3）安装铣刀。

（4）安装托架及紧固刀杆螺母，如图 2 – 152 ~ 图 2 – 154 所示。

操作二：安装带柄类铣刀。

（1）安装直柄式铣刀是通过弹簧夹头套筒进行的，如图 2 – 155 所示。

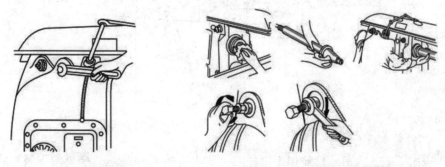

图 2 – 152　调整横梁　　　　　　图 2 – 153　安装刀杆的步骤

（a）正确　　　　　　　　　　（b）错误

图 2 – 154　安装托架及紧固刀杆螺母

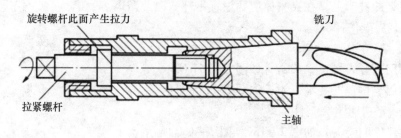

旋转螺杆此面产生拉力　　　　　　　　　　铣刀

拉紧螺杆

主轴

图 2 – 155　直柄铣刀装夹

（2）安装锥柄铣刀是通过过渡套筒进行的，如图 2 - 156 所示。

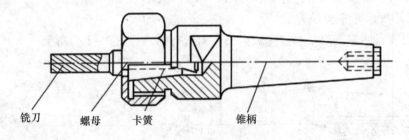

铣刀　　螺母　　卡簧　　　　锥柄

图 2 - 156　锥柄铣刀

（三）工件的装夹

1. 夹具的基本概念

在机械加工中，特别是批量加工工件时，要求能将工件迅速、准确地安装在机床上，并保证加工时，工件表面相对于刀具之间有一个准确而可靠的加工位置，这就需要一种工艺装置来配合，这种用来使工件定位和夹紧的装置称为夹具。

2. 夹具的分类

（1）通用夹具。

（2）专用夹具。

（3）可调夹具。①标准化夹具。②组合夹具。

（4）成组夹具。

3. 铣床夹具的基本要求

（1）由于铣削加工切削力较大，又是多刃断续切削，加工时容易产生振动，因此要求铣床夹具必须具有良好的抗振性能。

（2）为保证工件定位的稳定性，铣床夹具定位元件的设计和布置，应尽量使用面积较大的面作为主要支承面，导向定位的两个支承要尽量相距远一些。

（3）夹紧装置的夹紧力要足够大且自锁性能要好，以防止夹紧机构因振动而松动。夹紧力的作用方向和作用点要恰当，必要时可采用辅助支承或浮动夹紧机构等，以提高夹紧刚度。

（4）为了保持夹具相对于机床的准确位置，铣床夹具底面应设置定位键。

（5）为方便找正工件与刀具的相对位置，通常应设置对刀块。

（6）铣削加工时，切屑产生量较大，因此，铣床夹具应有足够的排屑空间。

（7）为了提高铣床夹具在机床上安装的稳固性，夹具体的高宽比应为 $H/B = 1 \sim 1.25$。

（8）重型的铣床夹具在夹具体上要设置吊环，以便搬运。

工件的装夹操作：

操作一：平口钳的安装。

（1）利用百分表校正平口钳，如图 2 - 157 所示。

（2）利用定位键安装平口钳，如图 2 - 158 所示。

操作二：平口钳装夹工件。

（1）毛坯件的装夹，如图 2 - 159、图 2 - 160 所示。

图 2 - 157　百分表校正平口钳

图 2 - 158　定位键和 T 形槽

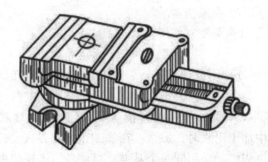

图 2 - 159　平口钳装夹

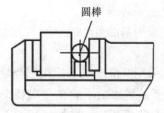

图 2 - 160　圆棒装夹

（2）已经粗加工表面件的装夹，如图 2 - 161
所示。

（四）知识拓展：工件定位原理和基准简介

1. 六点定位原理

工件在空间具有 6 个自由度（见图 2 - 162），
即沿 X、Y、Z 3 个直角坐标轴方向的移动自由度和
绕这 3 个坐标轴的转动自由度。

因此，要完全确定工件的位置，就必须消除这
6 个自由度，通常用 6 个支承点（即定位元件）来
限制工件的 6 个自由度，其中每一个支承点限制相
应的一个自由度。

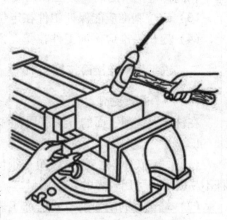

图 2 - 161　平口钳垫铁装夹

2. 工件的定位

工件定位包括：①完全定位。②不完全定位。③欠定位。④过定位。

3. 基准及其种类

（1）设计基准。

（2）工艺基准。①定位基准。②测量基准。③装配基准。

4. 粗基准的选择

（1）当零件上所有表面都需加工时，应选择加工余量最小的表面做粗基准。

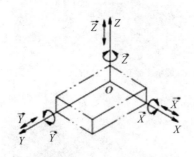 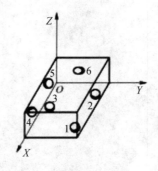

图 2 - 162　工件的 6 个自由度

（2）若工件必须首先保证某重要表面的加工余量均匀，应选择该表面做粗基准。

（3）工件上各自表面不需要全部加工时，应以不加工的面做粗基准。

（4）尽量选择光洁、平整和幅度大的表面做粗基准。

（5）粗基准一般只能使用一次，尽量避免重复使用。

5. 精基准的选择

（1）采用基准重合的原则。就是尽量采用设计基准、装配基准和测量基准，作为定位基准。

（2）采用基准统一的原则。当零件上有几个相互位置精度要求高，关系比较复杂的表面，而且这些表面不能在一次装夹中加工出来时，那么，在加工过程的各次装夹中应该采用同一个定位基准。另外，在加工过程中，采用同一个基准，可使各道工序的夹具结构基本相同，甚至采用同一夹具，以减少制造夹具的费用。

（3）定位基准应能保证工件在定位时具有良好的稳定性，尽量使夹具的结构简单。

（4）定位基准应保证工件在受夹紧力和铣削力等外力作用时，外力引起的变形最小。

二、铣平面和连接面技能实训

（一）平面的铣削

在铣床上铣削平面的方法有周铣和端铣两种，如图 2 - 163 所示。

1. 周铣和端铣的比较

（1）端铣刀的刀杆伸出较短，刚性好，刀杆不易变形，可用较大的切削用量。

（2）端铣刀的副切削刃对已加工表面有修光作用，能使粗糙度降低。周铣的工件表面则有波纹状残留面积。

（3）端铣刀的主切削刃刚接触工件时，切屑厚度不等于零，使刀刃不易磨损。

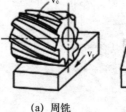 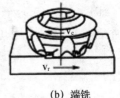

（a）周铣　　　　　（b）端铣

图 2 - 163　周铣和端铣

（4）同时参加切削的端铣刀齿数较多，切削力的变化程度较小，因此工作时振动比周铣小。

（5）圆柱铣刀可采用大刃倾角，充分发挥刃倾角在铣削过程中的作用，对铣削不锈钢等难切削材料有一定效果。

2. 逆铣和顺铣的比较（见图 2-164）

(a) 逆铣　　　　　　　　　　　　　　　(b) 顺铣

图 2-164　逆铣和顺铣

（1）周铣时顺铣特点。

1）垂直铣削分力始终向下，有压紧工件的作用，故铣削时较平稳。

2）加工出的工件表面质量较高。

3）消耗在进给运动方面的功率较小。

4）切削刃易磨损。

5）易损坏铣刀或机床。

（2）周铣时逆铣特点。

1）切削刃磨损小。

2）水平分力与工件的进给方向相反，不会拉动工作台。

3）垂直分力有把工件从夹具内拉出来的倾向。

4）消耗在进给运动方面的功率较大。

3. 对称铣与不对称铣（见图 2-165）

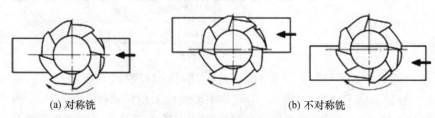

(a) 对称铣　　　　　　　　　　　　　　　(b) 不对称铣

图 2-165　对称铣与不对称铣

4. 平面的检验与质量分析

（1）检验表面粗糙度。

（2）检验平面度，如图 2-166 所示。

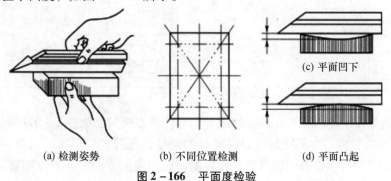

(a) 检测姿势　　　　　(b) 不同位置检测　　　　　(c) 平面凹下

(d) 平面凸起

图 2-166　平面度检验

5. 铣平面用铣刀

铣平面用铣刀的类型如图 2－167 所示。

（a）圆柱铣刀　　　　　　（b）套式端铣刀　　　　　　（c）机夹端铣刀

图 2－167　铣平面用铣刀

6. 铣刀的选择和安装

（1）铣刀直径和宽度的选择。用圆柱铣刀铣平面时，所选择的铣刀宽度应大于工件加工表面的宽度，这样可以在一次进给中铣出整个加工表面，如图 2－168 所示。

一般情况下，尽可能选用较小直径规格的铣刀，因为铣刀的直径大，铣削力矩增大，易造成铣削振动，而且铣刀的切入长度增加，使铣削效率下降。端铣刀直径的选择如表 2－55 所示。

表 2－55　端铣刀直径的选择

单位：mm

铣削宽度 a_e	40	60	80	100	120	150	200
铣刀直径 d_0	50～63	80～100	100～125	125～160	160～200	200～250	250～315

（2）铣刀齿数的合理选择。硬质合金面铣刀的齿数有粗齿、中齿和细齿之分，如表 2－56 所示。粗齿面铣刀适用于钢件的粗铣；中齿面铣刀适用于铣削带有断续表面的铸铁件或对钢件的连续表面进行粗铣或精铣；细齿面铣刀适用于机床功率足够的情况下对铸铁进行粗铣或精铣。

表 2－56　硬质合金面铣刀的齿数选择

铣刀直径 d_0（mm）		50	63	80	100	125	160	200	250	315	400	500
齿数	粗齿		3	4	5	6	8	10	12	16	20	26
	中齿	3	4	5	6	8	10	12	16	20	26	34
	细齿			6	8	10	14	18	22	28	36	44

用圆柱铣刀铣平面时，可在卧式铣床上用圆柱铣刀铣削，如图 2－169 所示。

（3）铣刀的安装。为了增加铣刀切削时的刚性，铣刀应尽量靠近床身安装，挂架尽量靠近铣刀安装。由于铣刀的前刀面形成切削，铣刀应向着前刀面的方向旋转切削工件，否则会因刀具不能正常切削而崩刀齿。

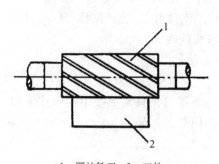

1—圆柱铣刀；2—工件

图 2-168 铣刀宽度应大于加工面宽度

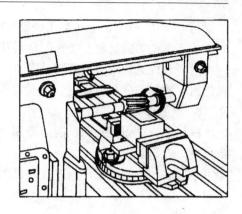

图 2-169 用圆柱铣刀铣平面

铣刀切削一般的钢材或铸铁件时，切除的工件余量或切削的表面宽度不大时，铣刀的旋转方应向与刀轴紧刀螺母的旋紧方向相反，即从挂架一端观察，使用左旋铣刀或右旋铣刀，都使铣刀按逆时针方向旋转切削工件。

铣刀切削工件时，切除的工件余量较大，切削的表面较宽或切削的工件材料硬度较高时，应在铣刀和刀轴间安装定位键，防止铣刀切削中产生松动现象。

为了克服轴向力的影响，从挂架一端观察，使用右旋铣刀时，应使铣刀按顺时针方向旋转切削工件，如图 2-170（a）所示；使用左旋铣刀时，应使铣刀按逆时针方向旋转切削工件，如图 2-170（b）所示，使轴向力指向铣床主轴，增加铣削工作的平稳性。

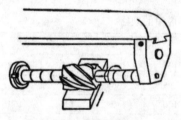
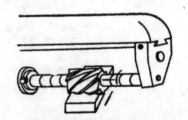

（a）右旋铣刀顺时针旋转　　　　　　　　（b）左旋铣刀逆时针旋转

图 2-170 轴向力指向铣床主轴

7. 铣削用量的选择

铣削用量应根据工件材料、工件加工表面的余量大小，工件加工的表面粗糙度要求，以及铣刀、机床、夹具等条件确定。合理的铣削用量能提高生产效率，提高加工表面的质量，提高刀具的耐用度。

（1）粗铣和精铣。工件加工表面被切除的余量较大，一次进给中不能全部切除，或者工件加工表面的质量要求较高时，可分粗铣和精铣两步完成。粗铣是为了去除工件加工表面的余量，为精铣做好准备工作，精铣是为了提高加工表面的质量。

（2）粗铣时的切削用量。粗铣时，应选择较大的背吃刀量、较低的主轴转速和较大的进给量。确定背吃刀量时，一般零件的加工表面，加工余量在 2~5mm，可一次切除。

选择进给量时，应考虑刀齿的强度，机床、夹具的刚性等因素。加工钢件时，每齿进给量可取 0.05 ~ 0.15mm；加工铸铁件时，每齿进给量可取 0.07 ~ 0.2mm。选择主轴转速时，应考虑铣刀的材料、工件的材料及切除的余量大小，所选择的主轴转速不能超出高速钢铣刀所允许的切削速度范围，即 20 ~ 30m/min；切削钢件时，主轴转速取高些，切削铸铁件时，或切削的材料强度、硬度较高时，主轴转速取低些。

8. 铣平面夹具

机用平口虎钳是平面铣削的通用夹具，如图 2 - 171 所示，其规格见表 2 - 57。在用机用平口虎钳装夹不同形状的工件时，可设计几种特殊钳口，只要更换不同形式的钳口，即可适应各种形状的工件，以扩大机用平口虎钳的使用范围。如图 2 - 172 所示为几种特殊钳口。

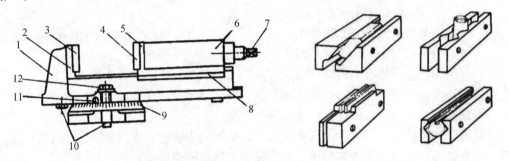

1—钳体；2—固定钳口；3—固定钳口铁；4—活动钳口铁；
5—活动钳口；6—活动钳身；7—丝杠方头；8—压板；
9—底座；10—定位键；11—钳体零线；12—螺栓

图 2 - 171 机用平口虎钳　　　　　　　　图 2 - 172 特殊钳口

表 2 - 57 机用平口虎钳的规格　　　　　　单位：mm

参数	规格							
	60	80	100	125	136	160	200	250
钳口宽度 B	60	80	100	125	136	160	200	250
钳口最大张开度 A	50	60	80	100	110	125	160	200
钳口高度 h	30	34	38	44	36	50 (44)	60 (56)	56 (60)
定位键宽度 b	10	10	14	14	12	18 (14)	18	18
回转角度	360°							

注：规格 60mm、80mm 的机用虎钳为精密机用虎钳，适用于工具磨床、平面磨床和坐标镗床。

铣平面操作：

操作一：圆柱铣刀铣平面，如图 2 - 173 所示。

（1）选择圆柱铣刀。

（2）安装圆柱铣刀，如表 2 - 58 所示。

（3）检验圆柱铣刀的安装精度（利用百分表）。

（4）平口钳及工件的安装。利用平口钳底面的定位键进行安装，将工件直接安装在平口钳上。

（5）确定铣削用量。根据工件材料、刀具直径和刀具材料选择主轴转速 $n = 118$r/min，进给量 $f = 60$mm/min，切削深度 $a_p = 2.5$mm。

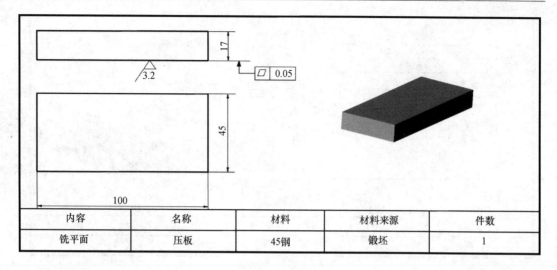

内容	名称	材料	材料来源	件数
铣平面	压板	45钢	锻坯	1

图 2 – 173　压板

（6）利用圆柱铣刀铣削平面。

（7）平面的质量检验。

表 2 – 58　安装圆柱铣刀

情况	螺旋线方向	主旋转方向	轴向力方向	说明
1	左旋	逆时针方向旋转	向着主轴轴承	正确
2	左旋	顺时针方向旋转	离开主轴轴承	不正确

操作二：端铣刀立铣平面，如图 2 – 174 所示。

（1）选择并安装直径 80mm，齿数 $Z = 10$ 的端铣刀。

（2）用目测法检验端铣刀的径向跳动误差。

（3）安装平口钳和工件。

（4）确定铣削用量。主轴转速 $n = 300\text{r/min}$，进给量 $f = 60\text{mm/min}$，切削深度 $a_p = 1.5\text{mm}$。工件余量不大的情况下应尽量一次性把余量切除，以提高加工效率和刀具寿命。

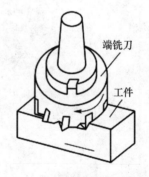

图 2 – 174　端铣刀立铣平面

（5）利用端铣刀铣削平面。铣削进刀或刀具即将退出工件时，进给速度不应过快，须进行手动控制。

（6）平面的质量检验。

（二）长方体零件的铣削

1. 长方体零件铣削的技术要求

长方体零件铣削的技术要求一般包括尺寸精度、平面度、平行度、垂直度和表面粗糙度等。如图 2 – 175 所示。

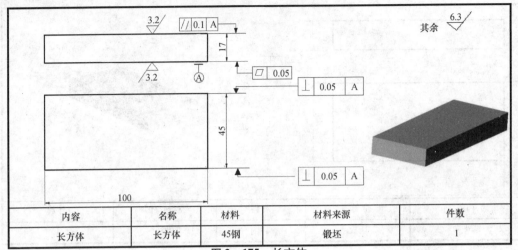

图2-175 长方体

常用的三面刃铣刀如图2-176所示。

2. 圆柱铣刀、三面刃铣刀等带孔铣刀的安装

（1）铣刀刀轴。带孔铣刀借助于刀轴安装在铣床主轴上。根据铣刀孔径的大小，常用的刀轴直径有22mm、27mm、32mm三种，刀轴上配有垫圈和紧刀螺母，如图2-177所示。刀轴左端是7:24的锥度，与铣床主轴锥孔配合，锥度的尾端有内螺纹孔，通过拉紧螺杆，将刀轴拉紧在主轴锥孔内。

(a) 锒齿三面刃铣刀　　　(b) 三面刃铣刀　　　(c) 错齿三面刃铣刀

图2-176 铣槽用铣刀

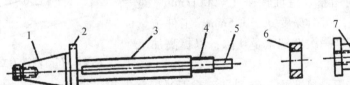
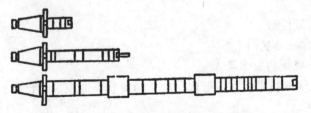

1—锥柄；2—凸缘；3—刀轴；4—螺纹；5—配合轴颈；6—垫圈；7—紧刀螺母

图2-177 铣刀刀轴

（2）刀轴拉紧螺杆。如图 2 – 178 所示，拉紧螺杆用来将刀轴拉紧在铣床主轴锥孔内，左端旋入螺母 1 与杆固定在一起，用来将螺纹部分旋入铣刀或刀轴的螺孔中，背紧螺母 2 用来将铣刀或刀轴拉紧在铣床主轴锥孔内。

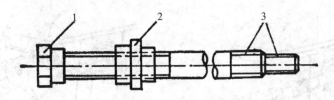

1—旋入螺母；2—背紧螺母；3—螺纹

图 2 – 178　刀轴拉紧螺杆

（3）圆柱铣刀的安装步骤。

1）根据铣刀孔径选择刀轴。

2）调整横梁伸出长度。松开横梁紧固螺母，适当调整横梁伸出长度，使其与刀轴长度相适应，然后紧固横梁，如图 2 – 179 示。

3）擦净主轴锥孔和刀轴锥柄。安装刀轴前应擦净主轴锥孔和刀轴锥柄，以免因脏物影响刀轴的安装精度，如图 2 – 180 所示。

图 2 – 179　调整横梁伸出长度　　　　图 2 – 180　擦净主轴锥孔和刀轴锥柄

4）安装刀轴。将主轴转速调至最低（30r/min）或锁紧主轴。右手拿刀轴，将刀轴的锥柄装入主轴锥孔，装刀时刀轴凸缘上的槽应对准主轴端部的凸键。从主轴后端观察，用左手顺时针转动拉紧螺杆，使拉紧螺杆的螺纹部分旋入刀轴螺孔 6 ~ 7 转，然后用扳手旋紧拉紧螺杆的背紧螺母，将刀轴拉紧在主轴锥孔内，如图 2 – 181 所示。

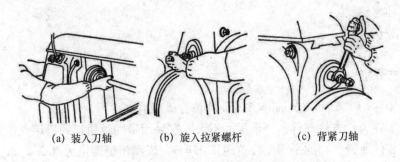

（a）装入刀轴　　　　（b）旋入拉紧螺杆　　　　（c）背紧刀轴

图 2 – 181　安装刀轴

5）安装垫圈和铣刀。先擦净刀轴、垫圈和铣刀，再确定铣刀在刀轴上的位置，装上垫圈和铣刀，用手顺时针旋紧刀螺母，如图 2-182 所示。安装时，注意刀轴配合轴颈与挂架轴承孔应有足够的配合长度。

图 2-182　安装垫圈、铣刀　　　　　图 2-183　安装挂架

6）安装并紧固挂架。擦净挂架轴承孔和刀轴配合轴颈，适当注入润滑油，调整挂架轴承，双手将挂架装在横梁导轨上，如图 2-183 所示。适当调整挂架轴承孔和刀轴配合轴颈的配合间隙，使用小挂架时用双头扳手调整，使用大挂架时用开槽圆螺母扳手调整，如图 2-184 所示。然后用双头扳手紧固挂架，如图 2-185 所示。

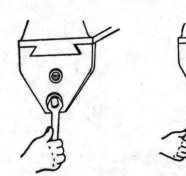
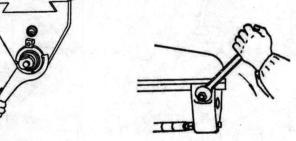

图 2-184　调整挂架轴承间隙　　　　　图 2-185　紧固挂架

❓ 技能训练

任务（一）

一、工艺分析

（1）预制件为 106mm×21mm×51mm 的长方体锻造坯件。

（2）该零件为长方体坯件，外形尺寸不大，宜采用带网纹钳口的机用虎钳装夹。

（3）该零件所铣平面的平面度公差为 0.05mm，表面粗糙度值为 Ra3.2μm。

二、加工步骤

（1）对照图样检查毛坯。

（2）安装机用平口虎钳（见图2-186），校正钳口与主轴轴心线垂直（见图2-187）。

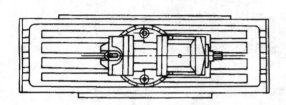

图2-186　在工作台上安装机用虎钳

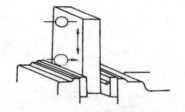

图2-187　校核固定钳口与主轴轴心线的垂直度

（3）选择并安装铣刀（选择铣刀直径φ80mm，宽度63mm的圆柱铣刀）。

（4）选择并调整切削用量（粗铣：进给量 $f = 60 \sim 75$ mm/min，主轴转速 $n = 95 \sim 118$ r/min，背吃刀量 $a_p = 2$ mm；精铣：进给量 $f = 75$ mm/min，主轴转速 $n = 150$ r/min，背吃刀量 $a_p = 0.5$ mm）。

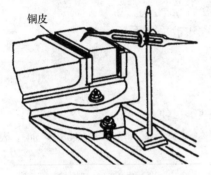

图2-188　钳口垫铜皮装夹毛坯件

（5）安装并校正工件。毛坯件装夹时，应选择一个平整的毛坯面作为粗基准，靠向机用平口虎钳的固定钳口。装夹工件时，在钳口平面和工件毛坯面间垫铜皮。工件装夹后，用划针盘校正毛坯的上平面，基本上与工作台面平行，如图2-188所示。

（6）对刀调整背吃刀量铣削。

三、平面的检验

1. 平面检验量具

平面检验量具有钢直尺和游标卡尺。

2. 平面的表面粗糙度检验

用标准的表面粗糙度样块对比检验，或者凭经验用肉眼观察得出结论。

3. 平面的平面度检验

一般用刀口尺检验平面的平面度。检验时，手握刀口尺的尺体，向着光线强的地方，使尺子的刀口贴在工件被测表面上，用肉眼观察刀口与工件平面间的缝隙大小，确定平面是否平整。检测时，移动尺子，分别在工件的纵向、横向、对角线方向进行检测，如图2-189所示，最后测出整个平面的平面度误差。

四、注意事项

（1）调整背吃刀量时，若手柄摇过头，应注意消除丝杠和螺母间隙对移动尽寸的影响。

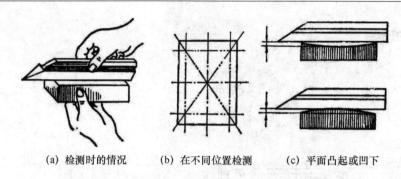

(a) 检测时的情况　　　(b) 在不同位置检测　　　(c) 平面凸起或凹下

图 2－189　用刀口尺检验平面的平面度

（2）铣削中不准用手摸工件和铣刀，不准测量工件，不准变换工作台进给量。

（3）铣削中不能停止铣刀旋转和工作台自动进给，以免损坏刀具，啃伤工件。若因故必须停机时，应先降落工作台，再停止工作台进给和铣刀旋转。

（4）进给结束后，工件不能立即在铣刀旋转的情况下退回，应先降落工作台，再退刀。

（5）不使用的进给机构应紧固，工作完毕后应松开。

（6）用机用平口虎钳夹紧工件后，将机用平口虎钳扳手取下。

五、质量分析

平面的表面粗糙度不符合要求，原因如下：

（1）铣刀刃口不锋利，铣刀刀齿圆跳动过大，进给过快。

（2）不使用的进给机构没有紧固，挂架轴承间隙过大，切削时产生振动，加工表面出现波纹。

（3）进给时中途停止主轴旋转、停止工作台自动进给，造成加工表面出现刀痕。

（4）没有降落工作台，铣刀在旋转情况下退刀，啃伤工件加工表面。

平面的平面度不符合要求，原因如下：

（1）圆柱铣刀的圆柱度不好，使铣出的平面不平整。

（2）立铣时，立铣头零位不准；端铣时，工作台零位不准，铣出凹面。

任务（二）

一、工艺分析

（1）该零件加工的材料来源于图 2－175，其中有一个面已加工，要求加工 $100_{-0.3}^{0}$ mm $\times$ $17_{-0.2}^{0}$ mm $\times 45_{-0.2}^{0}$ mm。尺寸精度要求不高，铣削加工可以达到要求。

（2）该零件的平行度要求为 0.1mm，垂直度要求为 0.05mm，铣削加工可以达到要求。

（3）该零件的表面粗糙度有两个面为 Ra3.2μm，其他面均为 Ra6.3μm，铣削加工可以达到要求。

二、加工步骤

（1）用圆柱铣刀铣 $17^0_{-0.2}$ mm 两面及 $45^0_{-0.2}$ mm 两面。

1）安装并找正机用平口虎钳。安装机用平口虎钳时，应擦净钳座底面和铣床工作台面。机用平口虎钳在工作台面上的安放位置，应处在工作台长度的中心线偏左。安装机用平口虎钳时，应根据加工工件的具体要求，使固定钳口与铣床主轴轴心线垂直或平行，机用平口虎钳安装后要进行找正，找正的方法如下：

①用机用平口虎钳定位键定位安装一般工件加工时，可将机用平口虎钳底座上的定位键放入工作台中央的 T 形槽内，双手推动钳体，使两块定位键的同一个侧面，靠向工作台中央 T 形槽的一侧，将机用平口虎钳紧固在工作台面上，再通过底座上的刻线和钳体零线配合，转动钳体，使固定钳口与铣床主轴轴心线垂直或平行。

②用划针找正。机用平口虎钳固定钳口与铣床主轴轴心线垂直加工较长的工件时，机用平口虎钳固定钳口应与铣床主轴轴心线垂直安装，用划针进行找正，如图 2-190 所示。找正时，将划针夹持在刀轴垫圈间，把机用平口虎钳底座紧固在工作台面上，松开钳体紧固螺母，使划针的针尖靠近固定钳口铁平面，移动纵向工作台，用肉眼观察划针的针尖与固定钳口铁平面间的缝隙，若在钳口全长范围内一致，固定钳口就与铣床主轴轴心线垂直，然后紧固钳体。

③角尺找正。固定钳口与铣床主轴轴心线平行加工的工件长度较短，铣刀能在一次进给中切削出整个平面，若加工部位要求与基准面垂直时，应使机用平口虎钳的固定钳口与铣床主轴轴心线平行安装。这时用角尺对固定钳口进行找正，如图 2-191 所示。找正时，松开钳体紧固螺母，右手握角尺座，将尺座靠向床身的垂直导轨平面，移动角尺，使角尺长边的外侧面靠向机用平口虎钳的固定钳口平面，并与钳口平面在钳口全长范围内密合，紧固钳体，再复检一次，位置不变即可。

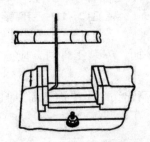

图 2-190　用划针找正固定钳口

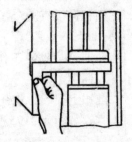

图 2-191　用角尺找正固定钳口与铣床主轴轴心线垂直并与铣床主轴轴心线平行

④用百分表找正。固定钳口与铣床主轴轴心线垂直或平行加工工件的精度要求较高时，可用百分表对固定钳口进行找正。将磁性表座吸在横梁导轨平面上，然后安装百分表，使表的测量杆与固定钳口平面垂直，表的测量触头触到钳口平面上，测量杆压缩 0.3~0.4mm，来回移动纵向工作台，观察表的读数在钳口全长范围内一致，固定钳口就与铣床主轴轴心线垂直，如图 2-192（a）所示。

用百分表找正固定钳口与铣床主轴轴心线平行时，将磁性表座吸在床身的垂直导轨平面上，移动横向进给检查，如图2-192（b）所示。

在装夹已经粗加工的工件时，应选择一个粗加工表面作为基准面，将这个基准面靠向机用平口虎钳的固定钳口或钳体导轨面，装夹加工其余表面。工件的基准面靠向机用平口虎钳的固定钳口时，可在活动钳口和工件间放置一圆棒，通过圆棒将工件夹紧，这样能够保证工件基准面与固定钳口很好地贴合，圆棒放置时，要与钳口平面平行，其高度在钳口所夹持工件部分的高度中间或者稍偏上一点，如图2-193所示。

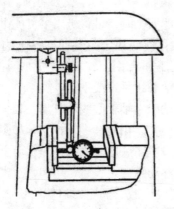

(a) 找正固定钳口与主轴轴心线垂直　　(b) 找正固定钳口与主轴轴心线平行

图2-192　用百分表找正固定钳口

工件的基准面靠向钳体导轨面时，在工件基准面和钳体导轨平面间垫一平行垫铁。夹紧工件后，用铜锤轻击工件上面，同时用手移动平行垫铁，垫铁不松动时，工件基准面与钳身导轨平面贴合好，如图2-194所示。敲击工件时，用力大小要适当，与夹紧力的大小相适应。敲击的位置应从已经贴合好的部位开始，逐渐移向没有贴合好的部位。

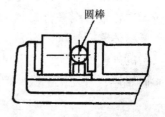

图2-193　用圆棒夹持工件

装夹时的注意事项：

①安装机用平口虎钳时，应擦净工作台面和钳底平面，安装工件时，应擦净钳口平面、钳体导轨面、工件表面。

②工件在机用平口虎钳上安装后，铣去的余量层应高出钳口上平面，高出的尺寸以铣刀不铣到钳口上平面为宜，如图2-195所示。

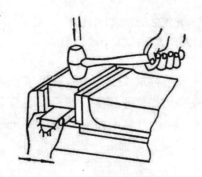

图2-194　用平行垫铁装夹工件

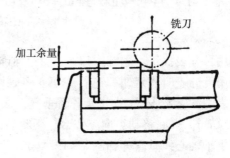

图2-195　余量层高出钳口平面

③工件在机用平口虎钳上装夹时，放置的位置应适当，夹紧工件后，钳口受力应均匀。

2）选择并安装铣刀（选择 $\phi80 \times 80$mm 圆柱铣刀）。

3）调整切削用量（取 $n = 118$r/min，$f = 60$mm/min，$a_p = 1.5 \sim 2$mm）。

4）装夹工件，铣削 $17^{0}_{-0.2}$mm 两面及 $45^{0}_{-0.2}$mm 两面。

（2）用三面刃铣刀铣长度两端面。

1）校正固定钳口与铣床主轴轴线平行。

2）选择并安装铣刀（选择 $\phi100 \times 14$mm 三面刃铣刀）。

3）调整切削用量（取 $n = 95$r/min，$f = 60$mm/min，$a_p = 2 \sim 2.5$mm）。

4）装夹工件分别铣削两平面。

三、铣斜面

铣压板斜面如图 2 - 196 所示。

1. 把工件安装成要求的角度铣斜面

（1）根据划线装夹工件铣斜面。单件生产时，先在工件上划出斜面的加工线，然后用机用平口虎钳装夹工件，用划针盘找正工件上所划的加工线与工作台台面平行，用圆柱铣刀或端铣刀铣出斜面，如图 2 - 197 所示。

（2）用倾斜的垫铁装夹工件铣斜面。工件的生产数量较多时，可通过倾斜的垫铁将工件安装在机用平口虎钳内，铣出要求的斜面，如图 2 - 198 所示。所选择的斜垫铁的宽度应小于工件夹紧部位的宽度。

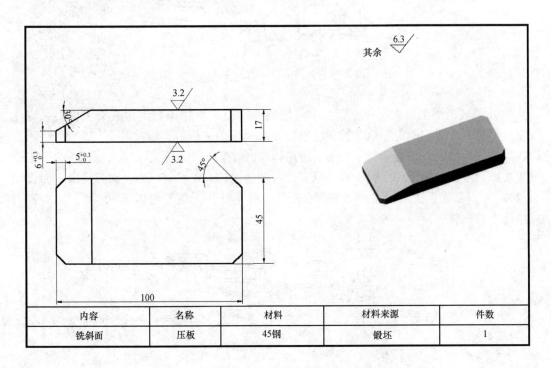

内容	名称	材料	材料来源	件数
铣斜面	压板	45钢	锻坯	1

图 2 - 196 铣压板斜面

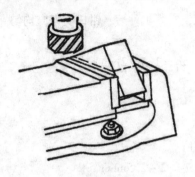

图2-197　按划线装夹工件铣斜面

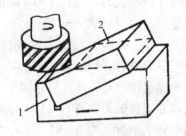

1—斜垫铁；2—工件

图2-198　用斜垫铁安装工件铣斜面

（3）用靠铁安装工件铣斜面。加工外形尺寸较大的工件时，应先在工作台面上安装一块倾斜的靠铁，将工件的一个侧面靠向靠铁的基准面，用压板夹紧工件，用端铣刀铣出要求的斜面，如图2-199所示。

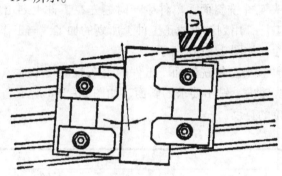

图2-199　用靠铁安装工件铣斜面

（4）调转机用平口虎钳角度安装工件铣斜面。使用机用平口虎钳装夹工件时，应先找正机用平口虎钳的固定钳口与铣床主轴轴心线垂直或平行后，通过钳座上的刻线将钳身调整到要求的角度，安装工件铣出要求的斜面。如图2-200所示。其中图2-200（a）是先找正固定钳口与铣床主轴轴心线垂直，再调整钳体（α）角，用立铣刀铣出斜面；图2-200（b）是先找正固定钳口与铣床主轴轴心线平行，再调整钳体（α）角，用立铣刀或端铣刀铣出斜面。

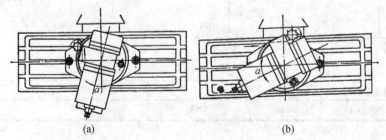

（a）　　　　　　　　　　　　　（b）

图2-200　调整钳身角度铣斜面

2. 把铣刀调成要求的角度铣斜面

在立铣头可转动的立式铣床上，安装立铣刀或端铣刀，倾斜立铣头主轴一定的角度，用平口钳或压板装夹工件，可以加工出要求的斜面。其中用平口钳装夹工件时，根据工件的安装情况和所用的刀具，加工时的方法有以下几种：

（1）工件的基准面安装得与工作台面平行，用立铣刀的圆周刃铣削工件时，立铣头应扳转的角度 $\alpha = 90° - \theta$，如图 2-201 所示。用端铣刀或用立铣刀的端面刃铣削时，立铣头应扳转的角度 $\alpha = \theta$，如图 2-202 所示。

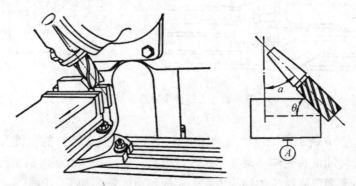

图 2-201 工件基准面安装得与工作台面平行，用立铣刀圆周刃铣斜面

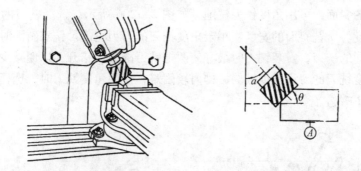

图 2-202 基准面与工作台面平行用端铣刀铣斜面

（2）工件的基准面安装得与工作台面垂直，用立铣刀圆周刃铣削时，立铣头应扳转的角度 $\alpha = \theta$，如图 2-203 所示。用端铣刀或用立铣刀的端面刃铣削时，立铣头扳转的角度 $\alpha = 90° - \theta$，如图 2-204 所示。

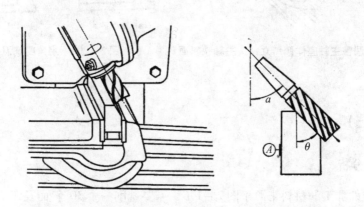

图 2-203 基准面与工作台面垂直，用立铣刀圆周刃铣斜面

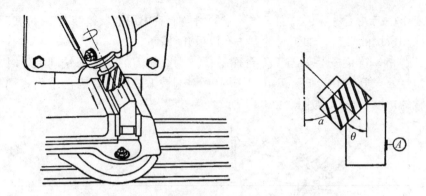

图 2 – 204　基准面与工作台面垂直，用端铣刀铣斜面

（3）调整万能立铣头主轴座体铣斜面。在万能铣床上安装万能立铣头铣斜面时，一般情况下逆时针转动铣头壳体，调整立铣头角度铣斜面。根据加工时的情况，也可以转动立铣头主轴座体来调整立铣头主轴的角度，完成斜面的铣削加工，如图 2 – 205 所示。

3. 用角度铣刀铣斜面

宽度较窄的斜面，可用角度铣刀铣削，如图 2 – 206 所示。选择铣刀的角度时应根据工件斜面的角度。所铣斜面的宽度应小于角度铣刀的刀刃宽度。铣双斜面时，应选择两把直径和角度相同的铣刀，安装铣刀时最好使两把铣刀的刃齿错开，以便减少铣削时的力和振动。由于角度铣刀的刀齿强度较弱，排屑较困难，使用角度铣刀时，选择的切削用量应比圆柱铣刀低 20% 左右。

图 2 – 205　调整主轴座体倾斜立铣头主轴铣斜面

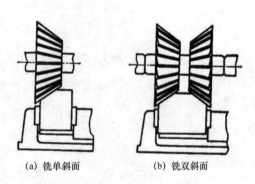

(a) 铣单斜面　　　(b) 铣双斜面

图 2 – 206　用角度铣刀铣斜面

任务（三）

一、工艺分析

（1）该零件加工的材料来源于图 2 – 196，需要铣削一个 30°斜面及四个 45°倒角。

（2）该零件的斜面要达到图样的尺寸精度要求及角度要求。

（3）该零件的加工斜面的表面粗糙度为 Ra6.3μm，铣削加工可以达到要求。

二、加工步骤

（1）铣30°斜面。

1）找正固定钳口与铣床主轴轴线平行。

2）选择并安装铣刀（选择 $\phi40mm$ 的镶齿端铣刀）。

3）安装并找正工件。

4）调整铣刀用量（取 $n=150r/min$，$f=60mm/min$，$a_p=2\sim2.5mm$）。

5）调整立铣头转角（用端铣刀，基准面与工作台面平行安装，立铣头调转角度 $\alpha=30°$）。

6）调整铣刀与工件的相对位置，紧住纵向进给。

7）利用横向进给分数次走刀铣出斜面。

（2）铣45°倒角。

1）换 $\phi20\sim\phi25mm$ 的立铣刀。

2）调整立铣头主轴轴心线与工作台面成45°角。

3）将压板的底面靠向固定钳口装夹工件。

4）分数次铣出各个倒角。

（3）斜面的检验。加工斜面时，除检验斜面的尺寸和表面粗糙度外，主要检验斜面的角度。精度要求较高、角度较小的斜面，用正弦规检验。一般要求的斜面，用游标万能角度尺检验。游标万能角度尺的构造如图2-207所示。

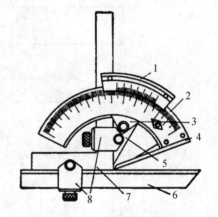

1—游标；2—尺体；3—紧块；
4—基尺；5—扇形板；6—直尺；
7—角尺；8—卡块

图2-207 游标万能角度尺

三、质量分析

（1）斜面的角度不对。

1）立铣头或机用平口虎钳调整的角度不正确。

2）工件安装时基准面不正确。

3）钳口与工件平面间垫有脏物，使铣出的斜面角度不正确。

（2）斜面的尺寸不对。

1）进刀时刻度盘的尺寸摇错。

2）测量时尺寸读错或测量不正确。

3）铣削中工件位置移动，尺寸铣错。

（3）斜面的表面粗糙度不符合要求。

1）铣刀较钝或进给量过大。

2）机床、夹具刚性差，铣削中产生振动。

3）铣钢件没有使用切削液等。

中级铣工实操案例

一、加工图

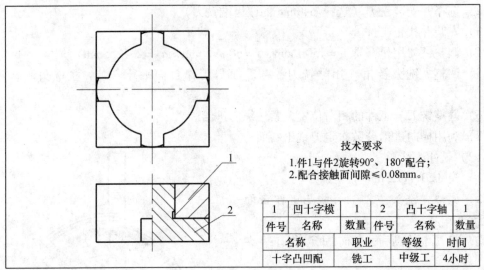

技术要求

1. 件1与件2旋转90°、180°配合；
2. 配合接触面间隙≤0.08mm。

1	凹十字模	1	2	凸十字轴	1
件号	名称	数量	件号	名称	数量
名称		职业		等级	时间
十字凸凹配		铣工		中级工	4小时

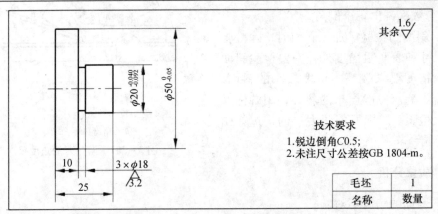

其余 $\sqrt{\dfrac{1.6}{}}$

技术要求

1. 锐边倒角C0.5;
2. 未注尺寸公差按GB 1804-m。

毛坯	1
名称	数量

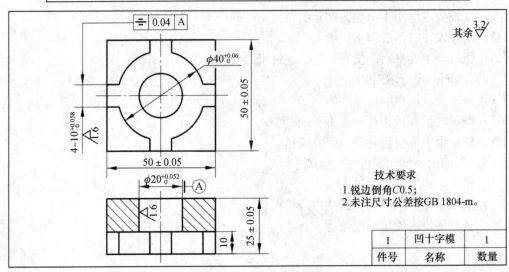

其余 $\sqrt{\dfrac{3.2}{}}$

技术要求

1. 锐边倒角C0.5;
2. 未注尺寸公差按GB 1804-m。

1	凹十字模	1
件号	名称	数量

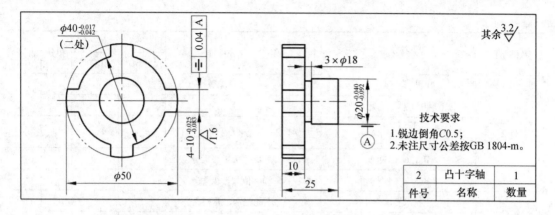

2	凸十字轴	1
件号	名称	数量

技术要求
1. 锐边倒角C0.5;
2. 未注尺寸公差按GB 1804-m。

二、加工准备清单

铣工中级工工、量、刃具及毛坯清单

序号	名称	规格	精度	数量	序号	名称	规格	精度	数量
1	游标卡尺	0~150	0.02	1	11	撞刀及撞刀头	φ20、φ40		各1
2	高度游标尺	0~300	0.02	1	12	麻花钻	φ16、φ18		各1
3	钢直尺	150		1	13	铣夹头			1套
4	外径千分尺	0~25、25~50	0.01	各1	14	榔头、木榔头			各1
5	内径百分表	18~35、35~50	0.01	各1	15	划针、划线规、样冲			各1
6	内测千分尺	5~30	0.01	1	16	锉刀、活扳手			各1
7	百分表及磁性表座	0~10	0.01	各1	17	垫铁			若干
8	矩形角尺	100×63		1	18				
9	塞尺	0.02~0.5		1	19				
10	立铣刀及拉杆	φ8、φ10、φ20、φ30		各1	20				
毛坯尺寸		55×55×30			材料		45钢		

三、评分标准

考核项目	考核要求	配分	评分标准	检测结果		扣分	得分
				尺寸精度	粗糙度		
件1	$\phi 20_0^{+0.052}$	10	超差无分				
	$\phi 40_0^{+0.006}$	10	超差无分				
	$10_0^{+0.058}$ (4处)	12	超差无分				
	25±0.05	2	超差无分				
	50±0.05 (2处)	4	超差无分				
	⟂ 0.04 A	2	超差无分				
	Ra1.6 (1处)	2	Ra值大1级无分				
	Ra3.2 (15处)	7.5	Ra值大1级无分				
	1项 (IT12)	0.5	超差无分				

续表

考核项目	考核要求	配分	评分标准	检测结果		扣分	得分
				尺寸精度	粗糙度		
件2	$10^{+0.025}_{-0.083}$ （4处）	12	超差无分				
	$\phi40^{-0.017}_{-0.042}$ （2处）	12	超差无分				
	⟂ | 0.04 | A		超差无分				
	Ra1.6 （4处）	4	Ra值大1级无分				
	Ra3.2 （4处）	2	Ra值大1级无分				
组合	技术要求1	4	不能配合、互换无分				
	技术要求2	14	超差无分				
安全文明生产	安全文明生产有关规定		违反有关安全规定，酌情扣总分1~50分				
备注			每处尺寸超差≥1mm，酌情扣考件总分5~10分				

任务五 钳工加工知识

 任务目标

（1）熟悉钳工常用的设备及量具的使用。

（2）掌握钳工的基本操作。

 基本概念

一、钳工工作场地

钳工工作场地是指钳工的固定工作地点。为工作方便，钳工工作场地的布局一定要合理，符合安全文明生产的要求。熟悉钳工工作场地的常用设备，有利于进一步学习钳工相关技能。本任务通过钳工工作场地的参观来实现教学目的。参观前应首先了解安全规程、参观内容和步骤，初步认识钳工工作场地的常用设备，将有利于提高参观实习效果。

1. 钳工工作场地的常用设备

（1）钳台。钳台是钳工操作的专用工作台，用于安装台虎钳和放置工量具及工件等，如图 2-208 所示。

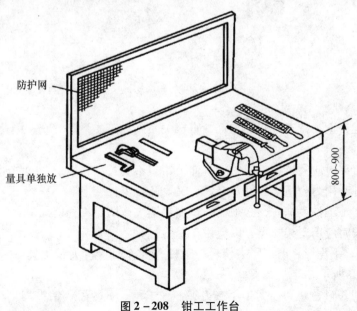

防护网

量具单独放

800~900

图 2-208 钳工工作台

（2）虎钳。用来夹持工件。

1）台虎钳。台虎钳的规格是以钳口的宽度来表示，如图 2-209 所示。

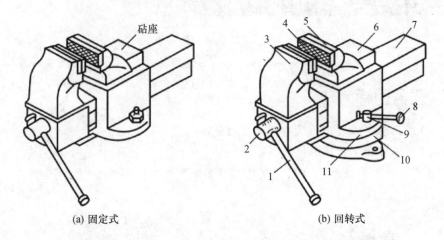

(a) 固定式　　　　　　　　　　　　(b) 回转式

1—手柄；2—丝杠；3—活动钳口；4—钳口；5—固定钳口；6—砧座；
7—导轨；8—小手柄；9—夹紧螺钉；10—底座；11—转盘

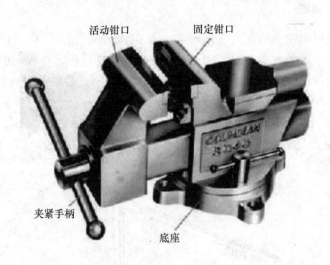

图 2-209　台虎钳

提示：台虎钳上夹持工件正确与否，直接关系到加工质量和安全，因此夹持工件时应注意以下几点：

①工件钳直夹时应夹持在虎钳中间，伸出钳口不要过高，以避免操作时产生振动。

②夹持工件时用力应适当，既要夹紧，又要防止工件变形。

③夹持已加工工件表面时，必须在钳口加垫铜皮以防止夹伤已加工表面。

④工件过长时应用支架支撑，以免钳口受力过大。

2）手虎钳。手虎钳一般用于夹持轻巧工件，操作时手持夹紧工具——手虎钳进行加工，如图 2-210 所示。

（3）砂轮机。砂轮机可供钳工用来刃磨各种工具（如錾子、钻头等），也可以用来去掉小型零件的毛刺、锐边和磨削平面等，如图 2-211 所示。

砂轮机是一种高速旋转设备，使用不当会造成人身伤亡事故，因此在使用时应严格遵守以下安全操作规程：

1）砂轮机的旋转方向应正确（见图2-211中箭头所示）以使磨屑向下方飞离砂轮。

2）砂轮机启动后，要空转2~3分钟，待其转速正常后再进行磨削。

图2-210 手虎钳

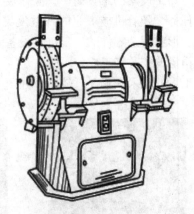

图2-211 砂轮机

3）操作者应站在砂轮机的侧面或斜侧位置进行磨削，切不可站在砂轮的对面操作，以防砂轮崩裂造成事故。

4）磨削时用力适当，切不可过猛或过大，也不允许用力撞击砂轮。

5）砂轮应保持干燥，不准沾水。

6）砂轮机使用后，应立即切断电源。

（4）钻床（见图2-212）。钻床是用来加工各类圆孔的设备。工厂中常用钻床有台式钻床、立式钻床和摇臂钻床等。

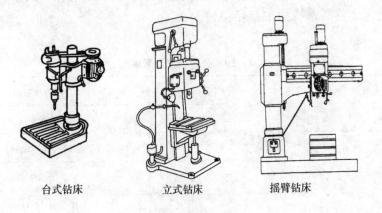

台式钻床 立式钻床 摇臂钻床

图2-212 常用钻孔设备

2. 钳工的工作内容

（1）进行机械加工前的准备工作，如清理毛坯、在工件上划线等。

（2）在单件小批生产中，制造机械方法不便或不能加工的一般的零件或加工精度要求特别高的零件。

（3）制造和修理各种工具、夹具、量具、模具。

（4）装配、调整、修理、维护保养机器等。

3. 钳工的特点

钳工使用的工具简单，操作灵活，可以完成一些采用机械方法不适宜或不能解决的加工任务。随着机械工业的日益发展，许多繁重的工作已被机械加工所代替，但那些精度高、形状复杂零件的加工以及设备安装调试和维修是机械难以完成的。这些工作仍需要钳工精湛的技艺来完成。因此，尽管钳工大部分是手工操作，劳动强度大，生产效率低，但对工人的技术水平要求较高。如图 2 - 213 所示。

图 2 - 213　钳工特点展示

二、常用工具和量具

为了确保零件和产品的质量，加工设备、工具及量具是必不可少的。通过测量可以确定，零件是否符合要求的尺寸和要求的形状，测量应根据对零件的精度要求和形状特点合理选用并正确使用量仪、量规及加工设备。

1. 长度计量单位相关知识

（1）长度。目前世界上通常用两种长度度量系统：公制系统和英制系统。公制系统的指定单位是米，英制系统中的指定单位是英寸。如表 2 - 59 所示的是公制长度计量单位。

表 2 - 59　公制长度计量单位

单位名称	符号	占基准单位的比
米	m	基准单位
分米	dm	10^{-1}m（0.1m）
厘米	cm	10^{-2}m（0.01m）
毫米	mm	10^{-3}m（0.001m）
丝米	dmm	10^{-4}m（0.0001m）
忽米	cmm	10^{-5}m（0.00001m）
微米	μm	10^{-6}m（0.000001m）

在实际工作中，有时还会遇到英制尺寸，常用的有 ft（英尺）、in（英寸）等，其换算关系为 1ft = 12in。英制尺寸常以英寸为单位。

为了工作方便，可将英制尺寸换算成米制尺寸。因为 1in = 25.4mm，所以把英寸乘以 25.4mm 就可以了。如 5/16in 换算成米制尺寸：25.4mm × 5/16 ≈ 7.938mm。

（2）角度。

$1° = 60$ 分 $= 60'$

2. 常用量具（见图 2 – 214）

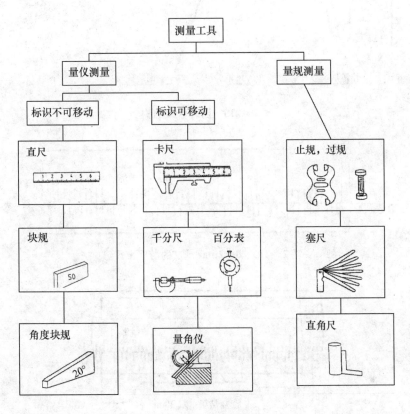

图 2 – 214　量具类型

（1）游标卡尺。游标卡尺是一种中等精度量具，可以用来测量工件的外径、内径、长度、宽度、深度和孔距等，游标卡尺的结构如图 2 – 215 所示。

0.02mm 精度游标卡尺的刻线原理，如图 2 – 216 所示。

当卡爪合拢时，发现游标上 50 格与尺身 49mm 对齐。尺身 1 格 = 1mm；游标 1 格 = $49 ÷ 50 = 0.98$（mm），尺身、游标每格差 = $1 - 0.98 = 0.02$（mm）。

游标卡尺的读数方法及示例，如图 2 – 217 所示。

读数 = 游标零线左面尺身的毫米整数 + 游标与尺身重合线数 × 精度值

游标卡尺的使用，如图 2 – 218、图 2 – 219 所示。

（2）外径千分尺。测量长度、外径，精度达 0.01mm。千分尺是生产中常用的精密量具之一。它的精度比游标卡尺高而且比较灵敏。因此，对于加工精度要求较高的工件尺寸，要用千分尺来测量。千分尺的规格按范围分有 0 ~ 25mm、25 ~ 50mm、50 ~ 75mm、75 ~

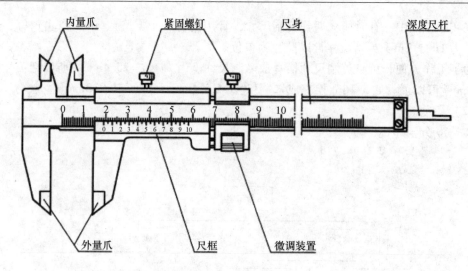

图 2 –215　游标卡尺结构

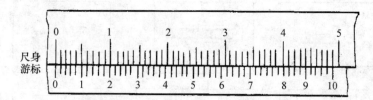

图 2 –216　0.02mm 精度的游标卡尺

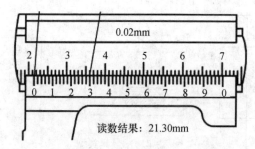

读数结果：21.30mm

读数=21+0.30=21.30(mm)

图 2 –217　0.02mm 精度的游标卡尺读数示例

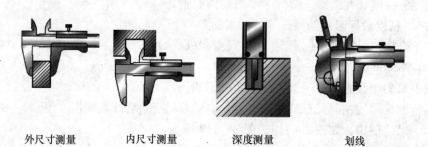

外尺寸测量　　内尺寸测量　　深度测量　　划线

图 2 –218　游标卡尺应用举例

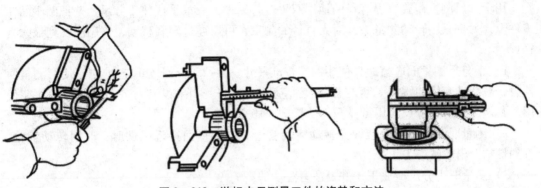

图 2 – 219　游标卡尺测量工件的姿势和方法

100mm、100～125mm 等，使用时按被测工件的尺寸选用。千分尺的结构，如图 2 – 220 所示。千分尺的刻线原理，如图 2 – 221 所示。

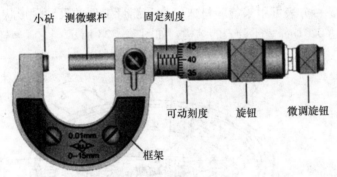

图 2 – 220　千分尺的结构

千分尺测微螺杆的螺距是 0.5mm。当活动套管转动一周，螺杆就移动 0.5mm。活动套管上共刻 50 格，因此当活动套管转一格时，螺杆移动了 0.01mm，故千分尺的测量精度是 0.01mm。

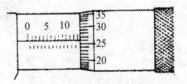

图 2 – 221　千分尺的刻线原理

分尺的读数方法及示例，如图 2 – 222 所示。

读数 = 测微螺杆上的副尺所指固定套管上的主尺的读数（应为 0.5mm 的整数倍）+ 主尺基准线所指副尺的格数 × 0.01。示例：

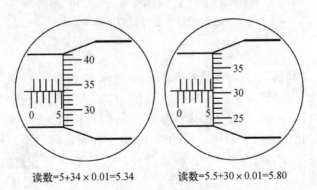

读数 = 5 + 34 × 0.01 = 5.34　　　　读数 = 5.5 + 30 × 0.01 = 5.80

图 2 – 222　千分尺的读数示例

用千分尺测量需要练习有目的地用双手进行测量，一只手握住千分尺，并把砧座贴在零件上，另一只手转动测量头，对大直径的测量，可以通过轻轻移动，使砧座找到最大直径处。

　　1）千分尺测量面应擦净，使用前应校准尺寸。0～25mm 千分尺校准时应使两测量面接触，看活动套管的零线是否与固定套管基准线对齐。如果没有对齐，应调整后才能使用。其他尺寸的千分尺应用量具盒内的标准样棒来校正。

　　2）测量时，应手握尺架，先转动活动套管。当测量面接近工件时，改用转动棘轮，直到棘轮发出吱吱声为止。

　　3）测量时千分尺应放正，并要注意温度的影响。

　　4）测量前不要先卡紧测微螺杆。以免测量时导致螺杆弯曲或测量时磨损。从而影响测量精度。

　　5）读数时，要防止在固定套管上多读或少读 0.5mm。

　　6）能用千分尺测量毛坯尺寸或转动着的工件。

　　（3）百分表。百分表可用来检验机床精度和测量工件的尺寸、形状和位置误差，测量平面度，精度达 0.01mm。千分表的结构，如图 2-223 所示。

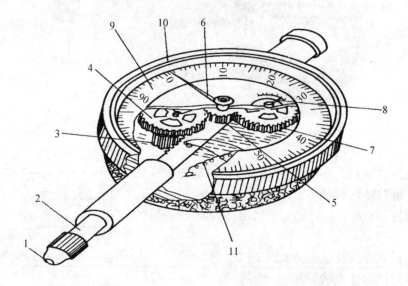

1—可换触头；2—齿杆；3—齿轮（16 齿）；4—齿轮（100 齿）；5—齿轮（10 齿）；
6—长指针；7—齿轮（100 齿）；8—短指针；9—表盘；10—表圈；11—拉簧

图 2-223　百分表的结构

　　百分表的齿杆 2 和齿轮 3 周节是 0.625mm。当齿杠上升 16 齿时（即上升 0.625 × 16 = 10mm），16 齿小齿轮转一周，同时齿数为 100 齿的大齿轮也转一周，就带动齿数为 10 的齿轮转 5 周和长指针转 10 周，即齿杆移动 1mm 时，长指针转一周。由于表盘上共刻 100 格，所以长指针每转一格表示齿杆移动 0.01mm。长指针转一周，短指针转一格。百分表可通过转动表盘，使零位放在指针所处的任何位置上。百分表的使用如图 2-224 所示。

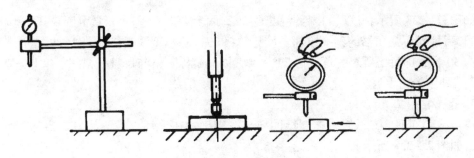

图 2 - 224 百分表的使用

（4）塞尺，如图 2 - 225 所示。

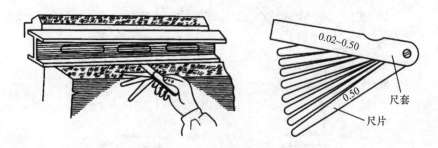

图 2 - 225 塞尺及其应用

1）塞尺有两个平行的测量平面，其长度制成 50mm、100mm、200mm，由若干片叠合在夹板里。厚度为 0.02 ~ 0.1mm 组的，中间每片间隔 0.01mm，厚度为 0.1 ~ 1mm 组的，中间每片相隔 0.05mm。

2）使用塞尺时根据间隙的大小，可用一片或数片重叠在一起插入间隙内。

3）塞尺的片有的很薄，容易折断和弯曲。测量时不能用力太大，还要注意不能测量温度较高的工件。用完后要擦净，及时合到夹板里去。

（5）万能游标量角器。万能游标量角器是用来测量工件内外角度的量具。

1）万能游标量角器的结构如图 2 - 226 所示。

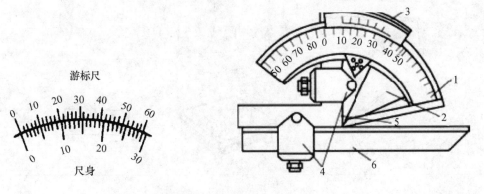

1—尺身；2—扇形板；3—游标；4—支架；5—直角；6—直尺

图 2 - 226 万能游标量角器的结构

如图 2 - 227 所示，该尺的测量精度是 2′，示值误差是 ±2′，测量范围是 0°~320°。

2）万能游标量角器的刻线原理。尺身每格 1°，游标刻线是将尺身上 29°所占的弧长等分为 30 格，即每格所对的角度为 29°÷30，因此游标一格与尺身一格相差（1°-29°）÷30 = 2′，即测量精度为 2′。

3. 钳工常用工具

（1）划线工具。划线是根据图纸的要求，准确地在毛坯或半成品上划出加工界线的操作，如图 2 - 228 所示。

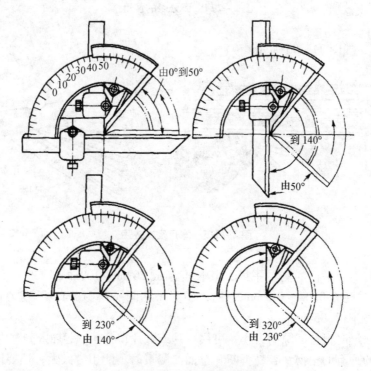

图 2 - 227　万能游标量角器的使用

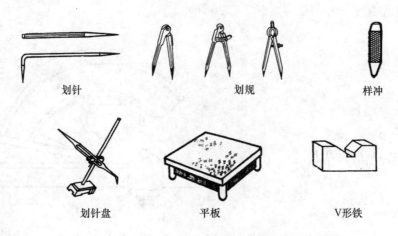

图 2 - 228　常用划线工具

（2）錾削工具。錾削是用手锤和錾子对金属进行切削加工的方法，如图 2 – 229 所示。

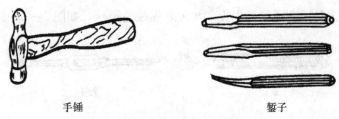

手锤　　　　　　　　　　　錾子

图 2 – 229　錾削工具

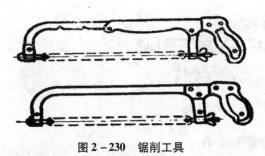

图 2 – 230　锯削工具

（3）锯削工具。锯削是用锯子把工件材料分割开或锯出沟槽的操作，如图 2 – 230 所示。

（4）锉削工具。锉削是用锉刀对工件表面进行切削加工的操作，如图 2 – 231 所示。

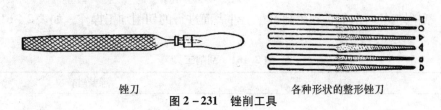

锉刀　　　　　　　　　各种形状的整形锉刀

图 2 – 231　锉削工具

（5）孔加工工具。孔加工是依靠刀具（钻头、锪钻等）与工件的相对运动来完成的加工，如表 2 – 60 所示。

表 2 – 60　孔加工工具

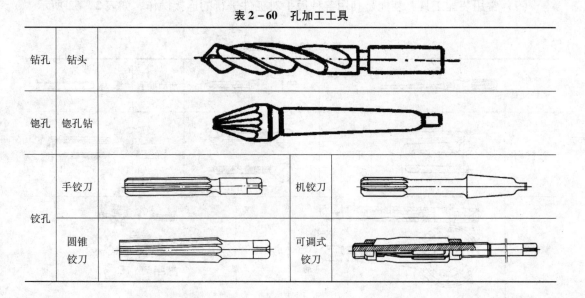

钻孔	钻头			
锪孔	锪孔钻			
铰孔	手铰刀		机铰刀	
	圆锥铰刀		可调式铰刀	

（6）攻螺纹工具。攻螺纹是用丝锥在孔内表面切出内螺纹的操作，如图 2 - 232 所示。

（7）套螺纹工具。套螺纹是用扳牙加工外螺纹的操作，如图 2 - 233 所示。

丝锥　　　　　　　　　　　　　　铰手

图 2 - 232　攻螺纹工具

板牙　　　　　　　　　　　扳牙架与铰手

图 2 - 233　套螺纹工具

（8）刮削工具。刮削是利用刮刀在工件表面进行的切削加工操作，如表 2 - 61 所示。

表 2 - 61　刮削工具

平面刮削		曲面刮削	
平面刮刀		三角刮刀	

（9）常用装配工具。装配是利用各种扳手对工件进行的连接操作，如表 2 - 62 所示。

表 2 - 62　装配工具

一字槽螺钉旋具		十字槽螺钉旋具		活动扳手	
整体扳手		开口扳手		内六角扳手	
棘轮扳手		成套扳手			

测力扳手	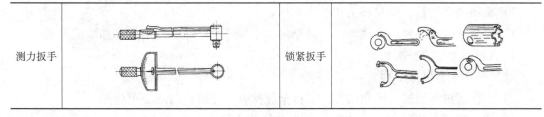	锁紧扳手	

三、钳工安全文明生产常识

1. 钳工安全文明生产的基本要求

（1）钳工设备的布局。钳台要放在便于工作和光线适宜的地方，钻床和砂轮机一般应安装在场地的边沿，以保证安全。

（2）使用的机床、工具要经常检查，发现损坏应及时上报，在未修复前不得使用。

（3）装拆零件、部件都要扶好、托稳或夹牢，以免跌落受损或砸伤人。

（4）操作时应顾及前后左右，并保持一定距离，以免造成事故。

（5）在使用电动工具时，要有绝缘防护和安全接地措施。

（6）使用砂轮时，要戴好防护镜。

（7）在钳台上进行錾削时，要有防护网，应该注意控制切屑的飞溅方向并采取防护措施，以免伤人。

（8）清除切屑要用刷子，不要直接用手清除或用嘴吹。

（9）钻孔时工件应夹牢，不能用手接触钻床主轴或钻头，也不能戴手套操作。另外还应防止衣袖、头发被卷绕。

（10）毛坯和加工零件应放置在规定位置，排列整齐；应便于取放，并避免碰伤已加工表面。

（11）工量具的安放，应按如图 2-234 所示要求布置。

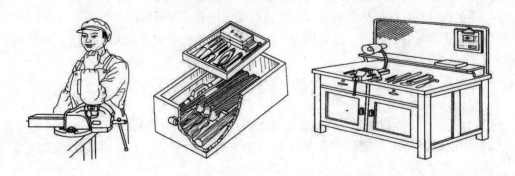

图 2-234 工量具的安放

1）台虎钳在钳台上安装时，必须使固定钳身的工作面处于钳台边缘以外，以保证夹持长条形工件时，工件的下端不受钳台边缘的阻碍，钳口的高度以恰好齐人的手肘为宜。

2）右手取用的工量具放在右边，左手取用的工量具放在左边。各自排列整齐，且不能使其伸到钳台边以外。

3）量具不能和工具或工件混放在一起，应放在量具盒内或专用搁架上。

4）常用的工量具，要放在工作位置附近。

5）工量具收藏时要整齐地放入工具箱内，不应任意堆放，以防损坏和取用不便。

2. 常用设备的安全要求

（1）钻床安全操作规程。

1）工作前对所用的钻床和钻夹具进行全面检查，正常运行后方可使用。

2）钻孔时严禁戴手套，工件必须夹紧，牢固可靠，钻小件时不能用手拿着钻，应用工具夹持。

3）在使用立钻和摇臂钻时，要按钻孔的大小调整好转速、调整好行程限位块，手动进给时，一般按慢速进给，到均速进给，再到减速进给；孔要钻透时一定减慢进刀速度，以免用力过猛、进刀过快造成伤害。

4）钻头粘有长铁屑时一定要停车清理，禁止用嘴吹，用手拉，要用刷子或铁钩子清除。

5）钻深孔时，应多次排屑，孔钻得深，排屑的次数要相对增加以免切屑卡住钻头，造成停车或打钻头。

6）不能在旋转的刀具下翻转、卡压、测量工件，手不能触摸旋转的刀具。

7）使用摇臂钻时，横臂回转范围内不准有障碍物，工作前摇臂必须卡紧，工作时不能突然变速，工作结束后将摇臂降到最低位置，主轴箱要靠近立柱并卡紧。

（2）砂轮机安全操作规程。

1）砂轮机应安排负责人，每日检查螺丝是否松动，是否有开裂现象。

2）砂轮机必须装有防护罩，任何人不得私自拆除。

3）开机前必须检查防护设备设施，机座是否牢固。

4）在使用砂轮机时，工作者应站在砂轮机回转线侧面或拖架中间的间隙内。

5）磨削时不要过于用猛力，避免工件打滑，撞砂轮伤手。

6）在平面磨削时禁止使用两侧面并禁止在小砂轮上磨大件。

7）再更换砂轮片时或从新安装后，要进行试车检查后方可使用。

8）使用手砂轮时应保持一定的压力，掌握牢固，防止砂轮机跳动，禁止用砂轮机侧面磨削。

9）砂轮机用完后应关闭电源，关闭砂轮机开关。

3. 常用工具使用的注意事项

（1）台虎钳上不能放置工具，以防止滑下伤人或导致工量具损坏。

（2）用虎钳夹持工件时，只能使用钳口最大行程的2/3，不得用其他方法加力或敲击。

（3）手锤、錾子顶端有油时必须清理干净后方可使用，手锤使用前应检查手柄和锤头是否牢固。

（4）锉刀、刮刀不能当手锤用，不能当撬棒用，以防折断。

（5）手锯上锯条时要松紧适度，不要上得过紧，也不要松动，过紧易造成锯弓变形，锯条崩断伤人，松动会掉锯条。

（6）在平台上工作时，禁止台面上放杂物，严禁用手敲击、刮削工件等。

四、钳工基本技能操作

（一）钳工操作常识

1. 钳工的定义

钳工是切削加工中重要的工种之一。它是利用手持工具对金属进行切削加工的一种方法。

目前，钳工大部分由手工操作来完成，故对工人的个人技术要求较高，劳动强度较大，生产率较低，但由于钳工所用工具简单，操作灵活、简便。因此，在目前机械制造和修配工作中，它仍是不可缺少的重要工种。

2. 钳工的种类

（1）普通钳工。使用钳工工具、钻床、锯、锉刀等，按要求加工零件和装配、修理工作的人员。

（2）机修钳工。使用钳工工具、其他辅助工具和设备对各类设备进行安装、调试、维护、修理等工作，从事设备机械部分维护和修理的人员。

（3）工具钳工。使用钳工工具、设备、辅助工具和设备对工装、工具、量具、辅助工具、检测工具、模具进行制造、安装、检测、维修等工作的人员。

（4）模具钳工。模具钳工的主要工作就是模具制造、修理、维护以及更新。除模具外，模具钳工的工作范畴也包括各种夹具、钻具、量具的制作与维护。此外，某些行业还要求模具钳工有能力对一些有特殊要求的工装设备进行设计、加工、组装、测试、校准等。

由于模具制造的多样性、复杂性和广泛的适用性，故而模具工业被称为"帝王工业"。在设计、制造模具的过程中，对模具钳工要求手脑并用，既要用脑又要动手，工作性质相对轻松、灵活，因此而成为"蓝领"中的佼佼者。模具工业之所以被称为"帝王工业"、"贵族工业"的另外一个原因是模具制造的高成本和昂贵的价格。通常一套普通模具加工费用也要以万元为单位，几十万元乃至上百万元的模具并不罕见。

模具钳工属于技能工种，相对而言对理论知识要求较少。除高中阶段的基础知识以外，还要求机械制图、识图的相关知识。模具钳工对技能要求较高，强调动手能力。除了有关模具、夹具等知识与技能以外，还要求有操作各种机床的能力，如车床（Lathe）、钻床（Drill Machine）、铣床（Mill Machine）、磨床（Grinder）以及手工工具等。

因此，模具钳工的就业领域十分广泛，需求量也很大。真正掌握了模具制造技能以后，找工作不是很困难的事情。一旦找到工作，通常比较稳定。

3. 钳工工作场地的合理布局、组织

（1）钳工工作场地是指钳工的固定工作场地，合理组织安排好钳工的工作场地，是保证安全生产和产品质量的一项重要措施。

（2）合理布局。主要设备、钳工工作台应放在光线适宜、工作方便的地方，应在工作台中间安装，安全网、砂轮机、钻床应设置在场地边缘，尤其是砂轮机一定要安装在安全可靠的地方。

（3）正确摆放毛坯、工件。毛坯和工件要分开摆放整齐，并尽可能放在工件架上，以免磕碰。

（4）合理摆放。工具、夹具、量具要摆放有序，常用的工具、夹具、量具用后应及时清理、维护和保养并妥善放置。工作场地应保持清洁，工作和训练后应按要求对设备进行清理、润滑并把场地打扫干净。

（二）钳工技能

划线、錾削、锯削、锉削、钻孔、扩孔、锪孔、铰孔、攻螺纹、套螺纹、矫正和弯形、铆接、刮削、研磨、机器装配调试，设备维修，固定连接、调试、测量和简单的热处理，如图 2 – 235 所示。

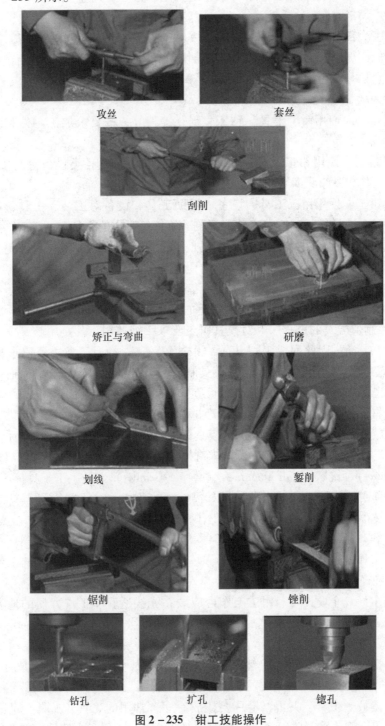

图 2 – 235　钳工技能操作

任务试题

（1）游标卡尺读数。仔细体会表中示例1和示例2的方法，正确读出示例3和示例4中1/50mm精度游标卡尺的读数，将读数结果填入表中。

步骤	一	二	三
步骤内容 示例	读出游标零线左边主尺所示毫米的整数	找到游标与主尺刻线相对齐的刻线，从游标上读出小于1mm的尺寸值（第一条零线不算，从第二条刻线起每格算0.02mm）	将主尺和游标上读出的尺寸值加起来即为测得的实际尺寸值
示例1	47mm	0.94mm	实际尺寸值为： 47mm+0.94mm=47.94mm
示例2	11mm	0.5mm	实际尺寸值为： 11mm+0.5mm=11.5mm
示例3			
示例4			

（2）千分尺读数。仔细体会表中示例1和示例2的方法，正确读出示例3和示例4中千分尺的读数，将读数结果填入表中。

步骤内容 示例	一	二	三
	读出活动套筒边缘在固定套筒（主尺）上所示的毫米数和半毫米数	找到活动套筒上与固定套筒上的基准线对齐的刻线，读出活动套筒上不足半毫米的数值	将两个读数加起来即为测得的实际尺寸值
示例1	6mm	0.05mm	实际尺寸值为： 6mm+0.05mm=6.05mm
示例2	35.5mm	0.12mm	实际尺寸值为： 35.5mm+0.12mm=35.62mm

任务六　钳工技能实训

任务目标

（1）掌握划线、锉削、锯削、钻削操作方法。

（2）掌握攻螺纹、套螺纹操作方法。

（3）熟悉零件锉配操作方法。

基本概念

一、划线

在机械加工中，常需要在毛坯或工件上，用划线工具划出待加工部位的轮廓线作为基准的点或线，这项操作称为划线，如图 2 - 236 所示。划线是钳工的基本技能之一，是确定工件的加工余量，明确尺寸界线的重要方法。还可作为工件安装或加工的依据。在单件或小批量生产中，用划线来检查毛坯或半成品的形状和尺寸，通过找正和借料合理地分配各加工表面的余量，及早发现不合格品，避免后续加工工时的浪费。

划线是一项复杂、细致的重要工作。线若划错，就会造成加工工件的报废。所以划线直接关系到产品的质量。因此，要求所划的线尺寸准确、线条清晰。

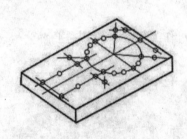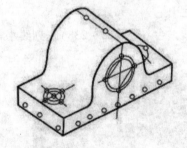

图 2 - 236　划线展示

（一）划线工具使用

1. 划线概述

划线分为平面划线和立体划线两种。

（1）平面划线。只需在工件的一个表面上划线后即能明确表示加工界线的，称为平面划线，如图2-237（a）所示。如在板料、条料表面上划线，在法兰盘端面上划钻孔加工线等都属于平面划线。

（2）立体划线。在工件上几个互成不同角度（通常是互相垂直）的表面上划线，才能明确表示加工界线的称为立体划线，如图2-237（b）所示。如划出矩形块各表面的加工线以及支架、箱体等表面的加工线都属于立体划线。

2. 划线的作用

（1）确定工件的加工余量，使机械加工有明确的尺寸界线。

（2）便于复杂工件在机床上安装，可以按划线找正定位。

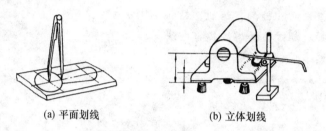

(a) 平面划线　　　　　　　(b) 立体划线

图2-237　划线类型

（3）能够及时发现和处理不合格的毛坯，避免加工后造成损失。

（4）采用找正与借料方法划线可以使误差不大的毛坯得到补救，使加工后的零件仍能符合要求。

3. 划线的要求

划线要求划出的线条要清晰均匀，同时要保证尺寸准确。立体划线时要注意使长、宽、高三个方向的线条互相垂直。

提示：由于划出的线条总有一定的宽度，以及在使用划线工具和测量调整尺寸时难免产生误差，所以不可能绝对准确。一般划线精度能达到0.25~0.5mm。因此，不能依靠划线直接确定加工时的最后尺寸，必须在加工过程中，通过测量来保证尺寸的准确度。

4. 划线工具

（1）划线平台（见图2-238）。划线平台可作为划线时的基准平面。

划线平台

图2-238　划线平台

（2）钢直尺（见图2-239）。钢直尺主要用来量取尺寸、测量工件，也可作为划直线时的导向工具。

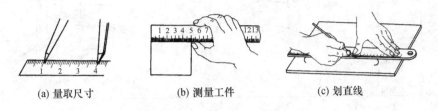

(a) 量取尺寸　　　　　　(b) 测量工件　　　　　　(c) 划直线

图2-239　钢直尺的使用

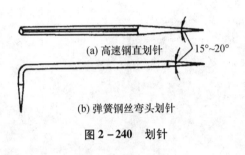

(a) 高速钢直划针

(b) 弹簧钢丝弯头划针

图2-240　划针

（3）划针（见图2-240）。划针直接用来在工件毛坯或工件表面上划线条，弯头划针用在直划针难以划到的地方。常用高速钢直划针和弹簧钢丝弯头划针。划线时，针尖要紧靠导向工具的边缘，上部向外侧倾斜15°～20°，向划线移动方向倾斜约45°～75°，如图2-241所示。针尖要保持尖锐，划线尽量做到一次划成，使划出的线条既清晰又准确。

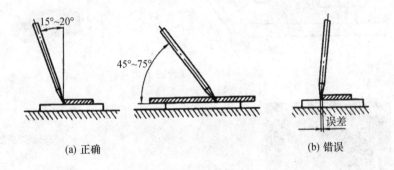

(a) 正确　　　　　　　　　　　　　　(b) 错误

图2-241　划针的用法

（4）划线盘（见图2-242）。划线盘用来在划线平台上对工件进行划线或找正工件在平台上的正确安放位置。划针的直头端用来划线，弯头端用于对工件安放位置的找正。

（5）高度游标卡尺（见图2-243）。度游标卡尺用来在划线平台上对工件进行精密划线及测量工件高度，附有划针脚，能直接表示出高度尺寸，读数原理同游标卡尺，常用的读数精度为0.02mm。

（6）划规（见图2-244）。划规用来划圆和圆弧、等分线段、等分角度以及量取尺寸等。

（7）样冲（见图2-245）。样冲用于在工件所划加工线条上打样冲眼（冲点），作加强界线标志（称检验样冲眼）和作划圆弧或钻孔时的定位中心（称中心样冲眼）。样冲眼如图2-246所示。

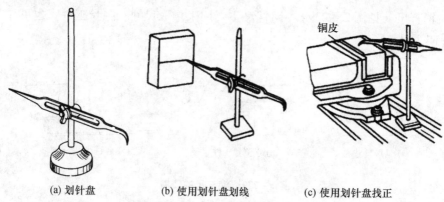

(a) 划针盘　　　　(b) 使用划针盘划线　　　(c) 使用划针盘找正

图 2 - 242　划线盘及其使用

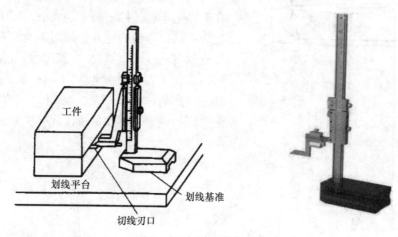

图 2 - 243　高度游标卡尺

图 2 - 244　划规

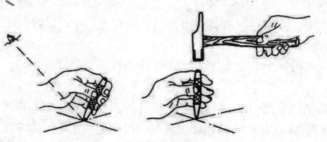

图 2 - 245　样冲的使用方法

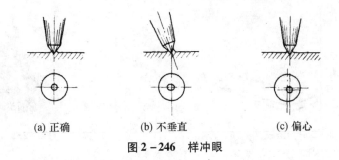

(a) 正确　　　　　　　(b) 不垂直　　　　　　　(c) 偏心

图 2 – 246　样冲眼

（8）90°角尺（见图 2 – 247）。角尺在划线时常用作划平行线（图）或垂直线（图）的导向工具，也可用来找正工件表面在划线平台上的垂直位置。

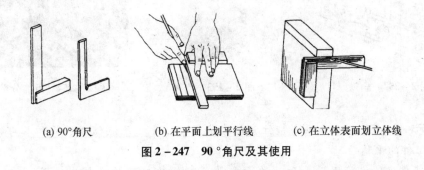

(a) 90°角尺　　　　　(b) 在平面上划平行线　　　　(c) 在立体表面划立体线

图 2 – 247　90°角尺及其使用

（9）万能角度尺。万能角度尺常用于划角度线，其使用方法如图 2 – 248 所示。

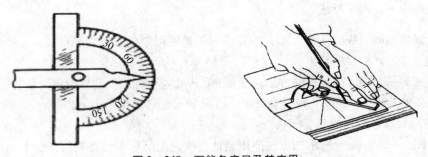

图 2 – 248　万能角度尺及其应用

（10）支撑夹持工件的工具。划线时支撑、夹持工件的常用工具有 V 形铁、垫铁、千斤顶、角铁、方箱和万能分度头，如图 2 – 249 ~ 图 2 – 254 所示。

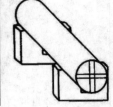

图 2 – 249　V 形铁

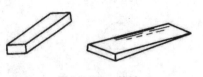

图 2 - 250　垫铁

图 2 - 251　千斤顶

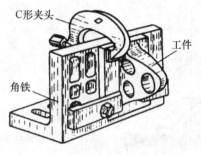

C形夹头

工件

角铁

图 2 - 252　角铁

图 2 - 253　方箱

图 2 - 254　万能分度头

小提示：（1）使用千斤顶时应注意擦净底部，三个支承点组成的面积尽可能大，以保证支承工件的平稳性。

（2）工件安放要稳固，千斤顶边上要放置略低的垫块作为辅助支承，以防止工件倾斜。

动手操作一：划平行线

平行线是平面划线的基本线型，首先练习正确使用划线工具划平行线。

1. 使用 90°角尺划平行线

按照图 2 - 255（a）所示的方法，使用 90°角尺划平行线。划线时需要注意，90°角尺要紧靠工件的基准面（边），沿钢直尺事先度量的尺寸移动角尺，划出平行线。

2. 使用划针盘或高度游标卡尺划平行线

按照图 2 - 255（b）所示的方法使用划针盘或高度游标卡尺在划线平台上划出等高线形式的平行线。划线的时候需要注意，要将工件垂直安放在划线平台上（对于较薄的零件要紧靠方箱或角铁的侧面），这时用划针盘在高度尺上度量尺寸或用高度游标卡尺调好尺寸后，沿平台移动划出等高线和平行线。

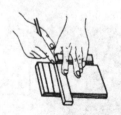
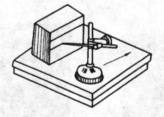

(a) 用90°角尺（宽座）划平行线　　　(b) 用划针盘（或高度游标卡尺）划平行线

图 2 - 255　划平行线

动手操作二：划垂直线

垂直线是平面划线的基本线型，要掌握划线的技能应该练习正确使用划线工具进行划垂直线。

1. 使用 90°角尺划垂直线

使用 90°角尺划垂直线时，将 90°角尺紧靠已加工平面即可划出该面的垂直线，如图 2－256（a）所示。

2. 用作图方法划垂直线

如图 2－256（b）所示，使用划规以 C 点为中心，以 20mm 为半径划半圆，交 AB 线于 D、E 点，分别以 D、E 为圆心，以 30mm 为半径在同侧划圆弧，两圆弧交于 F 点，连接 CF 线，CF 线即为垂直线。

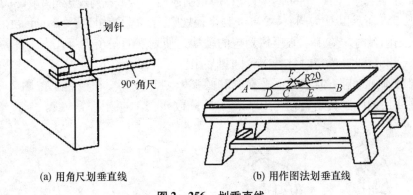

(a) 用角尺划垂直线　　　　　　(b) 用作图法划垂直线

图 2－256　划垂直线

动手操作三：划角度线

角度线是平面划线的基本线型，应正确使用划线工具进行划角度线练习。

1. 用角度规划角度线

如图 2－257（a）所示，按图样要求的角度调整好角度规，基尺贴在基准线上，沿导向尺划出所需角度线。

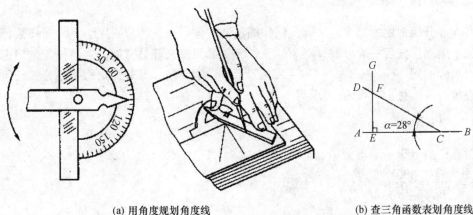

(a) 用角度规划角度线　　　　　　　　(b) 查三角函数表划角度线

图 2－257　划角度线

2. 用查三角函数表的方法计算长度值划角度线

可以用查三角函数表计算长度值划角度线。如图2-257（b）所示，划出已知直线28°的角度线。其划线步骤如下：

（1）划直线AB并在线段AB上找到C点。

（2）查三角函数表，$\tan 28° = EF/EC = 0.53171$。

（3）量出线段EC=100mm，找到E点。

（4）过E点作AB的垂线EG。

（5）从E点量出线段 $EF = EC \times \tan 28° = 100 \times 0.53171 \, mm = 53.171 mm$，得到F点。

（6）连接CF线并延长至D点。直线CD与直线AB成28°的角度线。

动手操作四：划圆、圆弧和圆的等分线

划圆和划圆弧是平面划线的基本技能，应正确使用工具——划规进行划圆和划圆弧的练习。如图2-258所示以O为圆心、20mm为半径划圆弧，以O为圆心、30mm为半径划圆。

划圆或划圆弧时，应用掌心压住划规的顶端，使划规的一个尖脚扎入工件的金属表面或样冲眼内，沿顺时针或逆时针方向将圆弧划出。

划出圆和圆弧之后有时往往需要在圆和圆弧上划等分线，在板料上按图2-259所示方法，正确使用划线工具划直径为100mm、等分数n=10的圆周等分线。

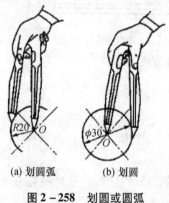

(a) 划圆弧　　　(b) 划圆

图2-258　划圆或圆弧

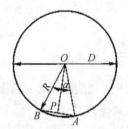

图2-259　等分圆周

圆周等分线常用的划线方法有几何作图法和按同一弦长等分圆周法。按同一弦长等分圆周法是用划规按每一等分圆周对应的弦长相等的原理来等分圆周。主要任务是确定各等分圆周对应的同一弦长AB。如图2-259所示，设圆周作n等分，则每一等分弧长所对应的圆心角为 α，则 $\alpha = 360/n$ 可求得：

$$AP = R \times \sin \frac{\alpha}{2}$$

当直径为100mm、等分数n=10时：

$$\alpha = \frac{360°}{n} = \frac{360°}{10} = 36°$$

$$L = AB = D \times \sin \frac{\alpha}{2} = 100 \times \sin \frac{36°}{2} = 30.9 \ (mm)$$

用划规量取尺寸 30.9mm 就可以对圆周作 10 等分。

小提示：按同一弦长作圆周等分的方法，由于划规量取尺寸难免有误差，再加上划等分弧线时，每次变动划规脚位置所产生的误差，结果往往不能一次等分准确。等分数越多，其累积误差越大。因此，实际操作时一般要反复试验，调整规划好尺寸后，再作等分，直到等分准确为止。

（二）平面划线

1. 划线基准的选择

基准是用来确定生产对象上各几何要素的尺寸大小和位置关系所依据的一些点、线、面。

平面划线时，通常要选择两个相互垂直的划线基准，而立体划线时通常要确定三个相互垂直的划线基准。划线基准一般有以下三种类型：

（1）以两个相互垂直的平面（或直线）为基准。如图 2 - 260（a）所示，该零件大部分尺寸都是依据右侧面和底面来确定的，因此，把这两个相互垂直的面作为基准。

（2）以两条相互垂直的中心线为基准。如图 2 - 260（b）所示，该零件形状分别对称于两条互相垂直的中心线，许多尺寸也分别从中心线开始标注。因此，可将两条相互垂直的中心线作为基准。

（3）以一个平面与一条中心线为基准。如图 2 - 260（c）所示，该零件高度方向的尺寸是以底面为依据而确定的，宽度方向的尺寸对称于中心线，因此，将底面和与之垂直的中心对称平面作为基准。

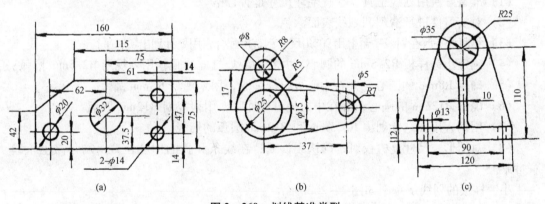

(a)　　　　　　　　　　(b)　　　　　　　　　　(c)

图 2 - 260　划线基准类型

2. 划线的步骤

（1）研读图纸，确定划线基准，详细了解需要划线的部位，这些部位的作用和要求以及有关的加工工艺。

（2）初步检查毛坯的误差情况，去除不合格毛坯。对能借料补偿误差的，合理分配加工余量，通过划线予以修正。

（3）工件表面涂色（石灰水、蓝油）。

（4）正确安放工件和选用划线工具，对毛坯件的中心孔划线时装入塞块。

（5）进行划线。

（6）详细检查划线的精度以及线条有无漏划。

（7）在线条上打冲眼。

动手操作一：錾口锤锤头样板划线

1. 工具和量具

钢直尺、游标卡尺、90°角尺、划针、划规、样冲、手锤、划线平台、蓝油等。

2. 工件图样

用划线工具在划线平台上按图 2-261 所示的图样要求划出錾口锤锤头样板件的加工界线。

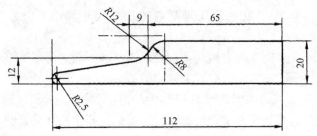

图 2-261　錾口锤锤头样板零件图

名称	材料	材料来源	下道工序	工时（小时）
130mm×50mm×1.5mm 薄板	08 钢	备料	锯削	

3. 錾口锤锤头样板划线的操作步骤

（1）准备好所用划线工具，检查毛坯尺寸是否合格。

（2）对实习件进行清理和划线表面涂色。

（3）将薄板平放在划线平台上用90°角尺、钢直尺配合，用划针划出所有平行线和垂直线。

（4）确定小锤样板 R2.5mm 的圆心，并在中心处打样冲眼，用划规划 R2.5mm 圆弧。

（5）确定 R8mm 的圆心，并在中心处打样冲眼，用划规划 R8mm 圆弧。

（6）确定 R12mm 的圆心，并在中心处打样冲眼，用划规划 R12mm 圆弧。

（7）用钢直尺和划针划出 R2.5mm 和 R12mm 圆弧的切线。

（8）对图形、尺寸复检校对，确认无误后，在线条和孔的中心位置，均匀敲上检验样冲眼。

小锤样板的划线示意图如图 2-262 所示。

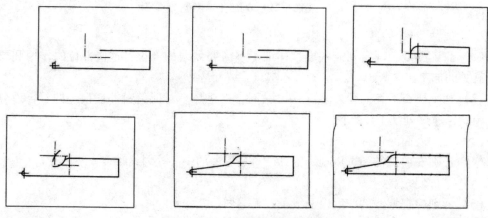

图 2-262　小锤样板划线示意图

4. 质量测评

完成加工后按表 2-63 所示的项目要求进行质量测评和打分，对于不足之处找出原因并加以改进。

表 2-63 质量测评表

序号	项目要求	配分	实测记录	评分标准	得分
1	涂色薄而均匀	10		视操作情况给分	
2	图形及其排列位置正确	10		视操作情况给分	
3	线条清晰无重线	10		视操作情况给分	
4	尺寸及线条位置公差 ±0.3mm 以内	30		超差不得分	
5	各圆弧连接圆滑	10		视操作情况给分	
6	冲点位置公差 φ0.3mm	10		超差不得分	
7	检验样冲眼分布合理	10		视操作情况给分	
8	使用工具正确，操作姿势正确	10		视操作情况给分	
9	文明生产与安全生产			违章扣分	

日期：	学生姓名：		班级：		指导教师：		总分：	

动手操作二：燕尾零件划线

1. 工具和量具

钢直尺、游标卡尺、高度游标卡尺、90°角尺、划针、划规、样冲、手锤、V 形铁和方箱、划线平台、蓝油等。

2. 工件图样

用高度游标卡尺等常用划线工具划如图 2-263 所示的燕尾零件的加工界线。

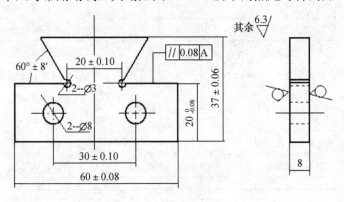

图 2-263 燕尾零件

名称	材料	材料来源	下道工序	工时（小时）
60mm×40mm×8mm 薄板	08 钢	备料	锯削	

小提示：以底面和左右对称平面为基准，因此可以建立如图 2-264 所示的直角坐标系，并分析计算零件各点的坐标尺寸。根据这些坐标尺寸，就可以方便地划出各点的位置。

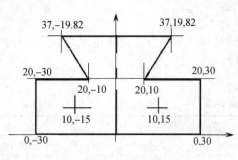

图 2-264 坐标

3. 划燕尾零件的操作步骤

（1）分析图纸，确定该零件划线基准为底面和左右对称平面。

（2）根据图纸和基准，设定直角坐标系，计算各点坐标尺寸。

（3）使坯料两相邻面有较好的平面度和相互垂直度。

（4）在坯料表面涂上蓝油并使其干燥。

（5）将坯料垂直、稳妥地放置在划线平板上，利用高度游标卡尺划线。

（6）以底面为基准，用高度游标卡尺在坯料相应位置划 10mm、20mm、37mm 三条直线。

（7）将工件转过 90°，并用角尺找正已划出线条。

（8）用高度游标卡尺在坯料上划出对称中心线，并记住该线尺寸（如为 Δ）。

（9）用高度游标卡尺在坯料相应位置分别划 $\Delta \pm 10$、$\Delta \pm 15$、$\Delta \pm 19.82$、$\Delta \pm 30$。

（10）用划针连接燕尾两条斜线。

（11）用圆规划出 $\phi 3mm$ 圆和 $\phi 8mm$ 圆。

（12）用游标卡尺纸检查所划线条是否符合图纸尺寸要求。

（13）在坐标点上用样冲冲眼。

4. 质量测评

完成加工后按表 2-64 所示的项目要求进行质量测评和打分，对于不足之处找出原因并改进。

表 2-64 质量测评表

序号	项目要求	配分	实测记录	评分标准	得分
1	涂色薄而均匀	10		视操作情况给分	
2	图形及其排列位置正确	10		视操作情况给分	
3	线条清晰无重线	10		视操作情况给分	
4	尺寸及线条位置公差 ±0.3mm 以内	30		超差不得分	
5	各圆弧连接圆滑	10		视操作情况给分	
6	冲点位置公差 $\phi 0.3mm$	10		超差不得分	
7	检验样冲眼分布合理	10		视操作情况给分	
8	使用工具正确，操作姿势正确	10		视操作情况给分	
9	文明生产与安全生产			违章扣分	

日期：	学生姓名：	班级：	指导教师：	总分：

（三）立体划线

在机械加工中，很多情况下是对铸、锻毛坯进行划线。在工件的几个表面进行长、宽、高三个方向的划线，即立体划线。

1. 划线前的找正和借料

由于种种原因，造成铸、锻毛坯件的形状歪斜，孔位置的偏心，各部分壁厚不均匀等缺陷。如果偏差不大时，可以通过划线时的找正和借料的方法进行补救。

（1）找正。找正就是利用划线工具，通过调节支撑工具，使工件有关的毛坯表面都处于合适的位置。找正时应注意以下问题：

1）毛坯上有不加工表面时，应按不加工表面找正后再划线，这样可使加工表面和不加工表面之间保持尺寸均匀。

2）工件上有两个以上不加工表面时，应选重要的或较大的不加工表面为找正依据，并兼顾其他不加工表面，这样可使划线后的加工表面与不加工表面之间尺寸比较均匀，而使误差集中到次要或不明显的部位。

3）工件上没有不加工表面时，可通过对各自需要加工的表面自身位置找正后再划线。这样可使各加工表面的加工余量均匀，避免加工余量相差悬殊。

如图 2-265 所示的轴承座，轴承孔处内孔与外圆不同轴，底板厚度不均匀。运用找正的方法，以外圆为依据找正内孔划线，以 A 面为依据找正底面划线。找正划线后，内孔线与外圆同轴，底面厚度比较均匀。

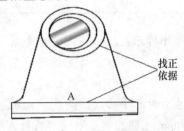

找正依据

图 2-265 找正划线

（2）借料。当毛坯尺寸、形状、位置上的误差和缺陷难以用找正划线方法补救时，就需要利用借料的方法解决。

借料就是通过试划和调整，使各加工表面的余量互相借用，合理分配，从而保证各加工表面都有足够的加工余量，使误差和缺陷在加工后排除。

借料划线时，首先测量出毛坯的误差程度，确定借料的方向和大小，然后从基准开始逐一划线。若发现某一加工面的余量不足时，应再次借料，重新划线，直至各加工表面都有允许的最小加工余量为止。

如图 2-266 所示是内孔、外圆偏心量较大的锻件毛坯。当不顾及孔而先划外圆再划内孔时如图 2-266（a）所示，加工余量不足。如果不考虑外圆先划内孔如图 2-266（b）所示，则划外圆时加工余量仍然不足。只有内孔、外圆同时考虑，采用借料方法才能保证内孔、外圆均有足够的加工余量，如图 2-266（c）所示。

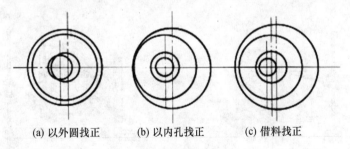

(a) 以外圆找正　　　(b) 以内孔找正　　　(c) 借料找正

图 2-266 找正、借料划线

2. 立体划线基准选择原则

（1）划线基准应与设计基准一致，以便能直接量取尺寸，避免因尺寸间的换算而导致划线误差。

（2）以精度高且加工余量少的形面作为划线基准，以保证主要形面的顺利加工和便于安排其他形面的加工位置。

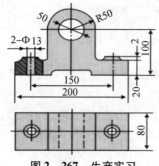

图2-267 生产实习

动手操作一：轴承座毛坯立体划线

1. 工具和量具

钢直尺、游标卡尺、高度游标卡尺、90°角尺、划针、划规、样冲、手锤、千斤顶、木塞、划线平台、蓝油等。

2. 工件图样

运用所学的划线知识，分组进行如图2-267所示的轴承座铸件毛坯的划线。

名称	材料	材料来源	下道工序	工时（小时）
轴承座	HT200	备料	刨削	

小提示：根据图纸，需要划线的部位有轴承内孔、两侧端面和底面2-φ13mm螺栓孔及其上表面。分析主视图和俯视图，该工件需要在长、宽、高3个方向分别划线。因此，要划出全部加工线，需要对工件进行逐次安放。分析基准可知：长度方向基准为轴承的左右对称中心线，高度方向的基准为轴承座地面，宽度方向两端面选一即可。另外，φ50mm毛坯孔需在划线前装好塞块。

3. 轴承座铸件的划线步骤

（1）将工件放在千斤顶上，根据孔中心和上表面调节千斤顶进行找正，使工件水平。如图2-268（a）所示。水平的找正可使用划针盘进行。

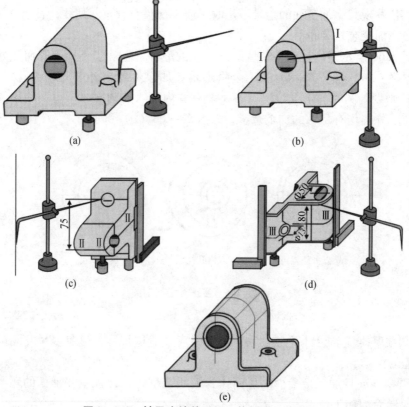

图2-268 轴承座铸件毛坯立体划线工艺流程

（2）根据尺寸划出各水平线，如图 2 – 269（b）所示。先划出基准线，再划出其他水平线。

（3）将工件转 90°，用直角尺找正后划出相互垂直的线，如图 2 – 269（c）所示。

（4）将工件再翻转 90°，用直角尺在两个方向上找正、划线，如图 2 – 269（d）所示。

（5）检查无误后，在所划的线上打出样冲眼，此时划线即告完毕，如图 2 – 269（e）所示。

4. 质量测评

完成加工后按表 2 – 65 所示的项目要求进行质量测评和打分，对于不足之处找出原因并改进。

表 2 – 65 质量测评

序号	项目要求	配分	实测记录	评分标准	得分
1	涂色薄而均匀	10		视操作情况给分	
2	图形及其排列位置正确	10		视操作情况给分	
3	线条清晰无重线	10		视操作情况给分	
4	尺寸及线条位置公差 ±0.3mm 以内	30		超差不得分	
5	各圆弧连接圆滑	10		视操作情况给分	
6	冲点位置公差 ϕ0.3mm	10		超差不得分	
7	检验样冲眼分布合理	10		视操作情况给分	
8	使用工具正确，操作姿势正确	10		视操作情况给分	
9	文明生产与安全生产			违章扣分	
日期：	学生姓名：	班级：	指导教师：		总分：

技能训练

根据任务二中的錾口锤锤头图样在毛坯料上划出锤头毛坯的加工界线，如图 2 – 269 所示。

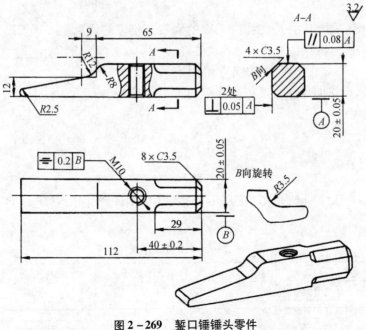

图 2 – 269 錾口锤锤头零件

名称	材　料	材料来源	下道工序	工时（小时）
錾口锤锤头	08钢	φ35mm×115mm棒料	锯割	

图2-269　錾口锤锤头零件（续图）

小提示：根据錾口锤锤头零件图分析可知，该零件毛坯应采用φ35mm×115mm棒料，在棒料端面上依次划出方形24mm×24mm加工界线，待锯割工序继续加工，如图2-270所示。

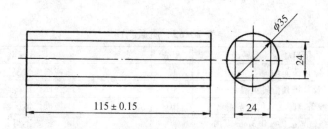

图2-270　錾口锤锤头加工界线示意图

任务实施：

1. 工具和量具

钢直尺、游标卡尺、高度游标卡尺、90°角尺、划针、划规、样冲、手锤、V形铁、划线平台、蓝油等。

2. 操作步骤

（1）准备好所用划线工具，并对实习件进行清理和划线表面涂色。

（2）熟悉图形划法，并按图样应采取的划线基准及最大轮廓尺寸安排各图基准线在工件上的合理位置。

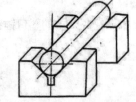

图2-271　板料安放示意图

（3）将该板料安放在V形铁或方箱固定后（见图2-271），按图样所标注的尺寸，使用高度游标卡尺依次翻转完成划线。

（4）对图形、尺寸复检校对，确认无误后，在线条和孔的中心位置，均匀敲上检验样冲眼。

3. 质量测评

完成加工后按表2-66所示的项目要求进行质量测评和打分，对于不足之处找出原因并改进。

表2-66　质量测评表

序号	项目要求	配分	实测记录	评分标准	得分
1	涂色薄而均匀	10		视操作情况给分	
2	图形及其排列位置正确	10		视操作情况给分	
3	线条清晰无重线	10		视操作情况给分	

序号	项目要求	配分	实测记录	评分标准	得分
4	尺寸及线条位置公差 ±0.3mm 以内	40		超差不得分	
5	冲点位置公差 φ0.3mm	10		超差不得分	
6	检验样冲眼分布合理	10		视操作情况给分	
7	使用工具正确，操作姿势正确	10		视操作情况给分	
8	文明生产与安全生产			违章扣分	

日期：	学生姓名：	班级：	指导教师：	总分：

二、挫削

锉削就是用锉刀对工件表面进行切削加工。锉削一般是在锯、錾之后对工件进行的精度较高的加工，其精度可达到 0.01mm，表面粗糙度可达 Ra0.8μm，锉削可以加工工件的内外平面、曲面和沟槽，还可以加工各种简单或复杂形状的表面，如图 2-272 所示。

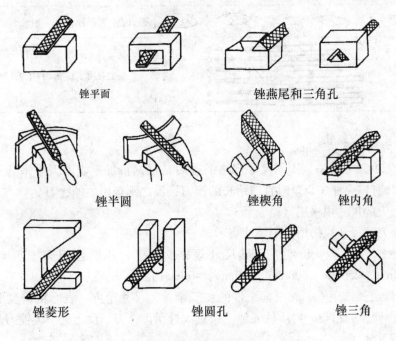

锉平面　　锉燕尾和三角孔

锉半圆　　锉楔角　　锉内角

锉菱形　　锉圆孔　　锉三角

图 2-272　锉削应用

（一）挫削工具的使用和维护

1. 认识锉刀

锉削多为手动操作，切削速度慢，要求硬度高，且以刀齿锋利为主，因此，锉刀用高级碳素工具钢 T12A、T13A 等制造，锉齿并经淬火硬化处理，硬度可达 62~67HRC，耐磨性好，但韧性差，热硬性低，性脆易折，锉削速度过快时易钝化。在锉削过程中，直接担负切削工作的是锉刀的切削齿，它同工件产生摩擦，并把切屑从工件上切下来。锉刀的构造和切削原理如图 2-273 所示。

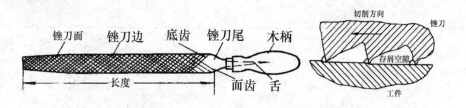

图2-273 锉刀的构造和切削原理

2. 锉刀的种类、形状和用途

锉刀的品种很多，其种类、形状和用途如表2-67所示。锉刀截面形状是根据加工表面形状来选择的。

表2-67 锉刀的种类、形状和用途

普通钳工锉		平锉、方锉、三角锉、半圆锉、圆锉
异形锉		刀口锉、菱形锉、扁三角锉、椭圆锉、圆肚锉
整形锉		主要用于修整工件上的细小部分

3. 锉刀的规格及其选用

（1）锉刀的尺寸规格。不同尺寸规格的锉刀是根据待加工表面大小来选用，一般待加工面积大和有较大加工余量时宜选用长的锉刀；反之则选用短的锉刀。

1）圆锉刀的尺寸规格用直径表示。

2）方锉刀的尺寸规格用方形尺寸表示。

3）其他锉刀用锉身长度表示其尺寸规格。钳工常用的锉刀有100mm、125mm、150mm、200mm、250mm、300mm、350mm、400mm几种。

（2）锉齿及其选用。一般根据工件的加工余量、尺寸精度、表面粗糙度要求和工件的材质来选择锉齿的粗细。材质软或加工余量大选粗齿锉刀，反之选细齿锉刀。锉刀的选用方法如表2-68所示。

表2-68 锉齿的选用

锉纹号	锉齿	适用场合			
		加工余量（mm）	尺寸精度（mm）	粗糙度 Ra（μm）	应用
1	粗	0.5~1	0.2~0.5	50~12.5	适于粗加工或有色金属
2	中	0.2~0.5	0.05~0.2	6.3~1.6	适于粗锉后加工
3	细	0.05~0.2	0.01~0.05	1.6~0.8	锉光表面或硬金属
4	油光	0.025~0.05	0.005~0.01	0.8~0.2	精加工时修光表面

动手操作一：锉刀安装维护

要进行锉削加工，首先要熟悉锉刀的构造，要掌握锉刀的安装和维护。本活动练习锉刀的安装和维护。

锉削前要对选择的锉刀用"吊线法"检查其曲直状况，如果发现未装正，可拆除重新安装。锉刀柄的拆装如图 2-274 所示，安装时，将锉刀柄安正后在台虎钳铁砧上蹾牢。

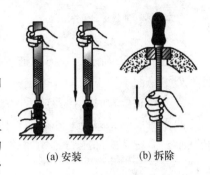

(a) 安装　　　(b) 拆除

图 2-274　锉刀柄的拆装

如果是旧锉刀，在使用前还要检查锉刀的锉纹有无积屑，如果有，要用钢丝刷或断锯条进行清理，如图 2-275 所示。

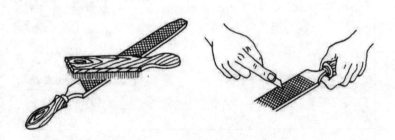

图 2-275　锉刀的清理保养

动手操作二：锉刀握法练习

锉刀的握法正确与否，对锉削质量、锉削力量的发挥和操作者的疲劳程度都有一定的影响。要想有满意的锉削效果，必须掌握正确的锉刀握法，以便能够熟练地驾驭锉刀。由于锉刀的大小和形状不同，所以锉刀的握法也不同。按表 2-69 反复练习锉刀的握法。

表 2-69　锉刀的握法

大锉、重锉			
	中型锉的握法	小型锉的握法	整形锉的握法
中小型锉			

（二）挫削基本操作

1. 锉削时的运力要领

如图 2-276 所示，锉刀在推进时，为了保证能锉平，两手施加在锉刀上的压力要保证锉刀平稳而不上下摆动。推进锉刀的推力是由右手控制，而压力则是由两手控制。锉刀在工件上任意位置时，锉刀前后两端所受的力矩应相等。由于锉刀的位置是不断改变的，因此两手所加的压力也要随之做相应的改变，随着锉刀的推进，左手所加的压力是由大逐渐减小，而右手所加压力是由小逐渐增大。返回行程不切削，应不加压力稍稍抬起顺势拉回。

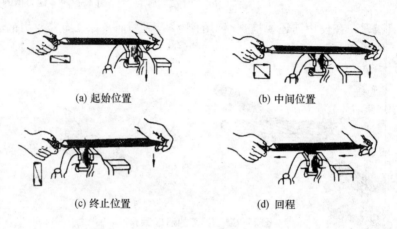

(a) 起始位置　　　　　　　　　　　(b) 中间位置

(c) 终止位置　　　　　　　　　　　(d) 回程

图 2-276　锉刀的施力

2. 运动和速度

锉削时为了保证能锉平，采用直线运动，即锉刀推进时，身体略向前倾，双手随着压向锉刀保持锉刀平稳直至即将满锉切削，顺势右手上抬回拉，左手自然跟回。推出时稍慢，回程时稍快，动作要自然协调。锉削速度一般在 40 次/分左右。

3. 平面锉削的检验方法

（1）表面粗糙度。用样块比较法目测检定。

（2）平面度和垂直度。

1）平面度误差的检查。锉削好的平面，常用刀口尺或钢直尺以透光法来检验其平直度。若直尺与工件表面间透过的光线微弱均匀，说明该平面平直；若透过的光线强弱不一，说明该平面高低不平，光线最强的部位是最凹的地方。检查平面应按纵向、横向、对角线方向进行。平面度误差值可用塞尺确定，如图 2-277 所示。

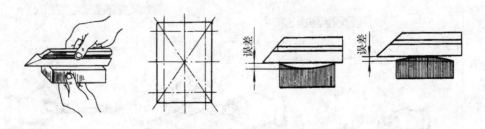

图 2-277　平面度误差的检查

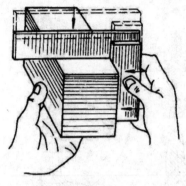

图 2-278　垂直度误差的检查

2）垂直度误差的检查。垂直度用 90°角尺检查，将角尺尺座的测量面贴紧在工件的基准面上，然后从上逐步轻轻向下移动，使角尺的测量面与工件的被测量面接触，如图 2-278 所示，眼光平视观察其透光情况，以此来判断工件被测面与基准面是否垂直。检查时，角尺不能斜放。

4. 锉削加工时经常遇见的问题及其产生的原因

（1）平面中凸。

1）锉削时双手的用力不能使锉刀保持平衡。

2）锉刀在开始推出时，右手压力太大，锉刀被压下，锉刀推到前面，左手压力太大，锉刀被压下，形成前、后面多锉。

3）锉削姿势不正确。

4）锉刀本身中凹。

（2）对角扭曲或塌角。

1）左手或右手施加压力时重心偏在锉刀的一侧。

2）工件未夹正确。

3）锉刀本身扭曲。

（3）平面横向中凸或中凹。锉刀在锉削时左右移动不均匀。

5. 锉削操作安全注意事项

（1）合理装夹工件，正确选用锉刀。

（2）不能使用无柄锉刀、裂柄锉刀和无柄箍锉刀。

（3）不能用嘴吹锉屑，也不可用手擦摸锉削表面。

（4）不能把锉刀当作撬棒和手锤使用。

（5）锉刀齿槽堵塞，应用钢丝或钢丝刷顺其齿纹方向刷去锉屑。

（6）锉刀硬脆、不可掉地上以免伤脚或崩断。

动手操作一：锉削平面

平面是锉削经常加工的表面形式。本活动通过利用一些废料来练习平面锉削，熟悉锉削加工操作的姿势和基本加工方法。

1. 夹持工件

将练习的板料夹持在台虎钳中。装夹时要符合下列要求：

（1）工件尽量夹在台虎钳钳口宽度的中间。

（2）装夹要稳固，但不能使工件变形。

（3）工件锉削面离钳口不要太远，以免锉削时工件产生振动。

（4）装夹已加工表面时，台虎钳口应衬以软钳口（铜或其他较软材料），以防夹坏已加工表面。

2. 锉削姿势

（1）站立步位。锉削时的站立步位与锯削基本相同，力求自然、便于用力，以适合不同的加工要求为准，如图 2-279 所示。

（2）动作姿势。如图 2 – 280 所示，锉削时，身体的重心放在左脚，右膝伸直，脚始终站稳不动，靠左膝的屈伸做往复运动。锉的动作由身体和手臂运动合成。开始锉削时身体要向前倾斜 10° 左右，右肘尽可能收缩到后方。锉刀向前推进 1/3 时，身体前倾到 15° 左右，这时左膝稍弯曲。锉刀再推进 1/3 时，身体渐倾斜到 18° 左右。最后 1/3 行程，用右手腕将锉刀继续推进，身体随着锉刀的反作用力退回到初始位置。锉削全程结束后，将锉刀略提起一些，把锉刀拉回，准备第二次的锉削，如此反复进行。

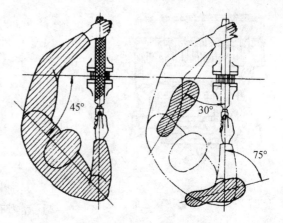

图 2 – 279　锉削站立步位

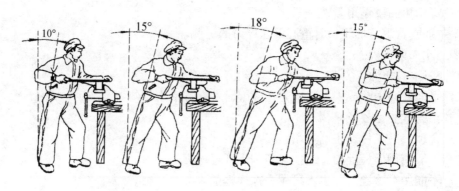

图 2 – 280　锉削姿势

3. 平面的锉削方法

（1）顺向锉削法。如图 2 – 281（a）所示，是顺着同一方向对工件锉削的方法。它是锉削的基本方法，其特点是锉纹顺直，较整齐美观，可使表面粗糙度变细。适合不大的平面和最后锉光。

（2）交叉锉法。如图 2 – 281（b）所示。是从两个方向交叉对工件进行锉削。其特点是锉刀与工件接触面大，锉刀容易掌握平稳。并且通过锉痕可以判断出锉削面的高低情况，以便把高处锉去，用此法较容易把平面锉平。用交叉锉法时，进行到平面将要锉削完成前，要改用顺锉法，以降低工件表面粗糙度并使锉痕平直。

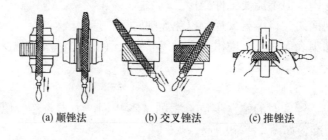

(a) 顺锉法　　　　(b) 交叉锉法　　　　(c) 推锉法

图 2 – 281　平面锉削方法

（3）推锉法。如图 2－281（c）所示。是两手横握锉刀身，平稳地沿工件表面来回推动进行锉削。其特点是切削量少，可降低表面粗糙度。推锉法不能充分发挥手的力量，锉齿锉削效率低，故一般用于锉削狭长表面和加工余量小的场合。

小提示：不论哪种锉法，都要保证整个加工面能被均匀地锉削到。顺向错削法和交叉锉削法一般在每次抽回锉刀时应向旁边移动一些。

动手操作二：锉削曲面

曲面也是锉削经常加工的表面形式。本活动通过利用一些废料来练习曲面锉削，熟悉曲面锉削的基本加工方法。

曲面锉削主要有外圆弧面和内圆弧面锉削两种。外圆弧面用平锉，内圆弧面用半圆锉或圆锉。

1. 外圆弧面锉削

锉刀要完成两种运动：前进运动和锉刀围绕工件的转动。两种运动的轨迹是两条渐开线。锉削外圆弧面有两种锉削方法。

（1）横着圆弧锉：如图 2－282（a）所示。将锉刀横对着圆弧面，依次序把棱角锉掉，使圆弧处基本接近圆弧的多边形，最后用顺锉法把其锉成圆弧。此方法效率高，适用于粗加工阶段。

(a) 顺锉法　　　　　　(b) 滚锉法

图 2－282　外圆弧面的锉削方法

（2）顺着圆弧锉：锉削时，锉刀在向前推的同时，右手把锉刀柄往下压，左手把锉刀尖往上提，如图 2－282（b）所示，这样能保证锉出的圆弧面无棱角，圆弧面光滑，其适用于圆弧面的精加工阶段。

2. 内圆弧面的锉削

如图 2－283 所示。锉刀同时要完成三个运动：前进运动；向左或向右移动（约半个到一个锉刀宽度）；围绕锉刀中心线转动（顺时针或反时针方向转动约 90°）。若只有前进运动，圆孔不圆；若只有前进运动和向左或右移动，圆弧面形状也不正确。只有同时完成以上三个运动才能把内圆弧面锉好，因为这样才能使锉刀工作面沿着工件的圆弧作圆弧形滑动锉削。

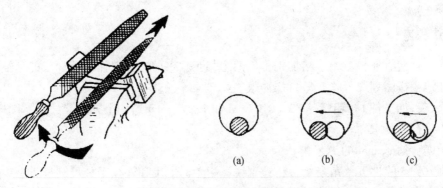

(a)　　　　　　(b)　　　　　　(c)

图 2－283　内圆弧面的锉削方法

技能训练

对称板副锉配如图 2-284 所示。

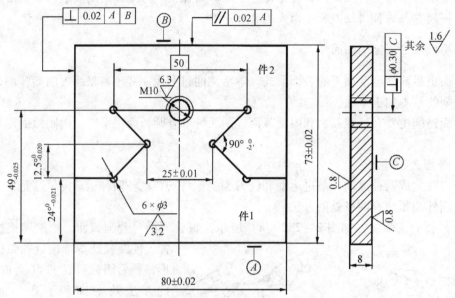

技术要求

1. 角度部分配合（翻转180°）间隙≤0.40mm；
2. 锐边去毛刺。

图 2-284 对称板副零件

表 2-70 对称板副评分表

	序号	检测要求	配分	得分	序号	检测要求	配分	得分
检测评分表	1	80 ± 0.02	6		8	⊥ | 0.02 | A | B	4	
	2	$90°^0_{-2}$ 两处	10		9	其余 $\sqrt{1.6}$	10	
	3	25 ± 0.01	6		10	// | 0.02 | A	4	
	4	$12.5^0_{-0.020}$	4		11	配合间隙≤0.03	16	
	5	$24^0_{-0.021}$	6		12	错位量≤0.04	4	
	6	$49^0_{-0.025}$	6		13	M10 $\sqrt{6.3}$	10/4	
	7	73 ± 0.02	6		14	⊥ | φ0.30 | C	4	

任务实施：

操作一：检查坯料，粗、精加工工件两个相互垂直的边，以作后续加工的基准。

操作二：按图划线，检查后打样冲眼。

操作三：加工件1，粗精锉 80 ± 0.02mm 和 $49^0_{-0.025}$mm 这两个外形尺寸，达图样尺寸、垂直度、平行度要求。

操作四：钻 $\phi 3$mm 的工艺孔。

操作五：去除件1一角余量，粗锉到线，用游标卡尺和外径千分尺测量 $24^0_{-0.021}$mm 尺寸，斜边留有精锉余量，精锉时测量有两种方法：一种是用如图 2-285 所示90°样板测量。另一种是用 V 形铁和杠杆百分表精密测量，如图 2 - 286 所示。把工件按照图示方法放在 V 形铁上，用杠杆百分表结合量块组合测量图上的边 1，可以控制边 1 斜度为 45°尺寸为 h（h = h_1 + h_2），这里需要掌握 h_1 和 h_2 的计算方法，然后用量块组合成 h 尺寸，用杠杆百分表测量时要注意 h 尺寸的等高、边 1 与量块、边 1 翻转 180°后左右等高，并控制两斜边的对称度。

操作六：边 2 的斜度和对称度用杠杆百分表反打表来测量，边 2 翻转 180°后左右等高，如图 2 - 286 所示。同时要结合 φ10mm 量棒测量 25 ± 0.01mm 尺寸。

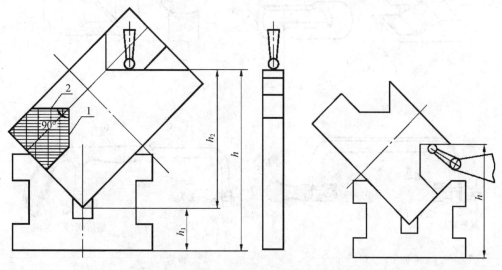

图 2 - 285　斜边对称度测量　　　　图 2 - 286　斜边对称度测量（反打表法）

操作七：用钻孔和锯削去除件 2 的内侧型腔表面余料，粗、精锉内侧型腔表面并留好余量，斜边的测量方法和件 1 同理，就是 h 尺寸要重新计算。

操作八：精锉件 2 内侧型腔表面，并结合件 1 配作直至间隙（翻转 180°）小于或等于 0.04mm，并且要保证外形尺寸 73 ± 0.02mm、80 ± 0.02mm 的要求，配合后相连面的垂直度、平行度达图样要求。

操作九：钻 M10mm 的螺纹底孔 φ8.5mm，用 φ12mm 钻头为正反两面孔口倒角，用 M10mm 丝锥攻螺纹，保证端面垂直度 0.30mm 的要求，并达到表面粗糙度 Ra6.3μm 的要求。

操作十：去毛刺，倒棱。

操作十一：自检。

三、锯削

锯削操作可以对各种原材料或半成品进行锯断加工［见图 2 - 287（a）］，还可以锯除零件上的多余部分［见图 2 - 287（b）］，或在零件上锯槽［见图 2 - 287（c）］。

（一）锯削工具的使用和维护

锯削操作的主要工具是手锯和锯条，要想正确完成锯削操作，并达到一定加工精度，首先必须能正确使用锯削工具。

1. 认识手锯

手锯由锯条和锯弓两部分组成。锯条是用来直接锯削材料的工具，一般用渗碳钢冷轧制成，经过淬火热处理后才能使用。锯弓是用来夹持和拉紧锯条的工具，有固定式和可调式两种，如图 2 - 288 所示。

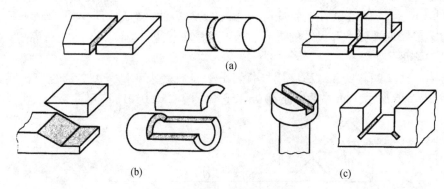

图 2 - 287　锯削用途

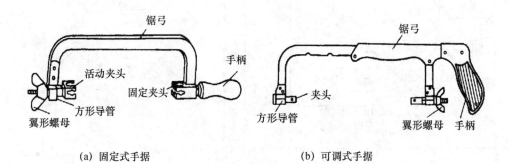

（a）固定式手据　　　　　　　　　　　　（b）可调式手据

图 2 - 288　锯弓

2. 锯条及其选用

锯条（见图 2 - 289）是锯削的关键性工具，锯条的选用是顺利完成锯削的关键。

（1）锯条的规格。锯条规格以其两端安装孔间距表示，一般长 300mm，宽 10～25mm，厚 0.6～1.25mm。常用的规格为长 300mm、宽 12mm、厚 0.8mm。

（2）锯路（见图 2 - 290）。为了减少锯缝两侧面对锯条的摩擦阻力，避免锯条被夹住或折断，锯条在制造时，要使锯条按一定的规律左右错开，排列成一定形状。从而使工件上的锯缝宽度大于锯条背部的厚度。

图 2 - 289　锯条

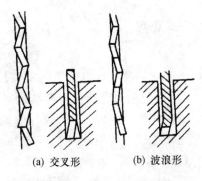

（a）交叉形　　　　（b）波浪形

图 2 - 290　锯路

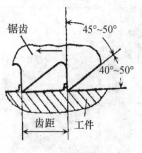

图 2 –291 切削角度

（3）锯齿的切削角度（见图 2 –291）。锯条的切削部分由许多锯齿组成，每个齿相当于一把錾子起切割作用。常用锯条的前角 γ 为 0、后角 α 为 40° ～ 50°、楔角 β 为 45° ～ 50°。

（4）锯条的粗细规格及选用。锯条需要根据工件材料和锯割截面大小来选用锯条的粗细规格，如表 2 – 71 所示。

表 2 – 71　锯条的粗细规格及选用

←—— 25 ——→	粗 14 齿	用于锯削软材料（铜、铝）或较大的切面
←—— 25 ——→	中 22 齿	用于锯削中硬度钢、厚壁的钢管、铜管
←—— 25 ——→	细 32 齿	用于锯削薄壁管、薄板金属

动手操作：安装锯条和练习握锯

要进行锯削加工，首先要熟悉手锯的构造，熟练掌握锯条的安装方法。本活动练习锯条的正确安装。

1. 安装锯条

在选定锯条之后，进行锯条的安装，主要步骤有以下几个方面：

（1）调整锯条的方向，保证锯齿必须朝前，如图 2 –292 所示。

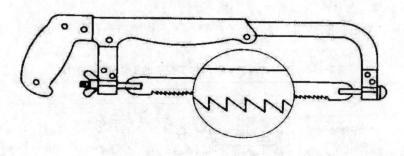

图 2 –292　锯齿方向

（2）调节锯条松紧时，不宜太紧或太松；太紧时，在锯削中用力稍有不当，就会折断；太松则锯削时锯条容易扭曲，也易折断，而且锯出的锯缝容易歪斜。其松紧程度以用手扳动锯条，感觉硬实即可。

（3）锯条安装后，要保证锯条平面与锯弓中心平面平行，否则锯削时锯缝极易歪斜。

2. 练习握锯

手锯的握法如图2-293所示。右手满握锯柄，左手轻扶锯弓前端。

（二）锯削操作

1. 锯削时的运力要领

锯削运动时，推力和压力由右手控制，左手主要配合右手扶正锯弓，压力不要过大。手锯推出时为切削行程，应施加压力，返回行程不切削，不加压力作自然拉回，工件将断时压力要小。如图2-294所示。

图2-293 锯削展示

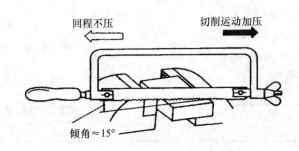

图2-294 锯削用力要领

2. 运动和速度

（1）锯削运动。一般采用小幅度的上下摆动式运动，即手锯推进时，身体略向前倾，双手随着压向手锯的同时，左手上翘，右手下压，回程时右手上抬，左手自然跟回。对锯缝底面要求平直的锯削，必须采用直线运动。

（2）锯削速度。速度一般为40次/分钟左右，锯削硬材料慢些，锯削软材料快些，同时锯削行程应保持均匀，返回行程的速度应相对快些。

3. 不同材料、形状和加工要求的工件的锯削方法

对于不同材料、形状和加工要求的工件有不同的锯削方法，具体如表2-72所示。

表2-72 不同材料、形状和加工要求的工件的锯削方法

工件	图示	方法
薄板料		可用两块木板夹持，连木块一起锯下，横向斜推锯，使锯齿与薄板接触的齿数增加
圆管		夹在有V形槽的两木衬垫之间转位锯削

续表

工件	图示	方法
深缝	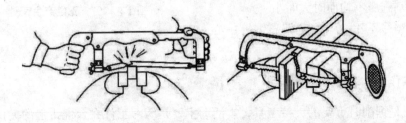	用台虎钳夹持后加工到一定深度时，锯条翻转90°安装后继续加工，加工深度进一步增大时，锯条再次翻转90°后安装加工，直至完成

4. 锯削加工时经常遇见的问题及其产生的原因

（1）锯条折断。在进行加工时经常发生锯条折断的情况，如图2-295所示。发生锯条折断的原因主要有以下几条，应该在锯削加工时特别注意，避免发生锯条折断。

图 2-295　锯条的折断

1）锯条安装得过紧或过松。

2）工件夹持不紧或不妥，锯时产生抖动。

3）锯割时施加压力过大或用力突然偏离锯缝方向。

4）强行纠正歪斜的锯缝。

5）旧锯缝使用新锯条。

6）中途停止使用时，未从工件中取出锯条而碰断。

（2）锯齿崩裂。锯齿崩裂也是锯削加工中经常出现的情况，如图2-296所示。产生锯齿崩裂的原因主要有以下几点：

1）起锯角度过大。

2）锯条选择不当。

3）锯割运动突然摆动过大以及锯齿有过猛的撞击。

4）割中碰到硬杂物。

小提示：锯齿崩裂的处理方法：当锯条中有几个锯齿被局部崩裂时，要及时把崩裂处在砂轮上磨光，并把后面相邻的 2~3 个齿磨斜，这样后面几个齿就不会因受冲击而折断。否则，继续使用会使锯齿连续崩裂，直至无法使用。

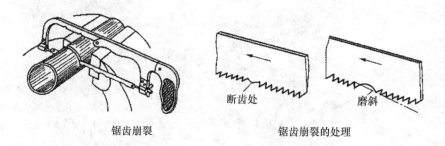

锯齿崩裂　　　　　　　　　断齿处　　　磨斜

锯齿崩裂　　　　　　　　　锯齿崩裂的处理

图 2-296　锯齿崩裂与处理

（3）锯缝歪斜。锯削加工时，经常会出现锯缝歪斜的现象，如图 2-297 所示。产生的原因主要有以下几点：

1）工件安装时，锯缝线未能与铅垂线方向一致。

2）锯弓架平面扭曲或锯条安装太松。

3）锯割姿势不自然，锯条左右偏摆。

4）锯割施压不均而时大时小。

5）扶锯弓不正，锯条背偏离锯缝中心平面，而斜靠一侧。

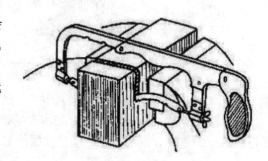

图 2-297　锯缝产生歪斜

动手操作一：工件的夹持练习

台虎钳是锯削时重要的夹持工具，本活动主要是练习工件在台虎钳上的夹持。台虎钳夹持工件如图 2-298 所示，主要的方法与步骤如下：

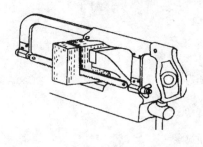 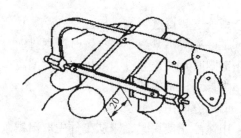

图 2-298　工件的夹持

（1）工件一般应夹持在台虎钳的左面，以便操作。

（2）工件伸出钳口不应过长，防止工件在锯削时产生振动。

（3）锯缝线要与钳口保持平行（使锯缝线与铅垂线方向一致），便于控制锯缝不偏离划线线条。

（4）夹紧要牢靠，同时要避免将工件夹变形和夹坏已加工面。

动手操作二：锯割棒料和板料

棒料和板料是锯削经常加工的两种形状的工件。本活动通过棒料和板料的锯割练习来介绍锯削加工的基本方法和注意事项。

1. 夹持工件

按照操作一中的方法将棒料和板料夹持在台虎钳中。

2. 起锯

起锯时，左手拇指靠住锯条，使锯条能正确地锯在所需要的位置上，行程要短，压力要小，速度要慢，如图 2－299 所示。

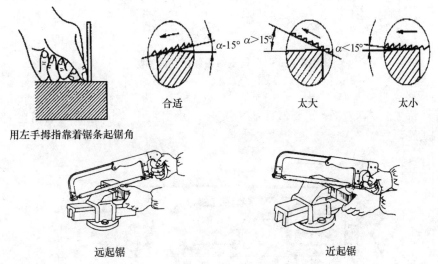

图 2－299　起锯方法

3. 站立步位和锯削姿势

锯削时应选择正确的站立步位，调整好锯削的姿势。这样才能使得锯削用力均匀，动作协调。正确的站立步位和锯削姿势如图 2－300 所示。

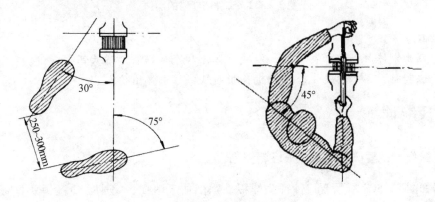

图 2－300　锯削时的站立步位

4. 锯削

根据前一任务中介绍的方法握紧手锯，通过身体的摆动均匀地推拉锯条进行锯削。在锯削过程中要耐心，注意力要集中，要用力（下压力和推力）均匀。锯削时身体摆动的姿势如图 2-301 所示。

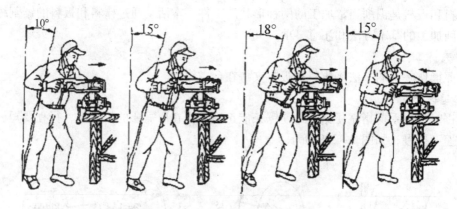

图 2-301　锯削时身体摆动的姿势

5. 工件临断时的操作

当工件快要锯断时，速度要慢，压力要轻，并用左手扶正将被锯断落的部分，如图 2-302 所示。

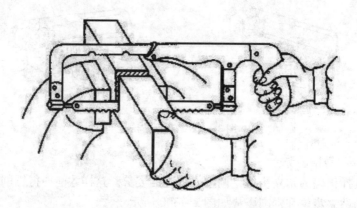

图 2-302　工件临断时的操作

小提示：

（1）锯割钢件时，可加些机油，以减少摩擦和冷却锯条，延长锯条寿命。

（2）锯割时，思想要集中，防止锯条折断从锯弓中弹出伤人。

技能训练

动手操作一：錾口锤锤头样板坯料锯削

根据如图 2-303 所示錾口锤锤头样板件锯削加工图样，完成錾口锤锤头样板薄板料的锯削成形。

1. 工具和量具

游标卡尺、锯弓、细齿锯条若干。

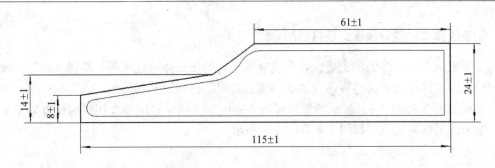

名称	材　料	材料来源	下道工序	工时（小时）
130mm×50mm×1.5mm 薄板	08 钢	平面划线转下	锉削	

图 2 - 303　錾口锤锤头样板件锯削加工图样

2. 操作步骤

按照坯料上的划线进行锯削加工，加工步骤及其工艺、安全规程如表 2 - 73 所示。

表 2 - 73　加工步骤及其工艺、安全规程

序号	加工步骤	刀辅具量具	工艺规程安全规程
1	夹持好工件	台虎钳	将薄板料夹在两块木块之间装夹在台虎钳上（见表 2 - 72 中薄板料的示意图），也可采用横向斜推锯方式，直接将薄板料夹在台虎钳上（见表 2 - 72 中薄板料的示意图），锯削线靠近钳口且与钳口平直
2	安装好锯条	锯弓、锯条	选择并安装细齿锯条；锯条安装后，要保证锯条平面与锯弓中心平面平行，不宜太紧或太松，其松紧程度以用手扳动锯条，感觉硬实即可
3	按线锯割，完成后去毛刺，检查锯割质量	锯弓	按线连木块一起锯下并依照划线依次翻转工件，夹持好，完成该工件的锯削加工，锯削中要时时注意锯缝的平直情况，及时借正，锯割完毕，应将锯弓上的张紧螺母适当放松，但不要拆下锯条

3. 质量测评

按照表 2 - 74 对加工质量进行测评，找出不足并改进。

表 2 - 74　质量测评表

序号	项目要求	配分	实测记录	评分标准	得分
1	工件夹持正确	10		视操作情况给分	
2	工量具安放位置正确，排列整齐	10		视摆放情况给分	
3	锯割姿势正确	20		视操作情况给分	
4	锯条使用正确	15		每折断一根扣 3 分	
5	锯削断面纹路整齐	15		视锯痕平整程度给分	
6	尺寸精度	30		超差不得分	
7	安全文明生产			违章扣分	
日期：	学生姓名：	班级：	指导教师：		总分：

动手操作二：錾口锤锤头坯料锯削

完成了锤头样板件的加工后，再完成锤头坯料的长方体锯削成形。待锤头样板件锉削完成后，以该样板对锤头坯料再次划线，锯割斜面，得到锤头的外形。

根据如图 2-304（a）所示的錾口锤锤头锯削加工图样完成锤头坯料的长方体锯削成形。整个加工的工艺流程如图 2-304（b）所示。

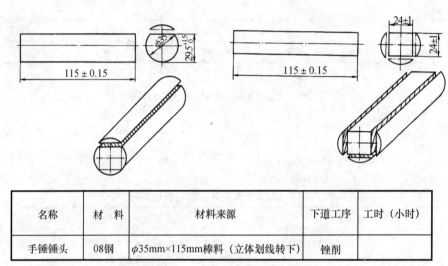

名称	材　料	材料来源	下道工序	工时（小时）
手锤锤头	08钢	φ35mm×115mm棒料（立体划线转下）	锉削	

（a）生产实力

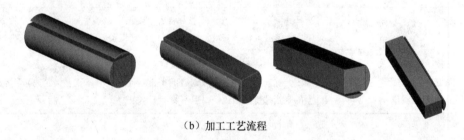

（b）加工工艺流程

图 2-304　錾口锤锤头锯削加工

任务实施：

1. 工具和量具

游标卡尺、锯弓、锯条若干。

2. 操作步骤

按照坯料上的划线进行锯削加工，加工步骤及其工艺、安全规程如表 2-75 所示。

表 2-75　加工步骤及其工艺、安全规程

序号	加工步骤	刀辅具　量具	工艺规程　安全规程
1	夹持好工件	台虎钳	工件伸出钳口不应过长，锯缝线要与钳口保持平行，夹紧要牢靠，同时要避免将工件夹变形或夹坏已加工面
2	安装好锯条	锯弓、锯条	选择并安装锯条；锯条安装后，要保证锯条平面与锯弓中心平面平行，不宜太紧或太松，其松紧程度以用手扳动锯条，感觉硬实即可

续表

序号	加工步骤	刀辅具　量具	工艺规程安全规程
3	按线锯割，完成后去毛刺，检查锯割质量	锯弓、锯条、机油	依照划线，依次翻转工件，夹持好，完成该工件的锯削加工，要时时注意锯缝的平直情况及时借正 在锯割钢件时，可加些机油，以减少锯条与锯割断面的摩擦并能冷却锯条 锯割完毕，应将锯弓上的张紧螺母适当放松，但不要拆下锯条

3. 质量测评

按照表 2-76 对加工质量进行测评，找出不足并改进。

表 2-76 质量测评表

序号	项目要求	配分	实测记录	评分标准	得分
1	工件夹持正确	10		视操作情况给分	
2	工量具安放位置正确，排列整齐	10		视摆放情况给分	
3	锯割姿势正确	20		视操作情况给分	
4	锯条使用正确	15		每折断一根扣 3 分	
5	锯削断面纹路整齐	15		视锯痕平整程度给分	
6	尺寸精度	30		超差不得分	
7	安全文明生产			违章扣分	

日期：	学生姓名：	班级：	指导教师：	总分：

四、钻削

机器零件上分布着许多大小不同的孔，其中那些数量多、直径小、精度不很高的孔，都是在钻床上加工出来的。钻削是孔加工的基本方法之一，它在机械加工中占有很大的比重。在钻床上可以完成的工作很多，如钻孔、扩孔、铰孔、锪孔、攻螺纹等，如图 2-305 所示。

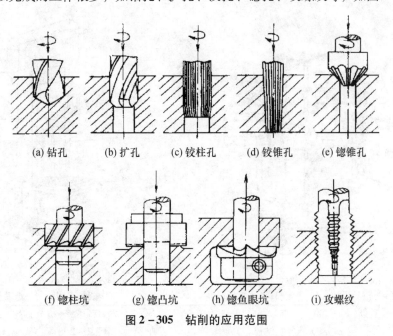

(a) 钻孔　　(b) 扩孔　　(c) 铰柱孔　　(d) 铰锥孔　　(e) 锪锥孔

(f) 锪柱坑　　(g) 锪凸坑　　(h) 锪鱼眼坑　　(i) 攻螺纹

图 2-305 钻削的应用范围

钻削时，工件是固定不动的，钻床主轴带动刀具作旋转主运动，同时主轴使刀具作轴向移动的进给运动，因此主运动和进给运动都是由刀具来完成的。用钻头钻孔时，由于钻头结构和钻削条件的影响，致使加工精度不高，所以钻孔只是孔的一种粗加工方法。孔的半精加工和精加工尚须由扩孔和铰孔来完成。如图 2 - 306 所示。

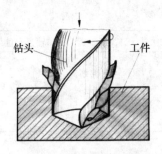

图 2 - 306　钻削运动

（一）钻孔

钻孔就是用钻头在实体材料上加工孔的方法。钻孔的加工质量较低，其尺寸精度一般为 IT12 级左右、表面粗糙度 Ra 的数值为 50 ~ 12.5 μm。要想正确完成钻孔操作，并达到一定加工精度，首先必须要能正确使用钻削设备和工具。

1. 认识钻孔设备

钻孔设备种类很多，常用的有台式钻床、立式钻床、摇臂钻床和手电钻。

（1）台式钻床。它是一种放在台桌上使用的小型钻床，故称台钻。如图 2 - 307 所示。一般用来加工小型工件上直径≤12mm 的小孔。台钻主轴的转速可用改变三角胶带在带轮上的位置来调节。主轴进给运动是手动的。为适应不同工件尺寸要求，在松开锁紧手柄后，主轴架可沿立柱上下移动。台钻小巧灵活，使用方便，是钻小直径孔的主要设备，它在仪表制造、钳工和装配中用得最多。

（2）立式钻床。立式钻床简称立钻，是一种中型钻床，如图 2 - 308 所示。这类钻床的最大钻孔直径有 25mm、35mm、40mm 和 50mm 几种，钻床规格是用最大钻孔直径来表示的。立钻主要由主轴、主轴变速箱、进给箱、立柱、工作台和机座组成。主轴变速箱和进给箱是由电动机经带轮传动。通过主轴变速箱使主轴旋转实现主运动，并获得需要的各种转速。立钻的主轴不能在垂直其轴线的平面内移动，要使钻头与工件孔的中心重合，必须移动工件。因此适用于钻削中型工件的孔，它有自动进刀机构，切削量大，加工精度高。能进行钻孔、锪孔、铰孔和攻丝等加工。

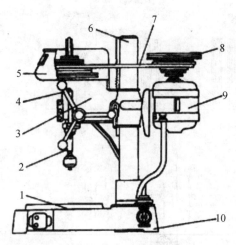

1—工作台；2—主轴；3—主轴架；
4—进给手柄；5—进给箱；6—立柱；
7—传送带；8—带轮；9—电动机；10—底座
图 2 - 307　台式钻床

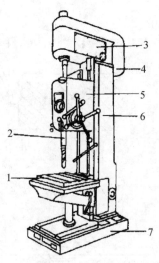

1—工作台；2—主轴；
3—主轴变速箱；4—电动机；
5—带罩；6—立柱；7—机座
图 2 - 308　立式钻床

（3）摇臂钻床。摇臂钻床有一个能绕立柱回转的摇臂，摇臂带着主轴箱可沿立柱垂直移动，同时主轴箱还能在摇臂上作横向移动，由于摇臂钻床结构上的这些特点，操作时能很方便地调整刀具的位置，以对准被加工孔的中心，而不需移动工件来进行加工。因此适用于在一个工件上加工多个孔。如图 2 - 309 所示。

（4）手电钻。手电钻是一种便携式钻孔设备，一般用于工件搬动不方便，或由于孔的位置不能放于其他钻床上加工的地方，用于加工直径 14mm 以下的小孔，如图 2 - 310 所示。

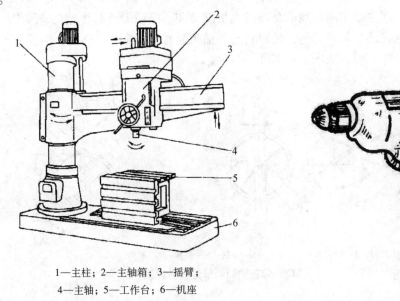

1—主柱；2—主轴箱；3—摇臂；
4—主轴；5—工作台；6—机座
图 2 - 309　摇臂钻床

图 2 - 310　手电钻

2. 钻头

钻头的种类有麻花钻、扁钻、深孔钻、中心钻等，其中麻花钻是最常用的钻孔刀具。以上这些钻头虽然几何形状各异，但都有两个对称排列的主切削刃，其切削原理是相同的。

（1）麻花钻的型式、组成和结构。麻花钻由柄部、颈部和工作部分组成，如图 2 - 311 所示。

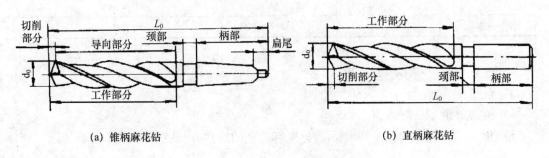

（a）锥柄麻花钻

（b）直柄麻花钻

图 2 - 311　麻花钻

1）柄部。供装夹用，并传递机械动力，柄部有锥柄和柱柄两种，一般直径小于 13mm 以下的钻头做成直柄，大于 13mm 的钻头做成锥柄。

2）颈部。除制造钻头的工艺要求外，可在颈部处刻印出制造厂厂标、钻头直径和材料标记。

3）工作部分。分为切削部分和导向部分，切削部分担任主要的切削工作，导向部分在钻孔时起引导钻头方向的作用，同时还是切削部分的后备部分。工作部分有两条螺旋槽，它的作用是容纳和排除切屑，便于切削液沿着螺旋槽流入。导向部分有两条窄的螺旋形凸出棱边，它的直径略有倒锥度，以减少在导向时与孔壁的摩擦。

（2）麻花钻的切削部分。切削部分由五条切削刃、两个前刀面、两个主后刀面和两个副后刀面组成。起主要切削作用的是两条主切削刃和一条横刃，起修光孔壁作用的是两条棱刃。横刃是麻花钻独具的特色，虽然它能使钻头起着初步定心的作用，但使钻削的轴向力显著增大而消耗能源。如图 2 - 312 所示。

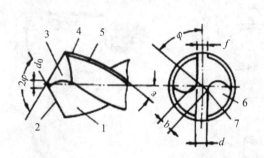

1—前刀面；2—主切削刃；3—后刀面；4—棱刃；5—刃带；6—刃沟；7—横刃

图 2 - 312　麻花钻切削部分及其应用

（3）标准麻花钻的切削角度。

1）顶角 2φ 一般为 $118° \pm 2°$，根据加工材料的不同选择合适的顶角（见表 2 - 77）。

表 2 - 77　钻头顶角的选择

加工材料	顶角	加工材料	顶角
钢和铸铁	$116° \sim 118°$	黄铜	$130° \sim 140°$
钢锻件	$120° \sim 125°$	紫铜	$125° \sim 130°$
锰钢	$135° \sim 150°$	铝合金	$90° \sim 100°$
不锈钢	$135° \sim 150°$	塑料	$80° \sim 90°$

2）螺旋角 β_0 一般为 $18° \sim 30°$。

3）前角 γ_0 一般为 $-30° \sim 30°$。

4）横刃斜角 φ 一般为 $50° \sim 55°$。

5）角 α_0 的测量如表 2 - 78 所示，标准麻花钻的后角 α_0 的选择如表 2 - 78 所示。

表 2 - 78　标准麻花钻的后角 α_0 的选择

钻头直径 d	$d \leqslant 1$	$1 < d < 15$	$15 < d < 30$	$d \geqslant 30$
后角 α_0	$20° \sim 30°$	$10° \sim 14°$	$9° \sim 12°$	$8° \sim 11°$

动手操作一：钻孔设备的操作

台式钻床是常用于加工小型工件上直径小于 $\phi12mm$ 的小孔，分组在教师的指导下进行台式钻床的操作和直柄钻头的安装与拆卸练习。台钻的组成及操作：

1. 台钻的组成

台钻由工作台、主轴、主轴架、进给手柄、带罩、立柱、传动带、带轮、电动机、底座组成。

2. 台钻的操作方法

台钻的传动系统：台钻的主轴与电动机的轴上分别装有一个 5 级 V 带轮，改变 V 带在两个带轮槽内的相对位置，即能使主轴获得 5 级转速。台钻只有手动进给机构，扳动钻头进给手柄，通过齿轮和主轴套筒背面的齿条相啮合，可使钻头做进给运动，钻孔深度由钻床上的限程装置控制。

钻头的安装与拆卸：

（1）直柄钻头的安装如图 2 - 313 所示，用钻夹头的钥匙逆时针旋转外套使钻夹头适当松开，将钻头的柄部放入三只夹爪内，夹持长度不能小于 15mm，然后用钥匙顺时针旋转外套，使环形螺母带动三只夹爪向内移动，将钻头夹紧。直柄钻头拆卸如图 2 - 313 所示，用钻夹头的钥匙逆时针旋转外套使夹爪松开，钻头即可卸下。

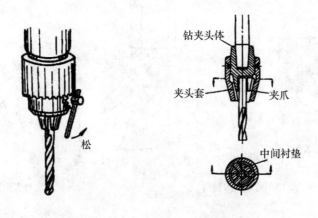

松

钻夹头体

夹头套　　　夹爪

中间衬垫

图 3 - 313　直柄钻头的安装拆卸

（2）钻夹头的拆卸。钻头从钻夹头内取下后，操作机床使主轴下降至钻夹头下端与工作台面上的衬垫保持 20mm 左右的距离，然后将楔铁插入主轴孔内，锤击楔铁，即可卸下。

动手操作二：标准麻花钻的刃磨

钻头磨损后，其切削部分需要进行重磨。为了满足不同钻削的要求，改善钻头的切削性能，也需对标准麻花钻的切削部分进行修磨。钻头的刃磨技能需要反复练习，通过使用体会慢慢形成一定的经验和技巧。

1. 认识砂轮机

（1）砂轮机的结构。砂轮机是由机体、电动机、砂轮等组成，用于各种刀具的刃磨。

（2）砂轮的选用。常用砂轮有氧化铝和碳化硅两类，刃磨时必须根据刀具材料来选定。

①氧化铝砂轮又称白刚玉砂轮，多呈白色，其砂粒韧性好，比较锋利，但硬度稍低，磨粒容易从砂轮上脱落，适于刃磨高速钢刀具和硬质合金刀具的刀柄部分。

②碳化硅砂轮多呈绿色，其砂粒硬度高，切削性能好，但较脆，适于刃磨硬质合金刀具。

2. 刃磨标准麻花钻

（1）刃磨麻花钻的一般要求。

1）根据钻头直径和加工工件的材料确定合适的刃磨角度，刃磨时要尽量使两个主后刀面光滑，同时保证后角、顶角、横刃斜角正确。

2）两条主切削刃刃磨时应对称、等长，顶角应以钻头轴线平分。

3）钻头直径大于5mm，应磨短横刃。

（2）刃磨钻头的方法。

1）按下砂轮机启动按钮，使砂轮转动。如发现砂轮表面不平整或跳动较大，必须用砂轮修整器或废料钢条加以修平。

2）面对砂轮机站位要合适，站在砂轮左侧。右手在前，握住钻头的头部，左手在后，握住钻头柄部，摆平钻头的主切削刃，使钻头轴心线与砂轮外圆柱面母线在水平面内的夹角等于顶角的1/2，同时钻头尾部略向下倾斜，如图2-314（a）所示。

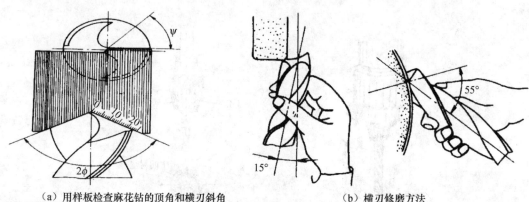

（a）用样板检查麻花钻的顶角和横刃斜角　　　　（b）横刃修磨方法

图2-314　刃磨钻头的方法

3）刃磨时，将主切削刃置于砂轮中心等高或稍高处水平位置，与砂轮接触，以钻头前端支点为圆心，右手缓慢使钻头绕其轴线由下向上转动，施加适当压力。左手配合右手作缓慢同步下压运动，并略带旋转，逐渐增大刃磨压力，并作适当的右移运动，磨出后角。注意左手不能摆动太大，以防磨出负后角或将另一面主切削刃磨掉，尤其是刃磨小钻头时更应注意。下压速度和幅度随要求的后角而变，刃磨时两手动作的配合要协调、自然，并经常蘸水冷却。

当一个主后刀面刃磨好后，将钻头转180°刃磨另一主后刀面，人和手保持原有位置和姿势，保证两主切削刃对称。

4）刃磨过程中，把钻头切削部分向上竖立，两眼平视，观察两主切削刃的长短、高低和后角的大小。反复观察两主切削刃，如有偏差，进行修磨，不断反复，直至两主切削刃对称。

5）样板检查麻花钻的顶角和横刃斜角，如图2-314（b）所示，转过180°反复检查修磨，直至各角度达到规定要求。

6）修磨横刃，标准麻花钻的横刃较长，且横刃处的前角存在负值，因此在钻孔时横刃处的切削为挤刮状态，同时横刃长定心作用也不好，钻头容易发抖。对于直径大于5mm的麻花钻必须修短横刃，并适当增大近横刃处的前角，如图2－314（a）所示，从而改善钻头的切削性能。

修磨横刃时，将麻花钻中心线所在水平面向砂轮侧面左倾约15°夹角，垂直平面向刃磨点的砂轮半径方向约成55°的下摆角，如图2－315所示。转动钻头，使麻花钻刃背接触砂轮圆角处，由外向内沿刃背线逐渐磨至钻心将横刃磨短至合适宽度。同理将麻花钻转过180°，修磨另一侧横刃至同样宽度。至此完成麻花钻的刃磨。

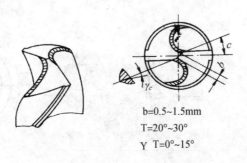

b=0.5~1.5mm
T=20°~30°
Y T=0°~15°

图 2－315　横刃修磨的几何参数

刃磨对孔加工的影响（见图2－316）：

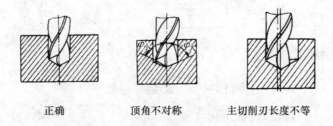

正确　　　　顶角不对称　　　主切削刃长度不等

图 2－316　刃磨对孔加工的影响

动手操作三：在台钻上钻孔

使用麻花钻在台钻上进行如图2－317所示工件的钻削加工，达到图样要求。

1. 钻床转速的选择

根据工件材料选择钻头的切削速度 v（见表2－79）。

表 2－79　钻床转速的选择

加工材料	切削速度（m/min）
铸铁	14~22
钢件	16~24
青铜或黄铜件	30~60

工件硬度和强度较高时取较小值，钻头直径较小时也取小值，钻孔深度 L > 3d 时，应将取值乘以 0.7~0.8 的修正系数。然后根据下式求出钻床转速 $n = 1000v/\pi d$（r/min）

其中，v 为切削速度（m/min）；d 为麻花钻直径（mm）。计算出切削速度后，根据台钻相应级别转速，调整 V 带在两个带轮槽内的相对位置。

2. 划线钻孔的操作方法

（1）钻孔时的工件划线，如图 2－317 所示。

1）按钻孔位置尺寸要求，划出孔位的十字中心线，并打上中心样冲眼。

2）按孔的大小划出孔的圆周线。对钻直径较大的孔，还应划出几个大小不等的检查圆，以便钻孔时检查和错正钻孔位置。

3）当钻孔的位置尺寸要求较高时，可以直接划出以孔中心线为对称中心的几个大小不等的方框作为钻孔的检查线，然后将中心样冲眼敲大，以便落钻定心。

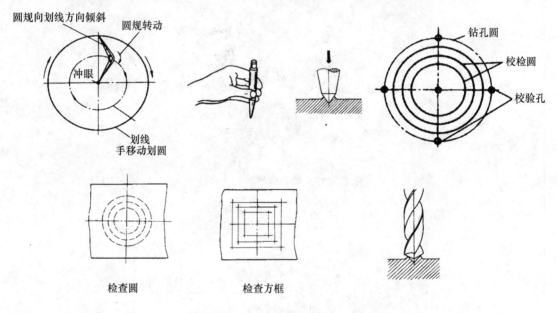

图 2－317　划线钻孔步骤

（2）工件的装夹，如表 2－80 所示。

表 2－80　工件装夹

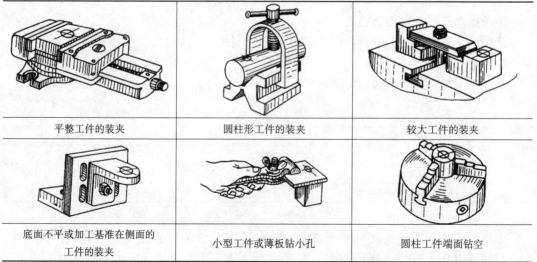

平整工件的装夹	圆柱形工件的装夹	较大工件的装夹
底面不平或加工基准在侧面的工件的装夹	小型工件或薄板钻小孔	圆柱工件端面钻空

用平口钳加钳口护铁夹持工件，避免将已加工面夹伤，注意要夹正夹紧。

（3）安装钻头。

（4）手进给钻孔操作，如图 2 - 318 所示。

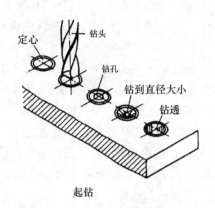

定心
钻头
钻孔
钻到直径大小
钻透

起钻

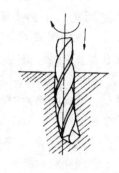

进给力过大，使钻头弯曲

图 2 - 318　手进给钻孔操作

1）移动平口钳，对准样冲眼，开钻床试钻，待确认对准中心孔时再一手按住平口钳，一手进给。

2）检查校验圆，发现偏差及时处理纠正。

3）手进给时，进给力不应使钻产生弯曲现象，以免钻孔轴线歪斜。

4）钻小直径孔或深孔，进给力要小，并要经常退钻排屑。

5）钻孔将穿时，进给力必须减小，防止进给量突然过大，增大切削抗力，造成钻头折断。

6）钻孔时可适当加些乳化液冷却。

（5）检查钻削质量，去毛刺。

3. 钻孔时的注意事项

（1）操作钻床时不可戴手套，袖口必须扎紧；女生必须戴工作帽。

（2）工件必须夹紧夹牢，孔将钻穿时，要尽量减小进给力。

（3）开动钻床前，应检查是否有钻夹头钥匙或斜铁插在钻轴上。

（4）钻孔时不可用手、棉纱头或用嘴吹来清除切屑，必须用毛刷清除，钻出长条切屑时，要用钩子钩断后除去。

（5）操作者的头部不准与旋转着的主轴靠得太近，停车时应让主轴自然停止，不可用手刹住，也不能用反转制动。

（6）严禁在开车状态下装拆工件，变速必须在停车状况下进行。

（7）钻孔时，手进给压力应根据钻头的工作情况，以目测和感觉进行控制，在实习中应注意掌握。

（8）钻头用钝后必须及时修磨锋利。

（9）清洁钻床或加注润滑油时，必须切断电源。

4. 钻孔可能出现的问题和原因

（1）孔大于规定尺寸。钻头两切削刃长度不等，高低不一致。钻床主轴径向偏摆或工作台锁紧有松动。钻头本身弯曲或装夹不好，使钻头有过大的径向跳动现象。

（2）孔歪斜。工件上与孔垂直的平面与主轴不垂直或钻床主轴与台面不垂直。工件安装时，安装接触面上的切屑未清除干净。工件装夹不牢，钻孔时产生歪斜或工件有砂眼。进给量过大使钻头产生弯曲变形。

（3）孔位偏移。工件划线不正确。钻头横刃太长定心不准，起钻过偏而没有校正。

（4）孔壁粗糙。①钻头不锋利；②进给量太大；③切削液选用不当或供应不足；④钻头过短，排屑槽堵塞。

（5）钻孔呈多角形。①钻头后角太大；②钻头两主切削刃长短不一，角度不对称。

（6）钻头折断。①钻头用钝仍继续钻孔；②钻孔时未经常退钻排屑，使切屑在钻头螺旋槽内堵塞；③孔将钻通时没有减小进给量；④进给量过大；⑤工件未夹紧，钻孔时产生松动；⑥在钻黄铜一类软金属时，钻头后角太大，前角又没有修磨小造成扎刀。

（7）切削刃迅速磨损或碎裂。①切削速度太高。②没有根据工件材料硬度来刃磨钻头角度。③工件表面或内部硬度高或砂眼。④进给量过大。⑤切削液不足。

（二）扩孔、锪孔和铰孔

1. 扩孔与扩孔钻

（1）扩孔。扩孔就是在工件上扩大原有的孔（如铸出、锻出或钻出的孔）的工作。扩孔可以校正孔的轴线偏差，并使其获得较正确的几何形状与较低的表面粗糙度。扩孔精度一般为IT10，表面粗糙度 Ra 为 6.3 μm。扩孔可作为孔加工的最后工序，也可作为铰孔前的准备工序。扩孔加工余量为 0.5 ~ 4mm。

（2）扩孔钻。扩孔钻的形状与麻花钻相似，所不同的是：扩孔钻有 3 ~ 4 个主切削刃和刃带，故导向性好，切削平稳；无横刃，消除了横刃的不利影响，改善了切削条件；切削余量较小，容屑槽小，使钻心较粗，刚性较好；切削时可采用较大的切削用量。故扩孔的加工质量和生产效率都高于钻孔。扩孔钻及其应用如图 2 – 319 所示。

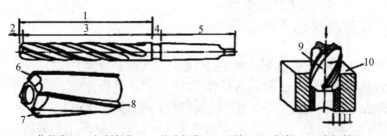

1—工作部分；2—切削部分；3—校准部分；4—颈部；5—柄部；6—主切削刃；
7—前刀面；8—刃带；9—扩孔钻；10—工件；11—扩孔余量

图 2 – 319　扩孔钻及其应用

2. 锪孔与锪孔钻

（1）锪孔。锪孔就是用锪钻刮平孔的端面或切出沉孔的方法。它的作用有：①在工件的连接孔端锪出柱形或锥形埋头孔，用埋头螺钉埋入孔内把有关零件连接起来，使外观整齐，装配位紧凑。②将孔口端锪平，并与孔中心线垂直，能使连接螺栓（或螺母）的端面与连接件保持良好接触；如图 2 – 320 所示。

（2）常用锪孔刀具，如图 2 – 321 所示。

1）柱形锪钻。柱形锪钻前端有导柱，导柱直径与工件已有的孔为紧密的间隙配合。

锪圆柱埋头孔　　　　锪锥形埋头孔　　　　锪孔口和凸台平面

图 2 - 320　锪孔钻及其应用

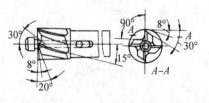
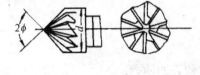

柱形锪钻　　　　　　　　　　　　　　锥形锪钻

图 2 - 321　麻花钻改磨锪钻麻花钻改磨柱形锪钻

2）锥形锪钻。锥形锪钻的锥角按工件锥形埋头孔的要求不同，有 60°、75°、90°、120°四种。

（3）麻花钻改锪孔钻，如图 2 - 322 所示。

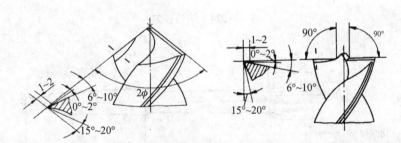

（a）麻花钻改磨锥形锪钻　　　　　（b）麻花钻改磨柱形锪钻

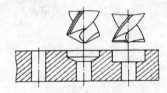

图 2 - 322　麻花钻改磨锪钻及其应用

小提示：用麻花钻改制的不带导柱的锪钻加工柱形埋头孔时，必须先用标准麻花钻扩出一个阶台孔作导向，然后再用平底钻锪至深度尺寸。

3. 铰孔与铰刀

（1）铰孔（见图 2 - 323）。铰孔就是从工件孔壁上切除微量金属层，以提高其尺寸精度和降低表面粗糙度的方法。

铰孔的切削余量小，导向性好，加工精度高，尺寸精度可达到 IT9 ~ IT7 级，表面粗糙度可达 Ra1.6μm，铰削余量一般为 0.1 ~ 0.3mm。

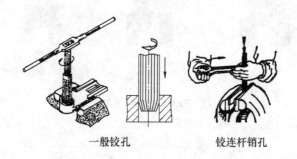

一般铰孔　　　　铰连杆销孔

图 2 - 323　铰孔

（2）铰刀的种类。

1）整体圆柱铰刀。用于铰削标准直径系列的孔，如图 2 - 324、图 2 - 325 所示。

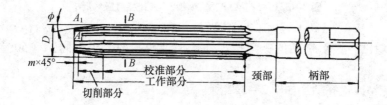

图 2 - 324　手用铰刀

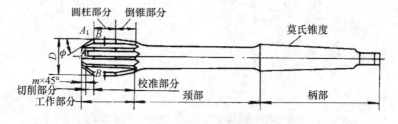

图 2 - 325　机用铰刀

2）锥铰刀。用于铰削圆锥，如图 2 - 326 所示。

图 2 - 326　圆锥铰刀

3）可调节手用铰刀。铰削少量非标准直径系列的孔，如图 2 - 327 所示。

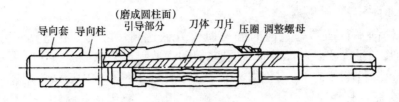

图 2－327　可调节手用铰刀

4）螺旋槽铰刀。使铰出的孔更光滑，铰削带有键槽的孔，如图 2－328 所示。

图 2－328　螺旋槽铰刀

🔍 技能训练

动手操作一：练习钻孔

练习件如图 2－329 所示。

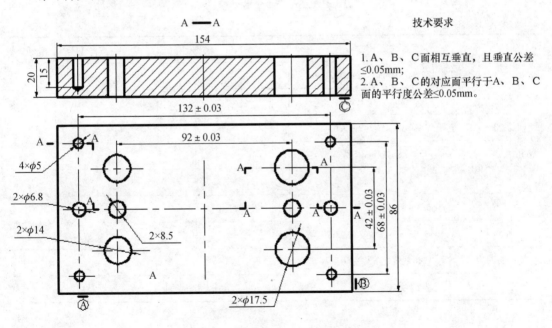

技术要求

1. A、B、C面相互垂直，且垂直公差≤0.05mm；

2. A、B、C的对应面平行于A、B、C面的平行度公差≤0.05mm。

图 2－329　钻孔

任务实施：

1. 备料

45 钢（154mm×86mm×20mm），数量 1 件。

2. 使用的主要工具、量具

钳工锉、麻花钻、角尺、游标卡尺、划规、台虎钳等。

3. 操作步骤

（1）按锉削平行面和垂直面的方法使长方铁达到尺寸的，并达到尺寸 154mm × 86mm，垂直度、平行度都为 0.05mm 的要求，并去毛刺。

（2）以长度和宽度方向的对称中心线为基准，划出各孔的中心线，用样冲在孔的中心（十字线交点）打样冲眼。

（3）用夹具将工件装夹在钻床上，并将其夹紧，确定工件与机床的相对正确位置。

（4）用划规分别划出 4 × φ5mm、2 × φ6.8mm、2 × φ8.5mm、2 × φ14mm、2 × φ17.5mm 和 φ19.8mm 孔的圆。还应划出几个检查圆线，以便借正、准确落钻定心。

（5）装上中心钻钻孔，换上 φ5mm 麻花钻钻孔 4 × φ5mm，保证深度为 15mm。

（6）用 φ6.8mm、φ8.5mm、φ14mm、φ17.5mm 麻花钻，加工 2 × φ6.8mm、2 × φ8.5mm、2 × φ14mm、2 × φ17.5mm 的通孔，达到尺寸精度和孔与孔之间的距离。

4. 注意事项

（1）在刃磨麻花钻时，做到姿势动作正确，钻头的几何形状和角度正确。

（2）用钻夹头装夹钻头时，要用钻头钥匙，不可用扁铁和锤子敲击。

（3）钻孔时，手动进给压力应根据钻头工作情况，以目测和感觉来控制，钻头用钝后应及时修磨。

5. 记录及成绩评定（见表 2 - 81）。

表 2 - 81　质量评定表

项目		项目与技术要求	实测记录			配分	实得分
钻孔	1	孔距 132 ± 0.03mm、68 ± 0.03mm				16	
	2	4 × φ5mm　深 15mm				16	
	3	孔距 92 ± 0.03mm、42 ± 0.03mm				12	
	4	2 × φ14mm				9	
	5	2 × φ17.5mm				9	
	6	2 × φ6.8mm，尺寸要求 132mm				14	
	7	2 × φ8.5mm，尺寸要求 92mm				14	
安全文明生产		按达到规定的标准程度评定				10	
日期：		学生姓名：	班级：		指导教师：		总分：

动手操作二：练习钻孔、锪孔、扩孔

练习件如图 2 - 330 所示。

任务实施：

1. 备料

45 钢（154mm × 386mm × 320mm），数量 1 件。

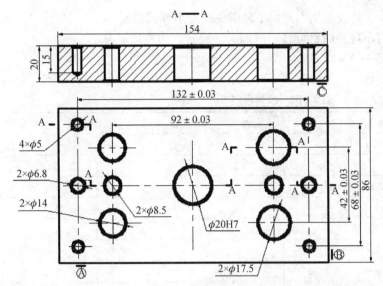

技术要求
1. A、B、C面相互垂直，且垂直公差≤0.05mm;
2. A、B、C的对应面平行于A、B、C面的平行度公差≤0.05mm。

图 2 – 330 钻孔、锪孔、扩孔

2. 使用的主要工具、量具

钳工锉、麻花钻、锪钻、铰刀、角尺、游标卡尺、划规、台虎钳等。

3. 操作步骤

（1）按锉削平行面和垂直面的方法使长方铁达到尺寸的，并达到尺寸 154mm × 86mm，垂直度、平行度都为 0.05mm 的要求，并去毛刺。

（2）以长度和宽度方向的对称中心线为基准，划出各孔的中心线，用样冲在孔的中心（十字线交点）打样冲眼。

（3）用夹具将工件装夹在钻床上，并将其夹紧，确定工件与机床的相对正确位置。

（4）用划规分别划出 $4 \times \phi 5mm$、$2 \times \phi 6.8mm$、$2 \times \phi 8.5mm$、$2 \times \phi 14mm$、$2 \times \phi 17.5mm$ 和 $\phi 19.8mm$ 孔的圆。还应划出几个检查圆线，以便借正、准确落钻定心。

（5）装上中心钻钻孔，换上 $\phi 5mm$ 麻花钻钻孔 $4 \times \phi 5mm$，保证深度为 15mm。

（6）用 $\phi 6.8mm$、$\phi 8.5mm$、$\phi 14mm$、$\phi 17.5mm$ 麻花钻，加工 $2 \times \phi 6.8mm$、$2 \times \phi 8.5mm$、$2 \times \phi 14mm$、$2 \times \phi 17.5mm$ 的通孔，达到尺寸精度和孔与孔之间的距离。

（7）加工 $\phi 20H7$ 的孔时，用 $\phi 14mm$ 麻花钻钻孔，换 $\phi 19.8mm$ 扩孔钻扩孔，最后换装 $\phi 20$ 手铰刀铰 $\phi 20H7$ 的通孔。

（8）用 90°锥形锪钻锪 90°孔。将零件翻转 180°，按上述方法锪另一面。

4. 注意事项

（1）在刃磨麻花钻时，做到姿势动作正确，钻头的几何形状和角度正确。

（2）用钻夹头装夹钻头时，要用钻头钥匙，不可用扁铁和锤子敲击。

（3）钻孔时，手动进给压力应根据钻头工作情况，以目测和感觉来控制，钻头用钝后应及时修磨。

（4）锪孔时，要先调整好工件的通孔与锪钻的同轴度，再夹紧工件。工件夹紧要稳固以减少振动。

（5）锪孔的切削速度应比钻孔低，手动进给压力不应过大，并要均匀。

（6）铰孔时，由于铰刀排屑功能差，需要经常取出切屑，以免铰孔被卡住。铰定位锥销时，因锥度小有自锁性，其进给量不能太小，以免铰刀卡死或折断。

（7）铰孔时，铰刀退刀不能逆时针旋转，应顺时针旋转，边旋边退刀。

5. 记录及成绩评定（见表2－82）

表2－82　质量评定表

项目		项目与技术要求	实测记录				配分	实得分
钻孔	1	孔距132±0.03mm、68±0.03mm					12	
	2	4×φ5mm，深15mm					12	
	3	孔距92±0.03mm、42±0.03mm					10	
	4	2×φ14mm					6	
	5	2×φ17.5mm					6	
	6	2×φ6.8mm，尺寸要求132mm					12	
	7	2×φ8.5mm，尺寸要求92mm					12	
铰孔	8	φ20H7					7	
锪孔	9	4×φ5mm、2×φ6.8mm、2×φ8.5mm、2×φ14mm、2×φ17.5mm、φ20H7						13
安全文明生产		按达到规定的标准程度评定					10	
日期：	学生姓名：		班级：		指导教师：		总分：	

五、攻螺纹和套螺纹

螺纹被广泛应用于各种机械设备、仪器仪表中，作为连接、紧固、传动、调整的一种机构。在钳工操作中，手攻螺纹占的比重很大。手攻螺纹包括攻螺纹和套螺纹。用丝锥在圆孔的内表面上加工内螺纹称为攻螺纹；用板牙在圆杆的外表面加工外螺纹称为套螺纹。

（一）攻螺纹

攻螺纹就是用丝锥在工件孔内切出内螺纹的加工方法。攻螺蚊是钳工的基本操作，凡是小直径螺纹、单件小批量生产或结构上不宜采用机攻螺纹的，大多采用手攻。要想正确完成攻螺纹操作并达到一定加工精度，就必须能正确使用攻螺纹工具。

1. 丝锥

丝锥是专门用来攻螺纹的刀具。丝锥由切削部分、修光部分（定位部分）、容屑槽和柄部构成。切削部分在丝锥的前端呈圆锥状，切削负荷分配在几个刀刃上。定位部分具有完整的齿形，用来校准和修光已切出的螺纹，并引导丝锥沿轴向运动。容屑槽是沿丝锥纵向开出的3~4条，用来容纳攻丝所产生的切屑的沟槽。柄部有方榫，用来安放攻丝扳手，传递扭矩。如图2－331所示。

攻螺纹时，为了减少切削力，提高丝锥的耐用度，将攻螺纹的整个切削量分配给几支丝锥来担负。这种配合完成攻丝工作的几支丝锥称为一套。首先用来攻螺纹的丝锥称头锥，其次为二锥，最后为三锥（俗称一进攻、二进攻、三进攻）。图2－332表示成组丝锥的切削用量的分布。一般攻M6~M24以内的丝锥每套有两支。攻M6以下或攻M24以上的螺纹，每套丝锥为三支。

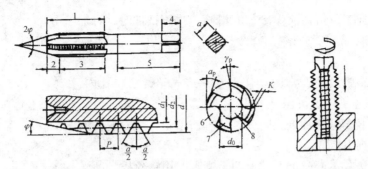

1—工作部分；2—切削部分；3—校准部分；4—方头；5—柄部；6—槽；7—齿；8—芯部

图 2 – 331　丝锥及其应用

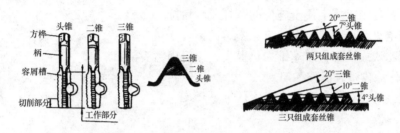

图 2 – 332　成组丝锥及切削用量分布

2. 铰杠

铰杠是用来夹持并扳转丝锥的专用工具，如图 2 – 333 所示。铰杠是可调试的，转动右手柄，可调节方孔的大小，以便夹持不同规格的丝锥。

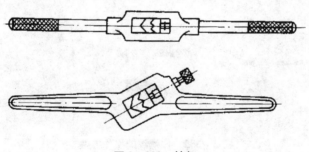

图 2 – 333　铰杠

3. 攻螺纹前孔径的确定

攻螺纹前，欲攻出螺纹的孔必须先钻出，此孔称为螺纹底孔。螺纹底孔直径应比螺纹内径稍大些，具体数值要根据材料的塑性、螺纹直径的大小，通过查表或用经验公式计算得出。按公式计算法如下：

钢和塑性较大材料：$D = d - P$

铸铁和塑性较小材料：$D = d - (1.05 \sim 1.1)\ P$

其中，D 为螺纹底孔（mm）；d 为螺纹公称直径（mm）；P 为螺距（mm）。

4. 攻螺纹操作中的冷却与润滑

为了降低螺纹表面粗糙度，减少切削阻力，提高攻丝质量和延长丝锥寿命，攻钢件时，要加机油或工业植物油作冷却润滑液，攻铸铁件时，可加煤油，不用机油。

5. 断锥取出的方法

在攻制较小螺纹时，常因操作不当，造成丝锥断在孔内，如图 2 – 334 所示。一般可用以下几种方法取出：

（1）可用狭錾或样冲抵在断丝锥的容屑槽中，顺着退转的切线方向轻轻剔出。

（2）可在方椎的断丝锥上拧上两个螺母，用钢丝插入断丝锥和螺母间的容屑槽中，然后用铰杠顺着退转方向扳动，把断在螺纹孔中的丝锥带出来。

（3）可在丝锥上焊上便于施力的弯杆，然后旋出。

（4）用电火花加工，慢慢地将丝锥熔蚀掉。

（5）用乙炔或喷灯将断丝锥加热退火，然后用钻头钻掉。

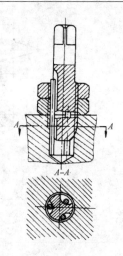

图 2 – 334　丝锥断在孔内

动手操作：攻螺纹操作练习

1. 攻螺纹的操作方法（见图 2 – 335）

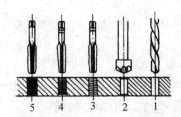

1—钻孔；2—倒角；3—头锥攻螺纹；4—二锥攻螺纹；5—三锥攻螺纹

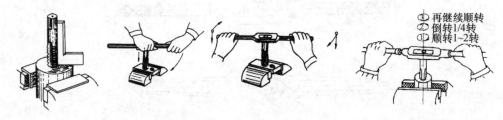

图 2 – 335　攻螺纹的操作方法

（1）起攻前，确认丝锥与工件表面垂直。

（2）起攻时，一手掌按住扳手中部沿丝锥轴线用力往下加压，另一手配合作顺向旋进。

（3）攻丝时，双手用力均匀，然后每正转一圈，倒转 1/4 圈左右，以利切屑排出。

（4）按头锥、二锥、三锥顺序攻削至标准尺寸。

2. 攻螺纹注意事项

起攻时特别要注意垂直度，并及时纠正；攻丝时丝锥必须与工件孔端面垂直，用力要均匀平稳，并加润滑液冷却润滑。

3. 攻螺纹产生废品及丝锥折断的原因

（1）螺纹乱扣、断裂撕破。①底孔直径太小、丝锥攻不进，使孔口乱扣；②头、二锥中心不重合；③螺孔过于歪斜，攻丝时，冷却润滑液使用不当；④丝锥切削部分磨钝。

（2）螺孔偏斜。①丝锥与工件端面不垂直；②铸件内有大砂眼；③攻螺纹时两手用力不均，倾于一侧。

（3）螺纹高度不够。攻丝底孔直径太大。

（4）丝锥折断。①攻螺纹底孔太小；②丝锥钝、材料太硬；③操作者感觉不灵敏；④不及时清除槽屑；⑤韧性大的材料，攻丝时没有冷却液；⑥锥歪斜单面受力大；⑦通孔攻螺纹时丝锥尖端与孔底相顶，仍再攻。

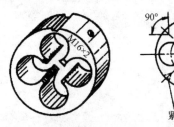

图 2 - 336 板牙

（二）套螺纹

1. 板牙

板牙是切削外螺纹的刀具，扳牙的原型是一个螺母，它是切削部分、校准部分（定位部分）和排屑孔组成（见图 2 - 336）。扳牙中心两端制出锥角为 2φ 的内锥就是切削部分。切削部分长为 1.5 ~ 2.5 倍螺距。扳牙一端的切削部分磨损后可调头使用。从切削部分向内是校准部分，起导向作用。校准部分长为 4 ~ 4.5 倍螺距。扳牙上还开有 3 ~ 8 个排屑孔，其数目视扳牙的大小而定。扳牙的圆周上除有 V 形槽及其两侧的调整螺钉坑外，还有两个供紧固扳牙用的装长螺钉的锥坑。扳牙圆周的直径尺寸在一定的螺纹直径范围内是一样的，这样可减少扳牙架的数目。

2. 板牙架

板牙架是用于夹持板牙并带动其转动的专用工具。其构造如图 2 - 337 所示。

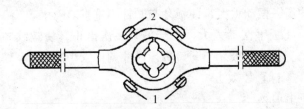

1—紧固螺钉；2—调节螺钉

图 2 - 337 板牙架

板牙架上有装卡螺钉，将扳牙紧固在架内。

注意：一定要使装卡螺钉的尖端落入板牙圆周的锥坑内。

3. 套螺纹前圆杆直径的确定

套螺纹前，先检查圆杆直径和端部。

圆杆直径：d 杆 $= d - 0.13P$

其中，d 杆为圆杆直径（mm）；d 为螺纹大径（mm）；P 为螺距（mm）。

动手操作：套螺纹操作练习

套螺纹的操作方法（见图 2 - 338）。

（1）一般用 V 形夹块或厚铜衬作衬垫，才能保证可靠夹紧。

（2）起套方法和攻螺纹起攻方法一样，一手用手掌按住绞杆中部，沿圆杆轴向施加压力,另一手配合作顺向切进,转动要慢,压力要大,并保证板牙端面与圆杆轴线的垂直度,不歪斜。在板牙切入 2~3 个牙时,应及时检查其垂直度并作准确校正。

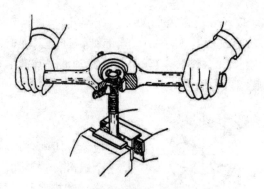

图 2-338 套螺纹的操作方法

(3) 正常套螺纹时,不要加压,让板牙自然引进,并经常倒转以断屑。

在钢件上套螺纹时要加切削液,一般可加机油或较浓的乳化液,要求高时可用工业植物油。

套螺纹时产生废品的形式及产生原因:

(1) 螺纹乱牙。①低碳钢及塑性好的材料套丝时,没用冷却润滑液,螺纹被撕坏。②套丝中没有反转割断切屑,造成切屑堵塞,啃坏螺纹。③套丝圆杆直径太大。④板牙与圆杆不垂直,由于偏斜太多又强行借正,造成乱扣。

(2) 螺纹偏斜和螺纹深度不均。①圆杆倒角不正确,板牙和圆杆不垂直。②两手旋转板牙架,用力不均衡,摆动太大,使板牙与圆杆不垂直。

(3) 螺纹太瘦。①扳手摆动太大,由于偏斜多次借正,使螺纹中径小了。②板牙起削后,仍加压力摆动。③活动板牙与开口板牙尺寸调得太小。

(4) 螺纹太浅。圆杆直径太小。

套螺纹安全注意事项:

(1) 起套时板牙端平面必须与圆杆轴线垂直,用力要均匀平稳,钢件要加切削液润滑。

(2) 装夹圆杆时,要用硬木制的 V 形槽衬垫或厚铜板作护口片来夹持圆杆,以免夹坏圆杆。

(3) 套丝前,圆杆端面一定要倒角;每次套前一定要把板牙容屑孔内清理干净,并用油洗清,以免影响螺纹表面粗糙度。

(4) 套削中要经常倒转,以便及时断屑。

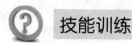 技能训练

动手操作:练习攻螺纹

根据图 2-339 所示加工图样完成练习件螺铰孔的攻螺纹加工。

1. 备料

45 钢（154mm×86mm×20mm），数量：1 件。

2. 使用的主要工具、量具

方箱、高度游标卡尺、样冲、麻花钻（φ5mm，φ6.8mm，φ8.5mm，φ4mm，φ7.5mm）、90°角尺、90°圆锥锪钻、钢直尺、丝锥（M6、M8、M10、M16、M20）、铰杠。

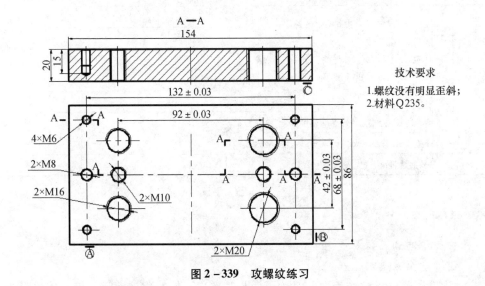

图 2－339　攻螺纹练习

3. 操作要领

（1）螺纹底孔直径要倒角，通孔倒两端，倒角直径要稍大于螺纹直径。

（2）工件的装夹位置要正确，使上、下两面处于水平位置，以便于判断丝锥轴线是否垂直于工件表面。

（3）开始攻螺纹时，要尽量把丝锥放正，然后对丝锥施加轴向压力，并转动铰杠。当切入 1～2 圈后，从前后、左右用 90°角尺检查丝锥与工件平面是否垂直，并及时校正。

（4）丝锥切削部分旋入孔中后，就不要再施加轴向力，而靠丝锥旋进切削。此时，两手用力要均匀，每攻 1/2～1 圈时适当倒转 1/4～1/2 圈，使切屑碎断后易于排除。

（5）攻 M6 不通孔螺纹时，应在丝锥上做好深度标记，并适当退出丝锥，清除留在空内的切屑。

（6）攻螺纹时应用全损耗系统用油或浓度大的乳化液（攻铸铁螺纹时用煤油）冷却润滑。

（7）攻完头锥改攻二锥时，要徒手将丝锥旋入已攻过的螺孔中，再套上铰杠攻，退出时，要避免快速转动铰杠。

（8）铰杠的长短和所攻螺纹的规格应相适应，不准攻小规格螺纹而选长铰杠。

（9）丝锥用完后，应用防锈油将其擦拭干净，妥善保管。

（10）攻螺纹时常会出现螺纹烂牙、滑牙、螺纹歪斜、螺纹高度不够、丝锥崩牙或折断的问题，要会分析产生的原因，掌握处理方法，以便在练习中及时加以注意。

（11）严格执行企业安全文明生产规定，做到工作场地整洁，工具、工件、量具摆放整齐。

4. 记录及成绩评定

表 2 - 83　质量评定表

项目		项目与技术要求	实测记录			配分	实得分
4 × M6	1	（1）螺纹轴线不准有明显的偏斜				28	
2 × M8	2	（2）不准烂牙				14	
2 × M10	3	（3）不准滑牙				14	
2 × M16	4	（4）螺纹表面粗糙度 Ra = 25μm，不准超差				16	
2 × M20	5					18	
安全文明生产		按达到规定的标准程度评定				10	
		安全用电，防火，无人身、设备事故					
日期：	学生姓名：	班级：	指导教师：			总分：	

六、锉配

1. 平面轮廓的加工和测量

（1）对称度相关概念。

1）对称度误差是指被测表面的对称平面与基准表面的对称平面间的最大偏移距离 Δ。如图 2 - 340 所示。

2）对称度公差带是距离为公差值 t，且相对基准中心平面对称配置的两平行平面之间的区域，如图 2 - 341 所示。

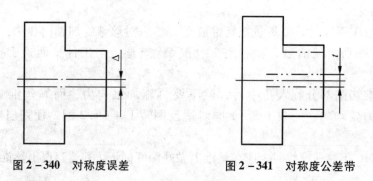

图 2 - 340　对称度误差　　　　　图 2 - 341　对称度公差带

（2）对称度误差的测量。测量被测表面与基准面的尺寸 A 和 B，其差值之半即为对称度的误差值。图 2 - 342 所示为对称度误差的测量示意。

（3）对称度误差对工件互换精度的影响。如图 2 - 343 所示，如果凸凹件都有对称度误差 0.05mm，并且在同方向位置上锉配达到要求间隙后，得到两侧基准面对齐，而调换 180°后做配合就会产生两侧面基准面偏位误差，其总差值为 0.1mm。

2. 曲面轮廓的加工与测量

（1）锉配中对曲面轮廓的要求。

1）曲面要圆滑，轮廓度要符合要求。

2）曲面与曲面、曲面与平面的连接要准确。

3）曲面的位置度要精确。

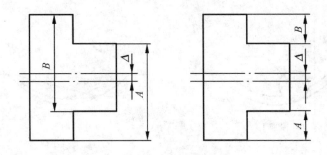

图 2 – 342　对称度误差的测量

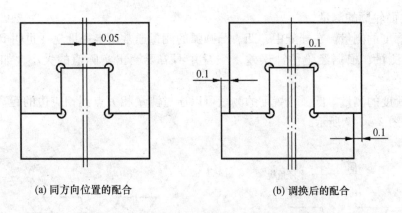

(a) 同方向位置的配合　　　　　　(b) 调换后的配合

图 2 – 343　对称度误差对工件互换精度的影响

（2）曲面的锉削方法。当正多边形的边数趋向无穷多时，这个正多边形就成为圆，因此可以把圆看作由正多边形边数无限增多演变而来，我们称之为多边形拟合。这是钳工锉削圆弧的理论基础。用锉多边形的方法加工曲面，效率高，效果好。

1）凸圆弧的锉削步骤。

①正多边形拟合，如图 2 – 344（a）、（b），锉出尽可能多的边数。

②锉刀前行的同时，轻微地左右摆动，如图 2 – 344（c），反复精修多边形各边的交接处，至达到要求为止。

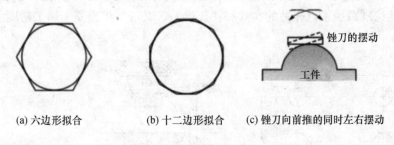

(a) 六边形拟合　　　　　(b) 十二边形拟合　　　(c) 锉刀向前推的同时左右摆动

图 2 – 344　凸圆弧的锉削步骤

2）弧的锉削步骤。

①用圆锉或半圆锉粗加工去除大部分余量，如图 2 – 345（a），使被锉圆弧与所划圆

弧为同心圆，留 $0.1 \sim 0.2$mm 余量用于精修。

②用半圆锉刀，采取轻微左右摆动法反复精修圆弧至达到要求为止，如图 2 – 345（b）所示。

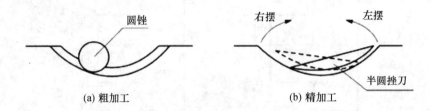

图 2 – 345　弧的锉削步骤

（3）曲面轮廓的测量。

1）轮廓度的测量。在锉配中，凹、凸圆弧的测量通常用半径量规（也叫 R 规）采取透光法比较测量，根据经验估计误差，一般并不需要测出实际值的大小，如图 2 – 346 所示。

2）位置度的测量。圆弧位置度的测量可以通过测量相关点到相应边的距离或用百分表测量，如图 2 – 347 所示。

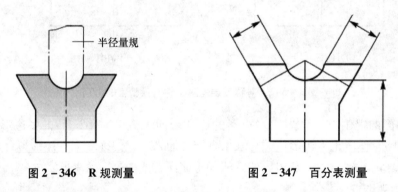

图 2 – 346　R 规测量　　　　　　图 2 – 347　百分表测量

3. 孔中心距的精确控制

在锉配中，孔的精加工也是项目中的一部分，为了保证中心距的要求，可采用心轴定位法加工。其具体方法是：将划好线的工件先按"十字线"找正法钻（铰）好第一个孔，并配好心轴，然后任取一根心轴夹在钻床主轴上，用外径千分尺控制中心距，如图 2 – 348 所示。此法既减少了打样冲的次数和找正误差，又进一步提高了加工精度。

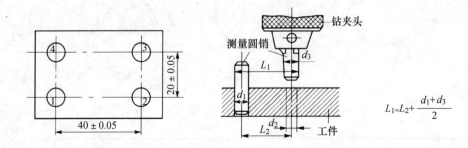

$$L_1 = L_2 + \frac{d_1 + d_3}{2}$$

图 2 – 348　孔中心测量

动手操作一：加工凸形体（见图 2 – 349）

X_2 为凸台尺寸（mm）。

1. 深度尺寸 $15^0_{-0.027}$ mm 的间接控制

由于测量手段限制，深度尺寸 $15^0_{-0.027}$ mm 不能直接测量保证精度，需要采用间接测量法。

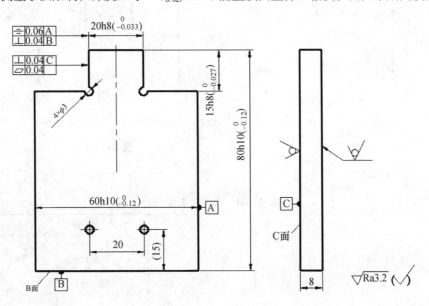

图 2 – 349　凸形体

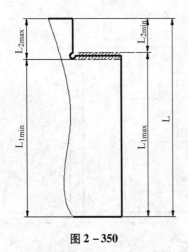

图 2 – 350

外形尺寸 $80^0_{-0.12}$ mm 已加工成形，以 L 表示其具体尺寸。通过控制尺寸 L_1（易于测量），间接保证深度尺寸 L_2 的精度。L_1 的极限尺寸需要计算获得。根据图 2 – 350 可得 $L_1 = L - L_2$，根据 L_2 公差，可得：

$$\begin{cases} L_1 \max = L - \\ 14.973 \text{mm} \quad L_1 \min = L - 15 \text{mm} \end{cases}$$

其中，L 为外形尺寸；L_1 为通过测量控制的尺寸；L_2 为间接控制的深度尺寸。

2. 对称度的间接控制

（1）先去除一个角。如图 2 – 351 所示，先去除一个角，控制尺寸 X_1。其数值将影响尺寸 $20^0_{-0.033}$ mm，并同时保证对称度公差。X_1 计算如下：$X_1 = X/2 + X_2/2 \pm \Delta$

$$\begin{cases} X_1 \max = X/2 + X_2 \max/2 + \Delta = X/2 + 10.03 \\ X_1 \min = X/2 + X_2 \min/2 - \Delta = X/2 + 9.9535 \text{mm} \end{cases}$$

其中，X 为已加工出外形尺寸（定值）（mm）；X_1 为需控制尺寸（mm）；X_2 为凸台尺寸（mm）；Δ 为对称度公差的一半（mm）；即 $X_1 = X/2 + 10^{+0.030}_{-0.0465}$（mm）。

虽然当 X_1 保证尺寸 $X/2 + 10^{+0.030}_{-0.0465}$（mm）时，在下一步骤中可能合格，但下一步骤同时保证尺寸和对称度难度较大，应尽可能使 X_1 接近公差带中值 $X/2 + 9.99175$（mm）。

（2）再去除第二角。如图 2 – 352 所示，计算工艺尺寸 X_2。X_2 应符合尺寸公差，还要同时保证对称度，即（$X_1 - X_2$）与（$X - X_1$）之差，小于对称度公差0.06mm。

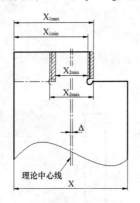

图 2 – 351

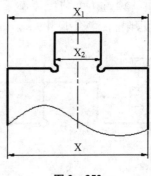

图 2 – 352

3. 工艺步骤如表 2 – 84 所示

表 2 – 84 凸形加工步骤

步骤	加工内容	图 示
1	钻工艺孔	
2	选择一个角，按照划好的线锯去一个角。粗、精锉两垂直面。根据80mm处的实际尺寸，通过控制65mm的尺寸偏差，保证150mm。同样通过控制40mm的尺寸偏差，保证20mm的尺寸公差和凸台的对称度	
3	按照划线锯去另一角。用上述方法保证尺寸公差和对称度公差	

4. 操作要求

（1）控制好锉削姿势，并加以强化。

（2）保证尺寸。

（3）保证形位公差。

（4）采用顺向锉。

（5）粗加工时，加以按线加工；精加工时，一定要按照计算好的工艺尺寸进行加工。

（6）加工时，必须按照工艺步骤操作。由于受到测量工具的限制，不能先锯去两个角，然后再锉削。

5. 注意事项

（1）凹凸体锉配主要应控制好对称度误差，采用间接测量的方法来控制工件的尺寸精度，必须要控制好有关的工艺尺寸。若要用好工艺尺寸就得会计算工艺尺寸。

（2）为达到配合后的转位互换精度，加工时必须要保证垂直度要求。若没有控制好垂直度，尺寸公差合格的凹凸体也可能不能配合，或者出现很大的间隙。

（3）在加工凹凸体的高度（$15_{-0.027}^{0}$ 和 $15_{0}^{+0.027}$ mm）时，初学者易出现尺寸超差的现象。

动手操作二：加工凹形体（见图 2 – 353）

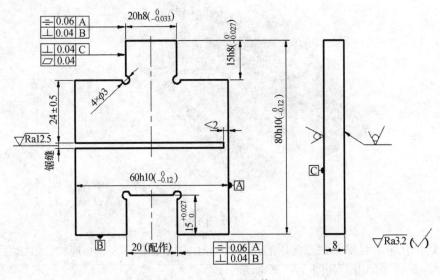

图 2 – 353 凹形体

1. 锉配方法

图 2 – 354 所示零件为盲配，就是通过保证两个零件的尺寸公差、形位公差，来达到配合的目的。有时，会用锉削加工的方法，使两个互配零件达到配合要求，这种加工称为锉配。锉配时，由于外表面容易达到较高的精度，所以一般先加工凸形体，后加工凹形体。加工内表面时，为了便于控制，一般均应选择有关外表面作测量基准，切不可为了能配合上，而随意加工。在做配合修锉时，可以通过透光法和涂色显示法来确定修锉部位和余量。

2. 打排孔的方法

（1）划线。

1）划加工轮廓线根据图样所标注的尺寸，划出加工轮廓线，图 2 – 355 所示为凹形轮廓划线。

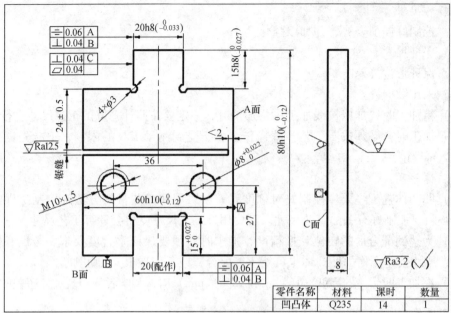

图 2－354　凹凸体

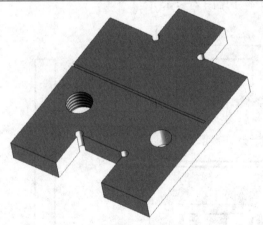

图 2－354　凹凸体

2）划排孔中心线根据钻排孔用的钻头的直径，划出排孔的中心连线，在加工轮廓线和排孔中心上打样冲眼，如图 3－356 所示。

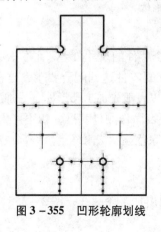

图 3－355　凹形轮廓划线

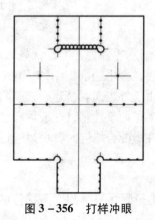

图 3－356　打样冲眼

说明：①排孔的中心连线到加工轮廓距离＝排孔半径＋0.2mm。②排孔中心之间的距离等于排孔孔径。

注意：①排孔间孔壁要求相切。②划线完成后必须要用游标卡尺检测划线尺寸的正确性。③加工轮廓上的样冲眼深度较浅，排孔中心上的样冲眼较深且圆。

（2）钻排孔。按照划线所确定的各排孔中心，沿单方向依次钻出排孔。

注意：①钻孔前需要仔细检查钻床各手柄和开关。②由于钻头直径比较小，需将转速调高，一般为台钻的最高转速。③工件采用机用平口钳装夹。

3. 操作要求

（1）在钻排孔时，由于小直径钻头的刚性较差，容易损坏弯曲，致使钻孔产生倾斜，造成孔径超差。用小直径钻头钻孔时，由于钻头排屑槽狭窄，排屑不流畅，所以应及时地进行退钻排屑。

（2）加工凹形体前，应确保60mm的实际外形尺寸和凸形体20mm的实际尺寸已经测量准确，并计算出凹形体20mm的尺寸公差。

（3）修锉时可以使用推锉。

（4）加工结束后，锐边要倒角、清除毛刺。

4. 注意事项

（1）在加工垂直面时，要防止锉刀侧面碰坏另一个垂直面，可以在砂轮上修磨锉刀的一侧，并使其与锉刀面夹角略小于90°，刃磨好后最好用油石磨光。

（2）清角时，锯削深度不能超过划线。

（3）工件只需要去毛刺，无须倒角。

5. 工艺步骤（见表2-85）

表2-85　凹形体加工步骤

步骤	加工内容	图　示
1	钻排孔	
2	去除凹形体多余部分	

续表

步骤	加工内容	图 示
3	粗、精锉凹形体各面，达到与凸形体配合的精度要求	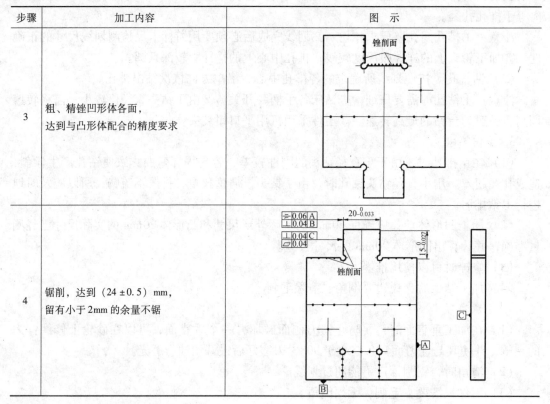
4	锯削，达到（24±0.5）mm，留有小于2mm的余量不锯	

 技能训练

动手操作：锉配凹凸件

任务导入：根据图2－357所示，加工图样完成练凹凸件锉配。

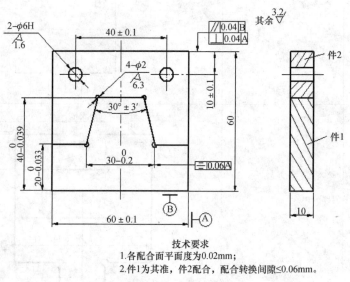

技术要求
1.各配合面平面度为0.02mm；
2.件1为基准，件2配合，配合转换间隙≤0.06mm。

图2－357 凹凸件

1. 工具

划针、样冲、錾子、手锤、锯弓、平锉、三角锉、圆锉。

2. 量具

高度划线尺、游标卡尺、0～25 千分尺、R 规、刀口直角尺、卡尺。

3. 材料

45 钢（61mm×41mm×10mm），数量：2 件。

毛坯图：

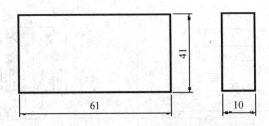

4. 记录及测评表（见表 2－86）

表 2－86 质量测评表

项目	测评内容	评分标准	配分	自检	实测	得分
尺寸要求	$20_{-0.033}^{0}$ mm	超差不得分	8			
	$40_{-0.039}^{0}$ mm	超差不得分	7			
	60 ± 0.10 mm	超差不得分	4			
	$30° \pm 3'$	超差不得分	8			
钻孔绞孔	$2 - \phi 6H7$	超差不得分	4			
	(10 ± 0.10) mm	超差不得分	4			
	(40 ± 0.10) mm	超差不得分	4			
形位公差	平面度 0.02mm	超差不得分	10			
	对称度 0.06mm	超差不得分	5			
	垂直度 0.04mm	超差不得分	3			
	平行度 0.04mm	超差不得分	3			
技术要求	表面粗糙度为 Ra3.2	目测	6			
	表面粗糙度为 Ra1.6	目测	4			
	配合间隙≤0.06mm（5 处）	超差不得分	20			
	工艺、工序图设计	合理、规范	10			
安全文明生产		违规从总分中扣除				
总计得分						

中级钳工实操案例

一、加工图

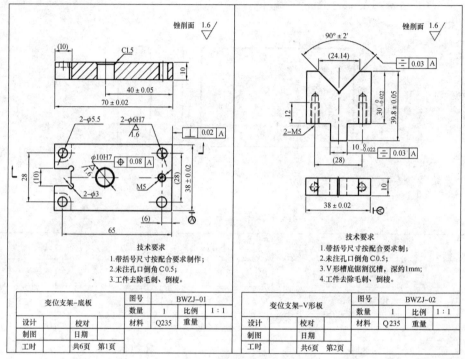

技术要求
1.带括号尺寸按配合要求制作；
2.未注孔口倒角C0.5；
3.工件去除毛刺、倒棱。

变位支架-底板		图号		BWZJ-01	
		数量	1	比例	1:1
设计	校对	材料	Q235	重量	
制图	日期				
工时	共6页 第1页				

技术要求
1.带括号尺寸按配合要求制；
2.未注孔口倒角C0.5；
3.V形槽底锯割沉槽，深约1mm；
4.工件去除毛刺、倒棱。

变位支架-V形板		图号		BWZJ-02	
		数量	1	比例	1:1
设计	校对	材料	Q235	重量	
制图	日期				
工时	共6页 第2页				

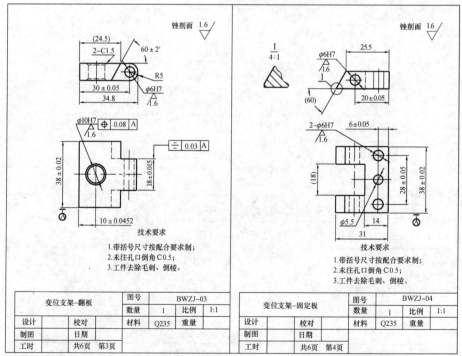

技术要求
1.带括号尺寸按配合要求制；
2.未注孔口倒角C0.5；
3.工件去除毛刺、倒棱。

变位支架-翻板		图号		BWZJ-03	
		数量	1	比例	1:1
设计	校对	材料	Q235	重量	
制图	日期				
工时	共6页 第3页				

技术要求
1.带括号尺寸按配合要求制；
2.未注孔口倒角C0.5；
3.工件去除毛刺、倒棱。

变位支架-固定板		图号		BWZJ-04	
		数量	1	比例	1:1
设计	校对	材料	Q235	重量	
制图	日期				
工时	共6页 第4页				

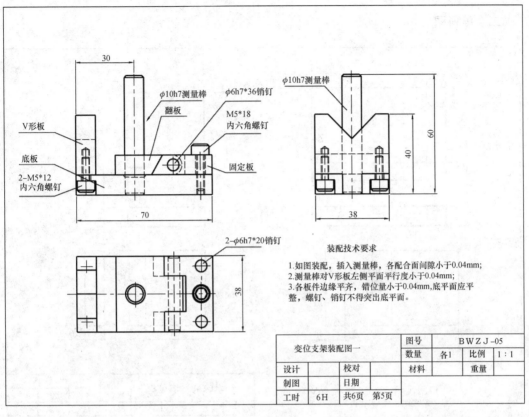

φ10h7测量棒
φ6h7*36销钉
翻板
M5*18
内六角螺钉
V形板
底板
固定板
2-M5*12
内六角螺钉
30
70
φ10h7测量棒
60
40
38

2-φ6h7*20销钉
38

装配技术要求

1.如图装配，插入测量棒，各配合面间隙小于0.04mm;
2.测量棒对V形板左侧平面平行度小于0.04mm;
3.各板件边缘平齐，错位量小于0.04mm,底平面应平整，螺钉、销钉不得突出底平面。

变位支架装配图一		图号	BWZJ-05	
		数量	各1	比例	1：1
设计		校对		材料		重量	
制图		日期			
工时	6H	共6页	第5页		

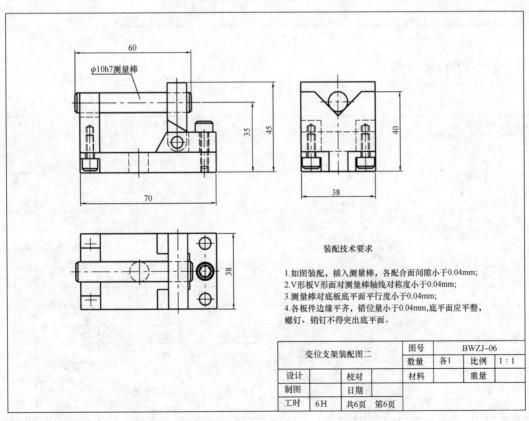

φ10h7测量棒
60
35
45
70
38

φ10h7测量棒
40
38

装配技术要求

1.如图装配，插入测量棒，各配合面间隙小于0.04mm;
2.V形板V形面对测量棒轴线对称度小于0.04mm;
3.测量棒对底板底平面平行度小于0.04mm;
4.各板件边缘平齐，错位量小于0.04mm,底平面应平整，螺钉、销钉不得突出底平面。

变位支架装配图二		图号	BWZJ-06	
		数量	各1	比例	1：1
设计		校对		材料		重量	
制图		日期			
工时	6H	共6页	第6页		

二、配料图

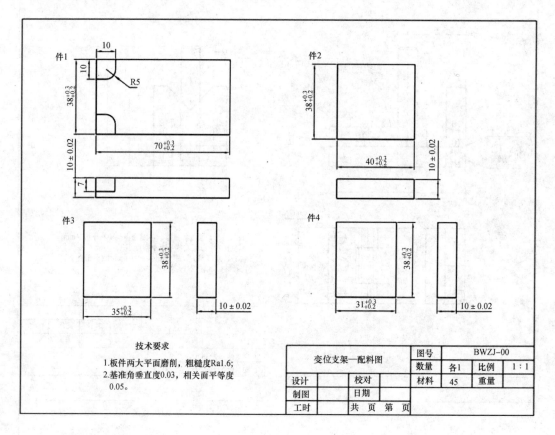

技术要求

1. 板件两大平面磨削，粗糙度Ra1.6；
2. 基准角垂直度0.03，相关面平等度0.05。

变位支架—配料图		图号	BWZJ-00
		数量	各1	比例	1:1
设计		校对		材料	45	重量	
制图		日期					
工时		共 页 第 页					

三、评分标准

项目	序号	技术要求	配分	评分标准	实测记录	得分
底板18分	1	38±0.02	2	超差全扣		
	2	70±0.02	2	超差全扣		
	3	40±0.05	2	超差全扣		
	4	φ10H7 Ra1.6μm	2	超差全扣		
	5	2-φ6H7 Ra1.6μm	2，2	超差全扣		
	6	2-φ5.5	1，2	超差全扣		
	7	M5	1	超差全扣		
	8	锉削面 Ra1.6μm	3	每超一处扣0.5分		
V形板19分	9	38±0.02	2	超差全扣		
	10	$30^{0}_{-0.033}$	2，2	超差全扣		
	11	$10^{0}_{-0.022}$	2	超差全扣		
	12	90°±2′	2	超差全扣		
	13	对称度0.03	2，2	超差全扣		
	14	2-M5 螺孔	1，2	超差全扣		
	15	锉削面 Ra1.6μm	3	每超一处扣0.5分		

项目	序号	技术要求	配分	评分标准	实测记录	得分
翻版 21 分	16	38 ± 0.02	2	超差全扣		
	17	18 ± 0.015	2	超差全扣		
	18	30 ± 0.05	2	超差全扣		
	19	10 ± 0.05	2	超差全扣		
	20	2 − 60° ± 2′	2，2	超差全扣		
	21	对称度 0.03	2	超差全扣		
	22	φ10H7　Ra1.6μm	2	超差全扣		
	23	φ6H7　Ra1.6μm	2	超差全扣		
	24	锉削面 Ra1.6μm	3	每超一处扣 0.5 分		
固定板 21 分	25	38 ± 0.02	2	超差全扣		
	26	28 ± 0.05	2	超差全扣		
	27	20 ± 0.05	2	超差全扣		
	28	2 − 6 ± 0.05	2，2	超差全扣		
	29	4 − φ6H7　Ra1.6μm	2，4	超差全扣		
	30	锉削面 Ra1.6μm	3	每超一处扣 0.5 分		
装配图 1	31	测量棒对 V 形板左侧面平行度小于 0.04μm	4	超差全扣		
	32	翻版与固定板 4 处间隙小于 0.04μm	1，4	超差全扣		
	33	翻版与底板平行度小于 0.04μm	1	超差全扣		
装配图 2	34	测量棒与底板平行度小于 0.04μm	4	超差全扣		
	35	V 形板、V 形面对测量棒轴线对称度小于 0.04μm	4	超差全扣		
	36	V 形架与底板 5 处间隙小于 0.04μm	1，5	超差全扣		
	37	其他	扣分	表面敲击、配合后边缘错位超差及其他缺陷每处扣总分 1 ~ 5 分		
	38	安全文明生产	扣分	按有关安全文明生产要求酌情扣 1 ~ 5 分，严重扣 10 分		
	39	合计得分				

任务七 刨削、磨削加工知识

 基本概念

一、刨削

（一）刨削基础知识

1. 定义

在刨床上用刨刀对工件进行切削加工并达到一定的技术要求的方法。利用往复运动的刀具切削固定在机床工作平台上的工件（一般用来加工较小工件），如图 2－358 所示。

刨削运动，分为主运动和进给运动。

主运动：滑枕带动刨刀所作的往复直线移动。

进给运动：①吃刀运动。控制切入深度，产生新加工表面的运动。②走刀运动。工作台带动工件所作的横向移动。

2. 刨削用量

（1）切削速度。切削刃的选定点相对于工件的主运动的瞬时线速度。

$$Vc = \frac{2Ln}{1000}$$

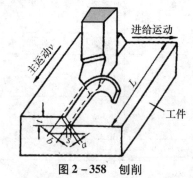

图 2－358 刨削

其中，L 为刀具往复行程长度（mm）；n 为刀具每分钟往复行程次数（行程/min）。

（2）切削深度。已加工表面与待加工表面之间的垂直距离，也叫背吃刀量，用 a_p 表示。

（3）进给量。刀具每往复运动一次工件横向移动的距离。

$$f = \frac{k}{3} \text{（mm/行程）}$$

其中，k 为刨刀每往复行程一次棘轮被拨过的齿数。

3. 刨削工艺特点和加工的范围

（1）刨削加工的工艺特点。

1）加工成本低。因为刨床结构简单，调整操作方便，刨刀的制造和刃磨容易，价格低廉，所以，加工成本明显低于同类机床。

2）切削是断续的，每个往复行程中刨刀切入工件时，受较大的冲击力，刀具容易磨损，加工质量较低。

3）换向瞬间运动反向惯性大，致使刨削速度不能太快。但由于刨削速度低和有一定的空行程，产生的切削热不高，故一般不需要加切削液。

4）返回行程刨刀一般不切削，造成空程时间损失，致使生产效率较低。

5）刨削加工精度达 IT10～IT7 级，表面粗糙度值可达 Ra6.3～1.6μm。

（2）加工的范围。刨床结构简单、操作方便、通用性强，适合在多品种、单件小批量生产中，用于加工各种平面、导轨面、直沟槽、T 形槽、燕尾槽等。如果配上辅助装置，还可以加工曲面、齿轮、齿条等工件，如图 2-359 所示。

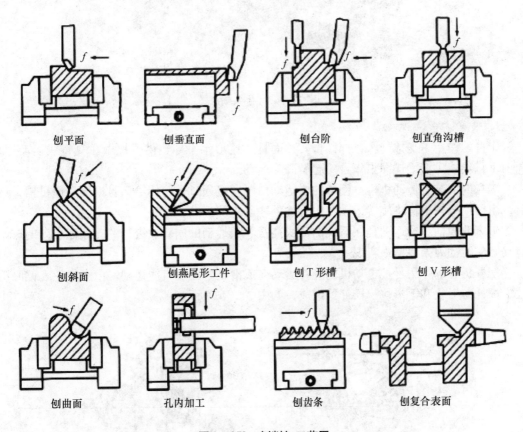

刨平面　　　刨垂直面　　　刨台阶　　　刨直角沟槽

刨斜面　　　刨燕尾形工件　　　刨 T 形槽　　　刨 V 形槽

刨曲面　　　孔内加工　　　刨齿条　　　刨复合表面

图 2-359　刨削加工范围

4. 型号含义

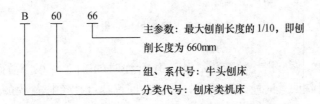

B　60　66

主参数：最大刨削长度的 1/10，即刨削长度为 660mm

组、系代号：牛头刨床

分类代号：刨床类机床

（二）牛头刨床（见图 2 - 360）

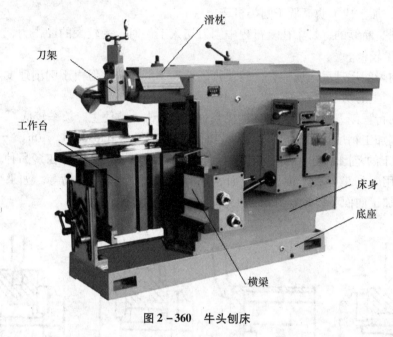

图 2 - 360　牛头刨床

1. 床身

床身的作用是支撑刨床各部件，其顶面是燕尾形水平导轨供滑枕做往复直线运动用，前面垂直导轨供横梁连同工作台一起做升降运动。

床身内部装有传动机构：刨床的主运动由电动机通过带轮传给床身内的变速机构，然后，由摆动导杆机构将旋转运动变为滑枕的往复直线运动。

刨床的横向进给运动是在滑枕的两次往复直线运动的间歇中进行的，其他方向的进给运动则靠转动刀架手柄来实现。

摆杆机构的作用是把电动机的旋转运动变成滑枕的往复直线运动。由大齿轮、偏心滑块、摇杆上滑块和下滑块、摇杆等组成，如图 2 - 361 所示。

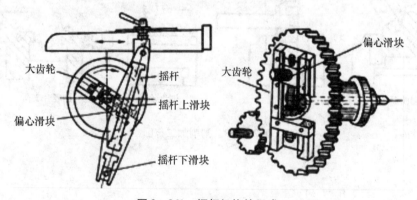

图 2 - 361　摆杆机构的组成

当滑枕回程时，偏心滑块的转角 β 比工作行程时的转角 α 小，而偏心滑块的运动速度是一定的，故滑枕回程时所用时间少、滑枕的回程速度比工作行程的速度大，如图 2 - 362 所示。

2. 滑枕

滑枕的前端有环形 T 形槽，用于安装刀架及调节刀架的偏转角度；滑枕下面有两条导轨，与床身的水平导轨结合并作往复运动。

刨床的主运动由电动机通过带轮传给床身内的变速机构，然后，由摆动导杆机构将旋转运动变为滑枕的往复直线运动。

刨床的横向进给运动是在滑枕的两次往复直线运动的间歇中进行的，其他方向的进给运动则靠转动刀架手柄来实现。

3. 刀架

刀架是用来装夹刨刀，并使刨刀沿垂直方向或倾斜方向移动，以控制切削深度。

刀架由刻度转盘、溜板、刀座、抬刀板和刀夹等组成，如图 2 – 363 所示。

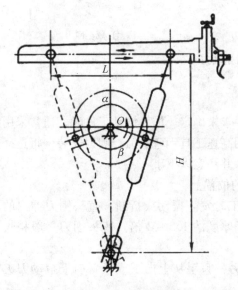

图 2 – 362 摆杆机构

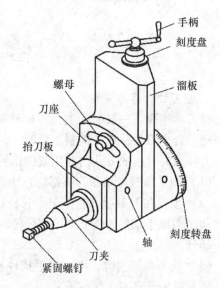

图 2 – 363 刀架

转动手柄可以使刨刀沿转盘上的导轨做上下移动，用以调节切削深度或作垂直进给，松开刀座上的螺母可以使刀座在溜板上作 ±15° 的转动，松开转盘与滑枕之间的固定螺母，可以使转盘作 ±60° 的转动，用以加工侧面或斜面。

抬刀板可绕刀座上的轴向上抬起，避免刨刀回程时与工件摩擦。

4. 工作台

用于安装工件时可以随横梁一起作垂直运动，也可以沿横梁做横向水平运动或横向间歇进给运动。

（三）刨床基本操作

1. 刨刀

刨刀的结构与车刀相似，其几何角度的选取原则也与车刀基本相同。但是由于刨削过程中有冲击，所以刨刀的前角比车刀要小（一般小于 5° ~ 6°），而且刨刀的刃倾角也应取较大的负值，以使刨刀切入工件时所产生的冲击力不是作用在刀尖上，而是作用在离刀尖稍远的切削刃上。

常用刨刀有直杆刨刀、弯头刨刀、平面刨刀、偏刀、切刀、成形刨刀、宽刃刨刀等，如图 2 - 364 所示。

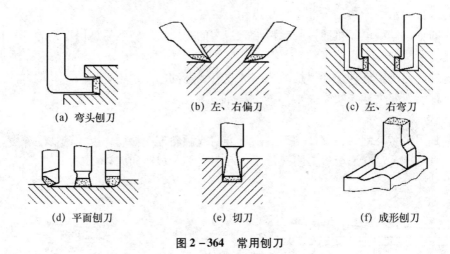

(a) 弯头刨刀　　　(b) 左、右偏刀　　　(c) 左、右弯刀

(d) 平面刨刀　　　(e) 切刀　　　(f) 成形刨刀

图 2 - 364　常用刨刀

2. 刨刀的选择与安装

刨刀的选择，一般根据工件的材料和加工要求来确定。加工铸铁工件时，通常采用钨钴类硬质合金刀头；加工钢制工件时，一般采用高速工具钢弯头刀。刨刀安装，将选择好的刨刀插入夹刀座的方孔内并用紧固螺钉压紧。并注意以下事项：

（1）刨平面时刀架和刀座都应在中间垂直的位置上。

（2）刨刀在刀架上不能伸出太长，以免加工时发生振动或折断。直头刨刀伸出的长度（超出刀座下端的长度），一般不宜超过刀杆厚度的 1.5 ~ 2 倍。弯头刨刀一般稍长于弯头部分。

（3）装刀和卸刀时，用一只手扶住刨刀，另一只手从上向下或倾斜向下扳动刀夹螺栓，夹紧或松开刨刀。

3. 装夹工件

刨床上常用的装夹工具有压板、压紧螺栓、平行垫铁、斜垫铁、支撑板、挡铁、阶台垫铁、V 形架、螺丝撑、千斤顶和平口钳等。形状简单，尺寸较小的工件可装夹在平口钳上，如图 2 - 365 所示。尺寸较大形状复杂的工件可直接装夹在工作台上，如图 2 - 366 所示。

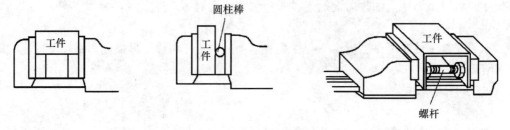

图 2 - 365　用平口钳装夹工件

4. 刨床的维护保养及安全操作

（1）刨床的日常维护保养。

1）保持床身、横梁、滑枕等润滑部位的清洁，在工作结束后，要擦净机床，并涂上一层润滑油。

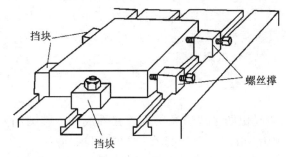

(a) 用螺丝撑和挡块夹紧

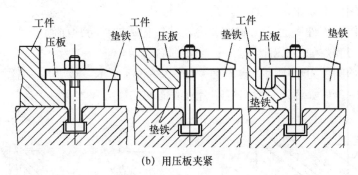

(b) 用压板夹紧

图 2-366 用螺丝撑、挡板、压板等在工作台上装夹工件

2）班前和班后，必须根据润滑指示牌的要求合理加注清洁的润滑油。

3）在开动刨床前，各有关手柄都应准确地扳到所需位置上。绝对禁止在工作过程中变速。

4）移动工作台、刀架或横梁时，应注意不要超过极限位置。

5）机床不允许超负荷工作。

6）如果需要较长时间停车时，牛头刨床的滑枕、工作台的质量应均衡的分布在床身及横梁导轨面上。

（2）安全操作。除参照执行车工实习安全技术要求外，还应注意如下几点：

1）多人共同使用一台刨床时，只能一人操作，并注意其他人的安全。

2）工件和刨刀必须装夹牢固，以防发生事故。

3）开动刨床后，不允许操作者离开机床，也不能开机变速、清除切屑、测量工件，以防发生人身事故。

4）工作台和滑枕的调整不能超过极限位置，以防发生设备事故。

5）工作中突然断电或发生事故时，应立即停车并切断电源开关。

5. 刨平面

刨平面是刨削加工最基本的内容。

（1）刨削一般平面。其方法、步骤如下：

1）工件装夹按任务一进行。

2）选择刨刀一般用两侧切削刃对称的尖刀，安装刨刀见任务一。

3）刨刀安装好后，调整刨床，根据刨削速度（一般在 17～50m/min）来确定滑枕每分钟的往复次数，再根据夹好工件的长度和位置来调整滑枕的行程长度和行程起始位置。

4）对刀试刨。开车对刀，使刀尖轻轻地擦在加工平面表面上，观察刨削位置是否合适；如不合适，需停车重新调整行程长度和起始位置。刨削背吃刀量为 0.2～2mm，进给量为 0.33～0.66mm/dstr（即棘爪每次摆动拨动棘轮转过一个或两个齿）。

5）倒角或去毛刺。

6）检查尺寸。

（2）刨削台阶。台阶是由两个成直角的面连接而成的，其刨削方法是刨水平面和垂直面两种方法的组合。刨削如图 2－367 所示工件的步骤如下：

1）先刨出台阶外的五个关联面 A 面、B 面、C 面、D 面、E 面。

2）在工件端面上划出加工的台阶线。

3）用平口钳以工件底面 A 为基准装夹、并校正工件，将顶面刨至尺寸要求。

4）用右偏刀和左偏刀分别粗刨左边台阶和右边台阶。

5）用两把精刨偏刀精刨两边台阶面，如图 2－368 所示。或者用一把切断刀精刨两边台阶面，如图 2－369 所示，并严格控制台阶表面间的尺寸。

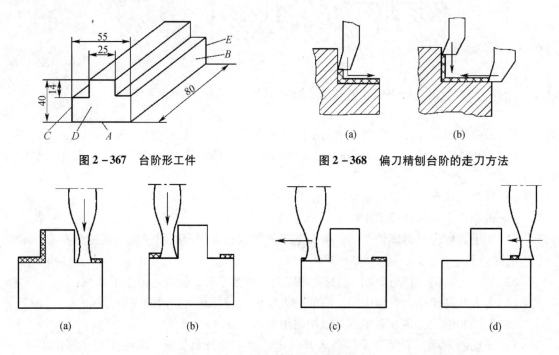

图 2－367　台阶形工件　　　　　　　图 2－368　偏刀精刨台阶的走刀方法

图 2－369　切断刀精刨台阶的走刀方法

（3）刨削斜面。刨削斜面工件，一般应先将互相垂直的几个平面刨好，然后划出斜面的加工线，最后刨斜面。斜面的刨削方法有多种，刨削时应根据工件形状、加工要求、数量等具体情况来选用。常用的刨斜面方法有正夹斜刨法和斜夹平刨、转动钳口垂直走刀法、用成形刨刀（样板刨刀）刨斜面法等。如图 2－370、图 2－371 所示。这里主要介绍正夹斜刨法刨斜面。

正夹斜刨法，即把刀架倾斜，使溜板移动方向与工件斜面方向一致，通过手动进给来刨削斜面。

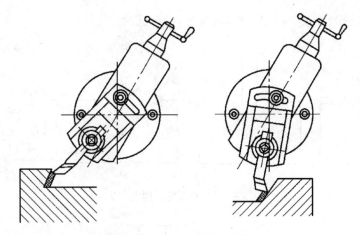

图2-370　正夹斜刨法刨斜面

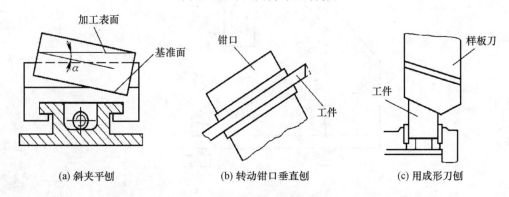

(a) 斜夹平刨　　　　　　　(b) 转动钳口垂直刨　　　　　(c) 用成形刀刨

图2-371　刨斜面的其他方法

正夹斜刨法刨斜面的步骤如下：

1）把工件装夹在平口钳上或直接装夹在工作台上。在平口钳上装夹工件时，应使加工部分露出钳口，然后校正工件。

2）调整刀架和装刀应将刀架调整到使进刀的方向与被加工斜面平行的位置，刀架调整好后，还要旋转拍板座，拍板座调整到位后再将刨刀装到刀架上。

3）粗刨斜面，留0.3~0.5mm的余量。

4）精刨斜面，刨内斜面时切削速度和进给量都要小一些。

5）用样板或万能角度尺检验工件。

6. 刨沟槽

（1）刨V形槽。V形槽是零件上常见的槽形，多用于导轨结合面。刨削V形面，是综合刨斜面和刨沟槽两种方法进行的。其加工步骤如下：

1）先在工件上划出V形槽的加工线。

2）用水平走刀法粗刨去大部分加工余量，如图2-372（a）所示。

3）再用直槽刨刀在工件中央位置刨直槽，以利于斜面的刨削，如图2-372（b）所示。

4）选用左角度偏刀刨左侧斜面及底面左半部，如图2-372（c）所示。

5）选用右角度偏刀刨右侧斜面及底面右半部，如图2-372（d）所示。

在刨90°夹角的V形槽时，也可将工件倾斜装夹，使T形槽中的一个斜面处于垂直位置，而另一个斜面处于水平位置，然后按刨削阶台面的方法进行刨削。如图 2 - 373 所示。

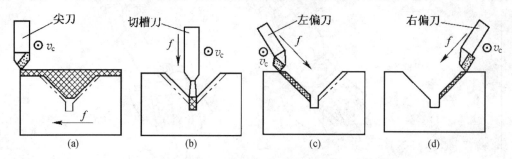

图 2 - 372　V 形槽的刨削方法

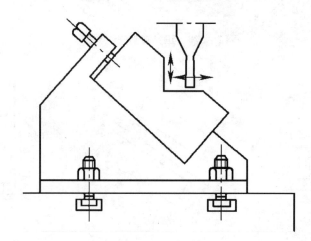

图 2 - 373　90°V 形槽的刨削

（2）刨 T 形槽。刨 T 形槽的加工步骤如图 2 - 374 所示。在刨削过程中，先刨直槽，再用弯切刀刨左、右两侧。用弯切刀刨左右两侧时，要适当加长刨刀两端的越程长度，以保证刨刀有抬起和放下的时间。

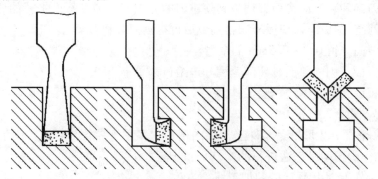

图 2 - 374　刨 T 形槽的步骤

7. 刨水平面和垂直面

（1）工件如图 2 - 375 所示，其刨削步骤如下：

1）根据加工要求选择较大和平整的平面作为基准用平口钳装夹。

2）将平面刨刀装夹在刀架上，调整刨床后刨削平面。

3）换偏刀刨削垂直面检验工件垂直度要求。

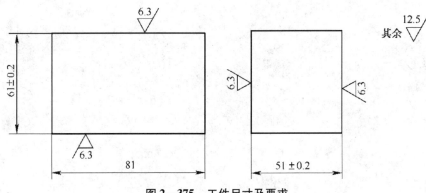

图 2 –375 工件尺寸及要求

4）用已刨出的平面为基准装夹，分别刨出另外两个平面（注意要保证对应面的平行度要求）。

（2）注意事项：

1）刨削垂直面时，刀架下部不要与工件碰撞，以免碰坏刀架和工件。

2）工件不要伸出钳口太长。

3）刨垂直面时，横向自动进给手柄必须放在空挡位置上。

二、磨削

（一）磨削加工分类

1. 磨削加工的范围和工艺特点

（1）磨削加工的范围。磨削加工的工艺范围非常广泛，如图 2 –376 所示，能磨削外圆、内圆、圆锥、平面、成形面、螺纹、曲轴、齿轮、刀具等各种复杂零件表面的精加工。它除能磨削普通材料外，尤其适用于一般刀具难以切削的高硬度材料的加工，如淬硬钢、硬质合金等。

（2）磨削加工的工艺特点。

1）切削刃不规则，切削刃的形状、大小和分布均处于不规则的随机状态，通常切削时为很大的负前角。

2）切削厚度薄，故其加工表面可以获得较好的精度。磨削加工精度可达 IT6 ~ IT4，表面粗糙度 Ra 值可达 1. 25 ~ 0. 02μm。

3）切削速度高，一般切削速度为 35m/s 左右，高速磨削可达 60m/s，但切削过程中，砂轮对工件有强烈的挤压和摩擦作用，导致大量的热量产生，在磨削区域瞬间温度可达 1000℃ 左右，因此，磨削时必须加注大量的切削液。

4）加工材料、内容范围广，适应性强。

5）砂轮在磨削过程中有自锐性。

2. 磨床的用途及类型

（1）用途。用于零件的精加工，尤其是淬硬钢件和高硬度特殊材料的精加工。包括内外圆柱表面、圆锥表面、平面、螺旋面、齿轮的轮齿表面及各种成形表面。

（2）使用刀具砂轮（最常用）。是由结合剂将磨料颗粒黏接而成的多孔体，其中每一个磨粒都可以看成是一个不规则的刀齿，也可看成是无数刀齿的铣刀。

（3）分类。

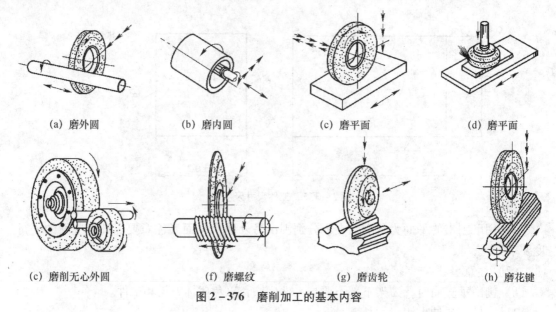

(a) 磨外圆　　　　　(b) 磨内圆　　　　　(c) 磨平面　　　　　(d) 磨平面

(c) 磨削无心外圆　　　　(f) 磨螺纹　　　　　(g) 磨齿轮　　　　　(h) 磨花键

图 2 – 376　磨削加工的基本内容

1）外圆磨床。包括万能外圆磨床、普通外圆磨床、无心外圆磨床等。主要用于轴，套类零件的外圆柱、外圆锥面，阶台轴外圆面及端面的磨削，如图 2 – 377 所示。

万能外圆磨床

无心外圆磨床　　　　　　　　　普通外圆磨床

图 2 – 377　外圆磨床

2）内圆磨床。包括内圆磨床、行星式内圆磨床、无心内圆磨床等。主要用于轴套类零件和盘套类零件内孔表面及端面的磨削，如图 2 - 378 所示。

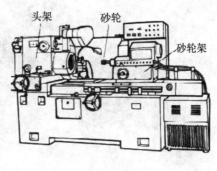

内圆磨床

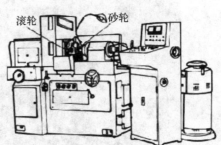

无心内圆磨床

图 2 - 378　内圆磨床

3）平面磨床。包括卧轴矩台平面磨床、立轴矩台平面磨床、卧轴圆台平面磨床、立轴圆台平面磨床等。主要用于各种零件的平面及端面的磨削，如图 2 - 379 所示。

4）工具磨床。包括工具曲线磨床、钻头沟槽磨床、丝锥沟槽磨床等。主要用于磨削各种切削刀具的刃口，如车刀、铣刀、铰刀、齿轮刀具、螺纹刀具等。装上相应的机床附件，可对体积较小的轴类外圆、矩形平面、斜面、沟槽和半球面等外形复杂的机具、夹具、模具进行磨削加工，如图 2 - 380 所示。

5）刀具刃具磨床。包括万能工具磨床、拉刀刃磨床、滚刀刃磨床等，如图 2 - 381 所示。

6）专门化磨床。包括花键轴磨床、曲轴磨床、凸轮轴磨床、活塞环磨床、齿轮磨床、螺纹磨床等，如图 2 - 382 所示。

7）其他磨床。包括珩磨机、研磨机、砂带磨床、超精加工机床、砂轮机等。在生产中应用最多的是外圆磨床，内圆磨床、平面磨床、无心磨床四种，如图 2 - 383 所示。

图 2 – 379　平面磨床

图 2 – 380　工具磨床

图 2 – 381　滚刀刃磨床

曲轴磨床

螺纹磨床

图 2 – 382　专门化磨床

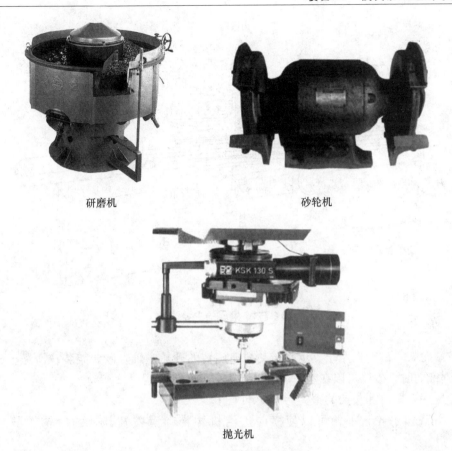

研磨机   砂轮机

抛光机

图 2 - 383　其他磨床

3. 磨床的型号、结构及原理

（1）型号：以 M1432A 为例，其型号的含义如下：

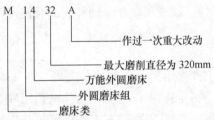

M　14　32　A

作过一次重大改动

最大磨削直径为 320mm

万能外圆磨床

外圆磨床组

磨床类

（2）磨床主要结构及结构原理。磨床的主要结构如图 2 - 384 所示。

1）床身。床身是磨床的基础支承件，在它的上面装有砂轮架、工作台、头架、尾座及滑鞍等部件，使这些部件在工作时保持准确的相对位置，床身内部用作液压油的油池。

2）头架。头架用于安装及夹持工件，并带动工件旋转，头架在水平面内可按逆时针方向转 90°。

3）内圆磨具。内圆磨具用于支承磨内孔的砂轮主轴，内圆磨具主轴由单独的电动机驱动。

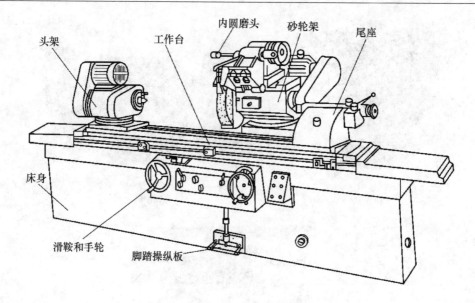

头架　工作台　内圆磨头　砂轮架　尾座

床身

滑鞍和手轮　脚踏操纵板

图 2 - 384　磨床的主要结构

4）砂轮架。砂轮架用于支承并转动高速旋转的砂轮主轴。砂轮架装在滑鞍上，当需磨削短圆锥面时，砂轮可以在水平面内调整至一定角度位置（±30°）。

5）尾座。尾座和头架的顶尖一起支承工件。

6）滑鞍和手轮。手轮可以使横向进给机构带动滑鞍及其上的砂轮作横向进给运动。

7）工作台。工作台由上下两层组成。上工作台可绕下工作台的水平面内回转一个角度（±10°），用以磨削锥度不大的长圆锥面。上工作台的上面装有头架和尾座，它们可随着工作台一起，沿床身导轨做纵向往复运动。

（二）磨削基本操作

1. 磨外圆

外圆磨削是指对工件圆柱、圆锥和多台阶轴外表面及旋转体外曲面进行的磨削。外圆磨削一般在外圆磨床上和无心磨床上进行。

（1）磨削外圆柱面。

1）工件的装夹。轴类工件常用顶尖装夹，方法与车削基本相同。但磨床所用顶尖不随工件转动。这样，主轴、顶尖同轴度误差就不会反映到工件上，从而提高零件精度。如果采用无心磨削，工件不用顶尖安装，而是在工件下方用托板托住。

盘套类工件常用心轴和顶尖安装，所用心轴与车削用心轴基本相同。磨削短而又无顶尖孔的轴类工件时，可用三爪自定心卡盘或四爪单动卡盘装夹。

2）磨削用量。磨削速度 v_s、工件速度 v_w、工件纵向进给量 f_a、磨削深度 f_r。

3）磨削方法。

①纵磨法，如图 2 - 385 所示。工件随工作台作往复直线运动（纵向进给），每一往复行程终了时，砂轮作周期性横向进给。每次磨削吃刀量很小，磨削余量是在多次往复行程中磨去的。

纵磨时，因磨削吃刀量小，磨削力小，磨削热小且散热好，加上最后作几次无横向进给的光磨行程，直到火花消失为止，所以磨削精度高，表面粗糙度值小。但生产效率低，广泛应用于单件、小批量生产及粗磨中，特别适用于细长轴的磨削。

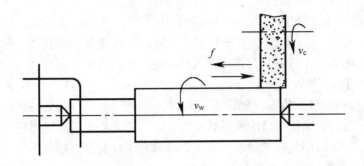

图 2 - 385 纵磨法

②横磨法，又称切入磨法，如图 2 - 386 所示。磨削时，工件无纵向运动，而砂轮以慢速作连续或断续的横向进给，直到磨去全部余量。横磨法生产效率高，但横磨时，工件与砂轮接触面大，磨削力大，发热量多，磨削温度高，工件易发生变形和烧伤，加工精度较低，表面粗糙度值较大。横磨法适用于磨削长度短、刚性好、精度较低的外圆面及两侧都有台肩的轴颈工件的大批量生产，尤其是成形面，只要将砂轮修整成形，就可直接磨出。

③深磨法，如图 2 - 387 所示。采用较大的磨削吃刀量（0.2 ~ 0.6mm），以较小的纵向进给量（1 ~ 2mm/r）在一次走刀中磨去全部余量。此法生产效率较高，用于磨削刚度大的短轴。

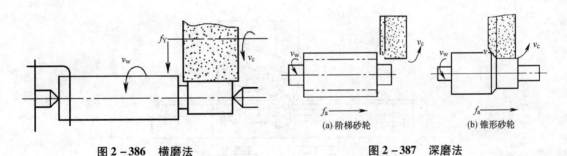

图 2 - 386 横磨法

(a) 阶梯砂轮　(b) 锥形砂轮

图 2 - 387 深磨法

4）无心外圆磨，如图 2 - 388 所示。磨削时工件放在两砂轮之间，不用顶尖支持（故称无心磨），工件下面用托板支承。两个砂轮中较小的称导轮，导轮是用橡胶结合剂做的磨粒较粗的砂轮。导轮转速很低，靠摩擦力带动工件旋转，为了使工件作轴向进给，导轮轴线应倾斜一角度（一般为 1° ~ 5°）。另一砂轮是用来磨削工件的，称磨削砂轮。

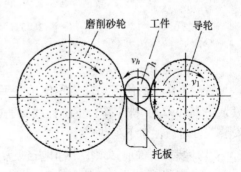

磨削砂轮　工件　导轮

托板

图 2 - 388 无心外圆磨法

无心磨削不能磨削带有长键槽、平面等的圆

柱面，因为这时导轮无法带动工件连续转动。

（2）磨削外圆锥面。磨削外圆锥面方法主要有以下几种：

1）转动工作台磨削外圆锥面。

如图 2－389 所示，磨削时工件安装在两顶尖之间，逆时针将工作台转动一个工件圆锥半角 $\alpha/2$，采用纵磨法。先试磨并测量工件锥度，根据测量（用套规）结果精细调整工作台直至锥度正确为止，然后用套规测量工件余量，将工件磨至图样要求。此磨削方法只能磨削圆锥角小于 12° 的外圆锥面。

2）转动头架磨削外圆锥面。如图 2－390 所示，磨削时工件安装在卡盘上，逆时针将头架转动一个工件圆锥半角 $\alpha/2$，采用纵向磨削法。先试磨并用套规测量锥度并调整工作台。工作台调整完毕后用套规测量磨削余量，随后将工件磨至图样要求。

3）转动砂轮架磨削外圆锥面

如图 2－391 所示，工件用两顶尖安装，逆时针将砂轮架转动一个工件圆锥半角 $\alpha/2$，采用横磨法磨削。

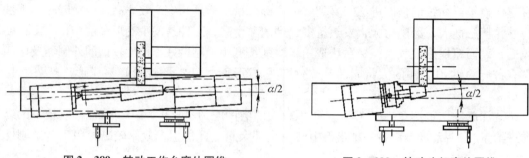

图 2－389 转动工作台磨外圆锥　　　　图 2－390 转动头架磨外圆锥

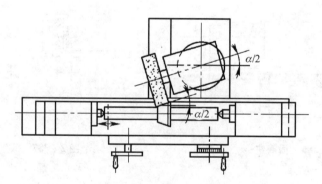

图 2－391 转动砂轮磨外圆锥

2. 磨平面

磁性工作台的使用与安装零件。磨平面时钢铁工件直接放在磁性工作台上（电磁吸盘见图 2－392），被工作台下磁性线圈通电时产生的磁力牢牢吸住，无须其他夹具。但在安装工件时应注意下列两点：

（1）装夹工件前必须擦干净电磁吸盘和工件，若有毛刺应用油石去除。

（2）安装工件时，工件定位表面盖住绝磁层条数应尽可能多。小而薄的工件应放在绝磁层中间［如图 2－393（b）所示］，要避免放成图 2－393（a）所示位置，并在工件左右放挡板［图2-393（c）所示］。装夹高度较高而定位要求较小的工件时，应在工件四周放置面积较大高度略低于工件高度的挡板，如图2-394所示。

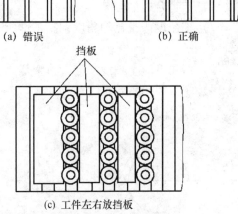

(a) 错误　　　　　　　　　　(b) 正确

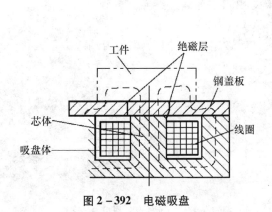

图 2-392　电磁吸盘

图 2-393　小工件装夹方法

3. 砂轮平衡校正

砂轮在使用前都应平衡校正，但实际在工作中，一般都将法兰盘的三块配重块都拆下，不校正平衡直接使用，但水磨砂轮及粗磨钻石砂轮必须进行平衡校正后使用。平衡校正方法如下：

（1）拆掉法兰盘上配重块，将砂轮底部修平。CBN砂轮、ASD砂轮用钼块修平底部；普通砂轮用钻石修刀修平底部。

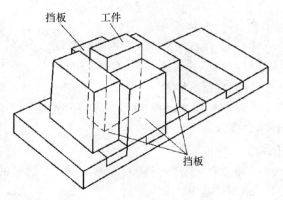

图 2-394　狭高工件的装夹方法

（2）将砂轮装上法兰套在平衡轴上，并置放于砂轮平衡架上，找出最轻方向（用轻微的力推动让其自然停止，最上端为砂轮最轻的方向）。

（3）在最轻方向处，涂上标记，在标记处配上一块配重块，其余两块均匀配置。

（4）根据配重后的平衡状况，调整后配置的两块配重块，以达到最均匀状态（最轻位置的配重块不可调动，用轻微的力推动后，让其在任意位置可立即停止，即已达到平衡状态）。

4. 砂轮斜度修整

砂轮的斜度是用角度修整器来修出的，角度修整器的工作原理是运用正弦定理。砂轮的斜度有两种修整方法：

（1）修砂轮的底部。底部修整斜度法，如图2-395所示。

1）选择合适的砂轮。

2）把角度修整器的角度调到与工件所需的角度相同，并在平台上把修整器校平。

3）修角度时砂轮应慢慢卸下，修整器上的修刀来回滑动。

4）到修整器与砂轮相碰时，将 x 轴方向归零，然后将 x 轴进刀到数（即工件上角度所对的高度）即可。

（2）修砂轮的侧面。侧面修整斜度法，如图 2 – 396 所示。

1）选择合适的砂轮。

2）把角度修整器的角度调到工件所需的角度相同，把修整器竖立放在平台上并把修整器校平。

3）修角度时 y 轴慢慢进刀使修整器慢慢地靠近砂轮，修刀上下均匀滑动。

4）至修刀与砂轮点。

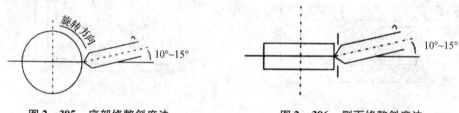

图 2 –395　底部修整斜度法　　　　图 2 –396　侧面修整斜度法

5. 工作台的修整

由于工作台经常因加工需要而修理，误差较小，正常直接精修即可。

（1）将砂轮转速调至 2600 ~ 3000rpm，按上下 0.01 ~ 0.003mm 进刀，前后缓慢均匀的速度进刀修整砂轮。

（2）对刀时应小心谨慎，先将砂轮摇至平台外侧边缘涂上奇异笔局部对刀，以防伤到平台，砂轮擦到平台时抬起 0.01mm，再全程对刀以每次下刀 0.001mm 的速度直到轻轻擦到平台即可。

（3）精修平台以 1800 ~ 2200rpm、上下 0.001 ~ 0.003mm 的进刀量进行修整。

6. 基本操作

（1）工件的装夹固定。将去好毛刺的工件轻放于工作台上，利用侧面挡板和垫块定位工件上磁固定，并确认工件吸牢。

（2）对刀操作。工件的最高部位涂上颜色，以砂轮擦掉颜色为准。

（3）进给量的选择。进给量要均匀，砂轮离开工件后，才可进刀。粗磨时，上下进刀量为 0.01 ~ 0.03mm，前后进刀量为 0.5 ~ 1mm。

精磨时，上下进刀量为 0.001 ~ 0.002mm，前后进刀量为 0.25 ~ 0.5mm。

精磨进给量要小，无进给量空行程次数要多，不许留下砂轮走刀痕迹。

（4）工件测量时，砂轮要退出工件并停稳，并保证一定的安全距离，工件从工作台上取出要用右手操作。

（5）加工结束后，用油石修工件棱边和毛刺，擦拭干净并涂上防锈油。

（6）关闭电源开关，清扫机床，不能用气枪清洁工作台。

任务试题

（1）牛头刨床由哪些主要部分组成？各自的作用是什么？

（2）牛头刨床为什么在工作行程时速度慢，而回程时速度快？

（3）牛头刨床最适合加工什么类型的工件？为什么不适合加工曲面？

（4）刨刀分弯头刨刀与直头刨刀两种，为什么常用弯头刨刀？

（5）磨削平面常用的磨床有几种？各适用于什么场合？

（6）试说明 M1432 和 M7120A 磨床型号各是什么含义？

（7）磨削外圆工件时，常见的装夹方法有几种？各适用于什么场合？

任务八 刨削、磨削技能实训

任务目标

（1）掌握典型零件刨削加工。

（2）掌握典型零件磨削加工。

基本概念

一、典型零件的刨削加工

1. 正六面体零件刨削加工

正六面体零件要求对面平行，还要求相邻面成直角。这类零件可以铣削加工，也可刨削加工。刨削六面体一般采用图 2-397 所示的加工程序。

加工程序：

第一步：一般是先刨出大面 1，作为精基面［见图 2-398（a）］。

第二步：将已加工的大面 1 作为基准面贴紧固定钳口。在活动钳口与工件之间的中部垫一个圆棒后夹紧，然后加工相邻的面 2［见图 2-398（b）］。面 2 对面 1 的垂直度取决于固定钳口与水平走刀的垂直度。在活动钳口与工件之间垫一个圆棒，是为了使夹紧力集中在钳口中部，以利于面 1 与固定钳口可靠地贴紧。

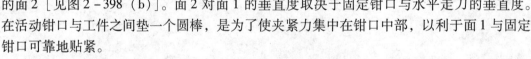

图 2-397　刨垂直槽

第三步：把加工过的面 2 朝下，同样按上述方法，使基面 1 紧贴固定钳口。夹紧时，用手锤轻轻敲打工件，使面 2 贴紧平口钳，就可以加工面 4［见图 2-398（c）］。

第四步：加工面 3［见图 2-398（d）］。把面 1 放在平行垫铁上，工件直接夹在两个钳口之间。夹紧时要求用手锤轻轻敲打，使面 1 与垫铁贴实。

2. 保证六面体刨削精度的措施

（1）检查平口钳本身的精度（见图 2-399）并正确安装在工作台上。

（2）加工要求高时，粗、精刨要分开。先粗刨四面，每面留 0.5mm 左右的精刨余量。精刨时用精刨刀。

（3）正确选择加工基准以较为平整和较大的毛坯面为粗基准，加工出平整的平面，如图 2-398（a）中的平面 1，后续加工就以该平面作为基准进行装夹和丈量。

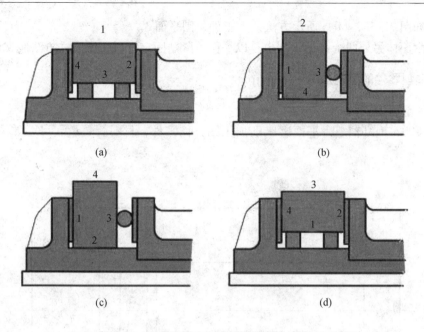

图 2 - 398　保证 4 个面垂直度的加工程序

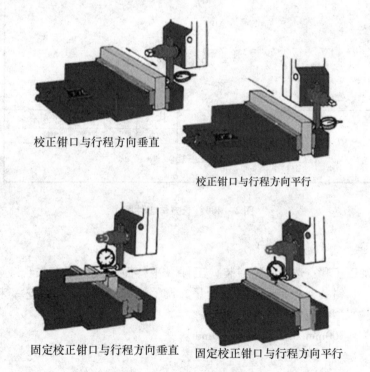

校正钳口与行程方向垂直

校正钳口与行程方向平行

固定校正钳口与行程方向垂直　　固定校正钳口与行程方向平行

图 2 - 399　平口钳精度检查

（4）将已经加工的平面 1 紧贴固定钳口，在活动与工件之间用圆棒夹紧，刨相邻平面 2 ［见图 2 - 398（b）］。

（5）将工件的已加工好的平面 2 紧贴钳口底面，按上述相同装夹方法将基准面 1 紧贴于固定钳口，刨平面 4 ［见图 2 - 398（c）］。

（6）如图 2－398（d）所示方法装夹工件，刨平面 3。

（7）六面体另外两个面的刨削也是以平面 1 紧贴固定钳口，用同样方法装夹后进行。

二、典型零件的磨削加工

长方体磨削加工：

用 M7120A 型卧轴矩台平面磨床上加工四方体零件，材料、数量、尺寸如图 2－400 所示。

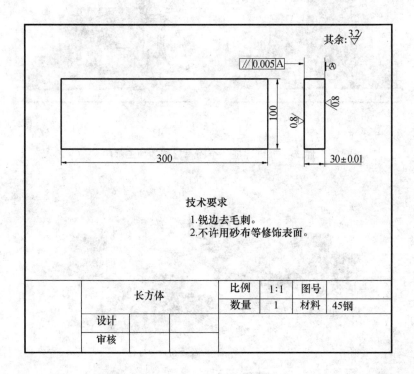

图 2－400　长方体零件图

1. 工艺分析

该零件的加工步骤：选择砂轮→装夹工件（平行面磨削选用工作台吸附磨削；直面磨削选用精密平口钳装夹）→选择切削用量并调整机床→确定磨削工艺→粗加工→精加工→测量工件。采用横向加工法加工工件。

毛坯尺寸为：300mm×30.2mm×100mm。

2. 材料工具清单（见表 2－87）

表 2－87　材料工具清单

项目	序号	名称	作用	数量	型号
所用设备和刀具	1	平面磨床	加工工具	1	M7120A
	2	砂轮	加工工具	1	WA46K5V30
	3	电磁吸盘	装夹	1	

续表

项目	序号	名称	作用	数量	型号
毛坯材料	1	45#钢	毛坯材料	1	300mm×0.2mm×100mm
所用工、量具	1	游标卡尺	测量	1	0~500mm
	2	钢直尺	测量	1	500mm
	3	刀口形直尺	检测	1	75mm
	4	90°角尺	检测	1	63mm×40mm

3. 长方体磨削

(1) 砂轮选择。

P300×40×127WA46K5V30

(2) 工件的装夹方法，如图 2-401、图 2-402 所示。

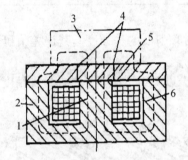

1—芯体；2—吸盘体；3—工件；
4—磁层；5—钢盖板；6—线圈

图 2-401 电磁吸盘

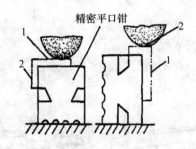

精密平口钳

图 2-402 用精密平口钳夹磨削垂直平面

(3) 切削用量的选择。

1) 粗磨时切削用量的选择。

横向进给量 $u = 30 \sim 35 m/s$，$f = (0.1 \sim 0.48) B/双行程$（B 为砂轮宽度），背吃刀量（垂直进给量）$a_p = 0.015 \sim 0.04 mm$。

2) 精磨时切削用量的选择。

$Y = 30 \sim 35 m/s$，$f = (0.05 \sim 0.1) B/双行程$，$a_p = 0.005 \sim 0.01 mm$。

(4) 切削的工艺过程，如表 2-88 所示。

表 2-88 平面加工工艺过程

序号	工序简图	工序内容	注意事项
1	30 ± 0.010 0.8 0.8	粗磨	磨前将吸盘台面和工件上的毛刺、氧化层清除干净

续表

序号	工序简图	工序内容	注意事项
2	30±0.05	半精磨	为防止工件受热变形，消除原有的凹凸不平，需要多次翻转工件
3	30±0.01	精磨	为了达到工件精度，需多次进行光磨

（5）工件的尺寸测量。常用刀口尺通过透光法检测磨削面的平面度。其误差值可以用塞尺法塞入检查，如图2-403所示。

说明：在不同的位置检查时将刀口尺提起后再放下，以免刀口磨损，影响检查精度。

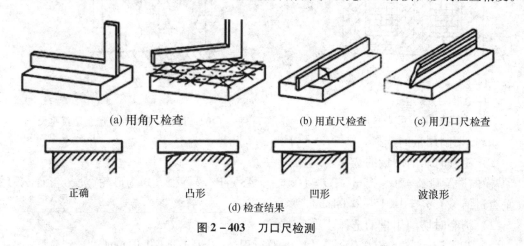

(a) 用角尺检查　　　　(b) 用直尺检查　　　　(c) 用刀口尺检查

正确　　　　凸形　　　　凹形　　　　波浪形

(d) 检查结果

图2-403　刀口尺检测

各组对自己加工的零件进行检测，填入表2-89。

表2-89　长方体磨削检查表

序号	检查项目	检查内容	学生自检	教师检查
1	砂轮的安装及修整	安装，修整		
2	工件的装夹	夹具的选用，工件安装，工件校正		
3	切削用量选择	粗磨切削用量选择，精磨切削用量选择		
4	机床调整	工作台调整，砂轮架调整		
5	对刀方法	操作是否正确		
6	磨外圆	挡铁距离的调整，运动速度的调整		
7	工件质量检测	尺寸，表面粗糙度		

序号	检查项目	检查内容	学生自检	教师检查
8	工具、设备的使用 与维护	正确、规范使用工具、量具、刃具，合理保养与维护工具、量具、刃具		
9		正确、规范地使用设备，合理保养维护设备		
10		操作姿势正确，动作规范		
11	安全及其他	安全文明生产，按国家颁布的有关法规或企业自定的有关规定执行		
12		操作方法及工艺规程正确		
13	完成时间	2h		

检查 评价	班级		第　　组	组长签字	
	教师签字			日期	
	评语：				

中级磨工实操案例

一、加工图

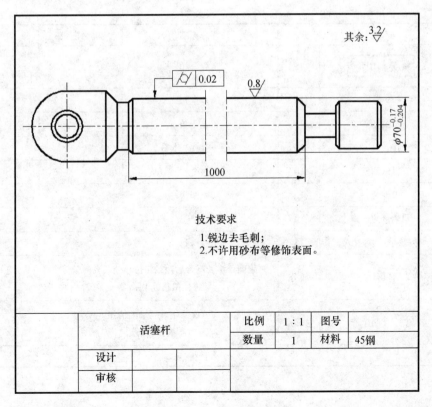

其余：3.2

0.02

0.8

$\phi 70^{-0.17}_{-0.204}$

1000

技术要求

1. 锐边去毛刺；
2. 不许用砂布等修饰表面。

活塞杆		比例	1:1	图号	
		数量	1	材料	45钢
	设计				
	审核				

二、加工准备清单

项目	序号	名称	作用	数量	型号
所用设备和刀具	1	外圆磨床	加工工具	1	ME1332A
	2	砂轮	加工工具	1	WAF46K6V
	3	顶尖	装夹	2	
	4	中心架	装夹	1	
	5	中心钻	钻顶尖孔	1	d = 3mm
毛坯材料	1	45#钢	毛坯材料	1	φ70mm × 1000mm
所用工具、量具	1	游标卡尺	测量	1	0 ~ 1500mm
	2	外径千分尺	测量	1	50 ~ 75mm
	3	圆度仪	检测	1	
	4	百分表	检测	1	150mm
	5	测微仪	检测	1	0 ~ 3mm
	6	样板	检测	1	

三、评分标准

序号	技术要求	配分	评分标准	实测记录	得分
1	$\angle$ 0.02	15	超差全扣		
2	$\phi 70^{-0.17}_{-0.204}$	15	超差全扣		
3	长度1000	15	超差全扣		
4	磨削面 Ra0.8μm	10	每超一处扣0.5分		
5	机床调整	10	超差全扣		
6	工件装夹	10	超差全扣		
7	切削量的选择	10	超差全扣		
8	砂轮的安装及修整	15	超差全扣		
9	其他	扣分	表面敲击、配合后边缘错位超差及其他缺陷 每处扣总分1 ~ 5分		
10	安全文明生产	扣分	按有关安全文明生产要求酌情扣1 ~ 5分, 严重扣10分		
11			合计得分		

特种加工技术

任务一　电火花加工

任务目标

（1）熟悉电火花加工原理、特点及基本规律。
（2）熟悉电火花加工机床的型号及分类。
（3）掌握电火花常用的加工方法。

基本概念

一、电火花加工的原理和特点

1. 电火花加工原理

电火花加工是一种利用电能和热能进行加工的新工艺，俗称放电加工（Electrical Discharge Machining，EDM）。电火花加工与一般切削加工的区别在于，电火花加工时工具与工件并不接触，而是靠工具与工件间不断产生的脉冲性火花放电，利用放电时产生局部瞬时的高温把金属材料逐步蚀除下来，由于在放电过程中有可见火花产生，故称电火花加工，如图 3 – 1 所示。

电火花加工的原理如图 3 – 2 所示，当工件与工具两电极间电压加到直流 100V 左右时，极间某一间隙最小处或绝缘强度最低处介质被击穿引起电离并产生火花放电，产生瞬时高温，使工具与工件表面蚀除掉一小部分金属，各自形成一个小凹坑。然后经过一段时间间隔，排除电蚀产物和介质恢复绝缘，再在两级间加电，如此连续地重复放电，工具电极不断地向工件进给就可将工具的形状复制在工件上，加工出所需要的零件。

图 3-1 电火花加工

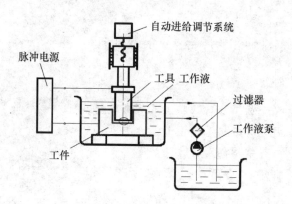

图 3-2 电火花加工原理图

其加工的必备条件是：必须采用脉冲电源；工具电极和工件被加工表面之间必须保持一定的间隙；放电必须在一定绝缘性能的液体介质中进行。

2. 电火花加工过程

电火花加工是一个非常复杂的过程，其微观过程是热力、流体力、电场力、磁力、电化学等综合作用的结果。这一过程可分为以下四个阶段：

（1）极间介质的电离、击穿，形成放电通道。

（2）介质热分解、电极材料熔化、气化热膨胀。

（3）电极材料的抛出。

（4）极间介质的电离消除。

3. 电火花加工的适用范围

（1）加工任何难加工的金属材料和导电材料，电极材料是紫铜或石墨。

（2）加工形状复杂的表面。

（3）加工薄壁、弹性、低刚度、微细小孔、异形小孔、深小孔等有特殊要求的零件。

4. 电火花组成部分及型号

（1）电火花主要包括机床主体、控制部分和工作液循环系统。

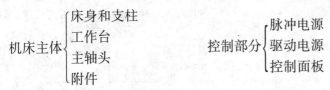

（2）型号。

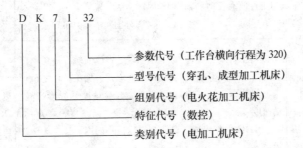

5. 电火花加工的特点

（1）电火花加工的优点。

1）能加工用切削的方法难以加工或无法加工的高硬度导电材料。

2）便于加工细长、薄、脆性零件和形状复杂的零件。

3）工件变形小，加工精度高，电火花加工的精度可达 0.01～0.05mm，在精密光整加工时可小于 0.005mm。

4）易于实现加工过程的自动化。

（2）电火花加工的不足。

1）只能对导电材料进行加工。

2）加工精度受到电极损耗的限制。

3）加工速度慢。

4）最小圆角半径受到放电间隙的限制。

6. 电火花加工的分类（见表 3-1）

表 3-1 电火花加工分类

类别	工艺方法	特点	用途	备注
1	电火花穿孔成形加工	（1）工具和工件主要有一个相对运动的伺服进给运动 （2）工具为成形电极，与被加工表面有相同的截面或形状	（1）型腔加工：加工各类型腔模及各种复杂型腔零件 （2）穿孔加工：加工各种冲模、挤压模、粉末冶金模、各种异形孔及微孔等	约占电火花机床总数的30%，典型机床有 D7125、D7140 等电火花成形机床

类别	工艺方法	特点	用途	备注
2	电火花线切割加工	(1) 工具电极为沿着其轴线方向移动着的线状电极 (2) 工具与工件在两水平方向同时有相对伺服进给运动	(1) 切割各种冲模和具有直纹面的零件 (2) 小料、截割和窄缝加工 (3) 直接加工出零件	约占电火花机床总数的60%，典型机床有DK7725、DK7740 等数控电火花切割机床
3	电火花内孔、外圆和成形磨削	(1) 工具与工件有相对的旋转运动 (2) 工具与工件间有径向和轴向运动的进给运动	(1) 加工高精度、表面粗糙度值小的小孔，如拉丝模、挤压模、微型轴承内环、钻套等 (2) 加工外圆、小模数滚刀	约占电火花机床总数的30%，典型机床有D6310 电火花小孔内圆磨床
4	电火花同步共轭回转加工	(1) 成形工具与工件均作旋转运动，但两者角速度相等或成整数倍，接近的放电点可有切向相对运动速度 (2) 工具相对工件可作纵向、横向进给运动	以同步回转、展成回转、倍角速度回转等不同方式，加工各种复杂形面的零件，如高精度的异形齿轮、精密螺纹环规、高精度、高对称、表面粗糙度值小的内、外回转体表面等	约占电火花机床总数的1%以下，典型机床有 JN-2、JN-8 等内外螺纹加工机床
5	电火花高速小孔加工	(1) 采用 $\phi 0.3 \sim \phi 3mm$ 空心管状电极，管内冲入高压水基工作液 (2) 细管电极旋转	(1) 加工速度可高达 60mm/min，深径比可达1:100 以上 (2) 线切割预穿丝孔 (3) 深径比很大的小孔，如喷嘴等	约占电火花机床总数的2%，典型机床有 D7003A 电火花高速小孔加工机床
6	电火花铣削加工	工具电极相对工件作平面或空间运动，类似常规铣削	(1) 适合用简单电极加工复杂形状 (2) 由于加工效率不高，一般用于加工较小零件	各种多轴数控电火花加工机床有此功能
7	电火花表面强化、刻字	(1) 工具在工具表面上振动 (2) 工具相对工件移动	(1) 模具刃口，刀具、量具刃口表面强化和镀覆 (2) 电火花刻字、打印记	约占电火花机床总数的2%~3%，典型机床有 D9105 电火花强化机等

二、电火花加工的基本规律

1. 电火花加工的常用术语

电火花加工中常用的主要名词术语和符号如下：

(1) 工具电极。电火花加工用的工具是电火花放电时的电极之一，故称为工具电极，有时简称电极。由于电极的材料常常是铜，因此又称为铜公（见图3-1）。

(2) 放电间隙。放电间隙是放电时工具电极和工件间的距离，它的大小一般为0.01~0.5mm，粗加工时间隙较大，精加工时则较小。

(3) 脉冲宽度 t_i （μs）。脉冲宽度简称脉宽（也常用 ON、TON 等符号表示），是加到电极和工件上放电间隙两端的电压脉冲的持续时间（见图3-3）。为了防止电弧烧伤，电火花加工只能用断断续续的脉冲电压波。一般来说，粗加工时可用较大的脉宽，精加工时只能用较小的脉宽。

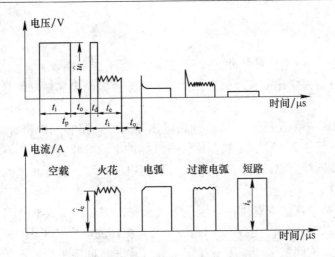

图 3-3 脉冲参数与脉冲电压、电流波形

（4）脉冲间隔 t_o（μs）。脉冲间隔简称脉间或间隔（也常用 OFF、TOFF 表示），它是两个电压脉冲之间的间隔时间（见图 3-3）。间隔时间过短，放电间隙来不及消电离和恢复绝缘，容易产生电弧放电，烧伤电极和工件；脉间选得过长，将降低加工生产率。加工面积、加工深度较大时，脉间也应稍大。

（5）放电时间（电流脉宽）t_e（μs）。放电时间是工作液介质击穿后放电间隙中流过放电电流的时间，即电流脉宽，它比电压脉宽稍小，二者相差一个击穿延时 t_d。t_i 和 t_e 对电火花加工的生产率、表面粗糙度和电极损耗有很大影响，但实际起作用的是电流脉宽 t_e。

（6）击穿延时 t_d（μs）。从间隙两端加上脉冲电压后，一般均要经过一小段延续时间 t_d，工作液介质才能被击穿放电，这一小段时间 t_d 称为击穿延时（见图 3-3）。击穿延时 t_d 与平均放电间隙的大小有关，工具欠进给时，平均放电间隙变大，平均击穿延时 t_d 就大；反之，工具过进给时，放电间隙变小，t_d 也就小。

（7）脉冲周期 t_p（μs）。从一个电压脉冲开始到下一个电压脉冲开始之间的时间称为脉冲周期，显然 $t_p = t_i + t_o$（见图 3-3）。

（8）脉冲频率 f_p（Hz）。脉冲频率是指单位时间内电源发出的脉冲个数。显然，它与脉冲周期 t_p 互为倒数，即：

$$f_p = \frac{1}{t_p}$$

（9）有效脉冲频率 f_e（Hz）。有效脉冲频率是单位时间内在放电间隙上发生有效放电的次数，又称工作脉冲频率。

（10）脉冲利用率 λ。脉冲利用率 λ 是有效脉冲频率 f_e 与脉冲频率 f_p 之比，又称频率比，即：

$$\lambda = \frac{f_e}{f_p}$$

亦即单位时间内有效火花脉冲个数与该单位时间内的总脉冲个数之比。

（11）脉宽系数 τ。脉宽系数是脉冲宽度 t_i 与脉冲周期 t_p 之比，其计算公式为：

$$\tau = \frac{t_i}{t_p} = \frac{t_i}{t_i + t_o}$$

（12）占空比 ψ。占空比是脉冲宽度 t_i 与脉冲间隔 t_o 之比，$\psi = t_i/t_o$。粗加工时占空比一般较大，精加工时占空比应较小，否则放电间隙来不及消电离恢复绝缘，容易引起电弧放电。

（13）开路电压或峰值电压（V）。开路电压是间隙开路和间隙击穿之前 t_d 时间内电极间的最高电压（见图 3－3）。一般晶体管方波脉冲电源的峰值电压为 60～80V，高低压复合脉冲电源的高压峰值电压为 175～300V。峰值电压高时，放电间隙大，生产率高，但成形复制精度较差。

（14）火花维持电压。火花维持电压是每次火花击穿后，在放电间隙上火花放电时的维持电压，一般在 25V 左右，但它实际是一个高频振荡的电压（见图 3－3）。

（15）加工电压或间隙平均电压 U（V）。加工电压或间隙平均电压是指加工时电压表上指示的放电间隙两端的平均电压，它是多个开路电压、火花放电维持电压、短路和脉冲间隔等电压的平均值。

（16）加工电流 I（A）。加工电流是加工时电流表上指示的流过放电间隙的平均电流。精加工时小，粗加工时大，间隙偏开路时小，间隙合理或偏短路时则大。

（17）短路电流 Is（A）。短路电流是放电间隙短路时电流表上指示的平均电流。它比正常加工时的平均电流要大 20%～40%。

（18）峰值电流（A）。峰值电流是间隙火花放电时脉冲电流的最大值（瞬时），在日本、英国、美国常用 Ip 表示（见图 3－3）。虽然峰值电流不易测量，但它是影响加工速度、表面质量等的重要参数。在设计制造脉冲电源时，每一功率放大管的峰值电流是预先计算好的，选择峰值电流实际是选择几个功率管进行加工。

（19）短路峰值电流（A）。短路峰值电流是间隙短路时脉冲电流的最大值（见图 3－3），它比峰值电流要大 20%～40%，与短路电流 Is 相差一个脉宽系数的倍数，即：$I_s = \tau \cdot \hat{I}_s$。

1）短路（短路脉冲）。放电间隙直接短路，这是由于伺服进给系统瞬时进给过多或放电间隙中有电蚀产物搭接所致。间隙短路时电流较大，但间隙两端的电压很小，没有蚀除加工作用。

2）电弧放电（稳定电弧放电）。由于排屑不良，放电点集中在某一局部而不分散，导致局部热量积累，温度升高，如此恶性循环，此时火花放电就成为电弧放电。由于放电点固定在某一点或某一局部，因此称为稳定电弧，常使电极表面积炭、烧伤。电弧放电的波形特点是 t_d 和高频振荡的小锯齿基本消失。

3）过渡电弧放电（不稳定电弧放电，或称不稳定火花放电）。过渡电弧放电是正常火花放电与稳定电弧放电的过渡状态，是稳定电弧放电的前兆。波形特点是击穿延时很小或接近于零，仅成为一尖刺，电压电流表上的高频分量变低或成为稀疏的锯齿形。

2. 影响材料放电腐蚀的因素

（1）极性效应对电蚀量的影响。在电火花加工时，相同材料（如用钢电极加工钢）两电极的被腐蚀量是不同的。其中一个电极比另一个电极的蚀除量大，这种现象叫做极性效应。如果两电极材料不同，则极性效应更加明显。在生产中，将工件接脉冲电源正极（工具电极接脉冲电源负极）的加工称为正极性加工（见图 3－4），反之称为负极性加工

（见图3-5）。

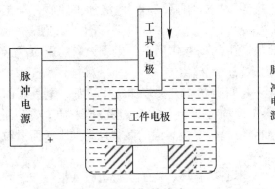

图3-4　"正极性"接线法

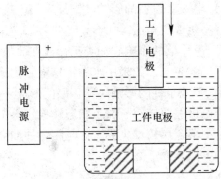

图3-5　"负极性"接线法

在实际加工中，极性效应受到电极及电极材料、加工介质、电源种类、单个脉冲能量等多种因素的影响，其中主要原因是脉冲宽度。

在电场的作用下，放电通道中的电子奔向正极，正离子奔向负极。在窄脉宽度加工时，由于电子惯性小，运动灵活，大量的电子奔向正极，并轰击正极表面，使正极表面迅速熔化和气化；而正离子惯性大，运动缓慢，只有一小部分能够到达负极表面，而大量的正离子不能到达，因此电子的轰击作用大于正离子的轰击作用，正极的电蚀量大于负极的电蚀量，这时应采用正极性加工。

在宽脉冲宽度加工时，因为质量和惯性都大的正离子将有足够的时间到达负极表面，由于正离子的质量大，它对负极表面的轰击破坏作用要比电子强，同时到达负极的正离子又会牵制电子的运动，故负极的电蚀量将大于正极，这时应采用负极性加工。

在实际加工中，要充分利用极性效应，正确选择极性，最大限度地提高工件的蚀除量，降低工具电极的损耗。

（2）覆盖效应对电蚀量的影响。在材料放电腐蚀过程中，一个电极的电蚀产物转移到另一个电极表面上，形成一定厚度的覆盖层，这种现象叫做覆盖效应。合理利用覆盖效应，有利于降低电极损耗。

在油类介质中加工时，覆盖层主要是石墨化的碳素层，其次是黏附在电极表面的金属微粒黏结层。碳素层的生成条件主要有以下几点：

1）要有足够高的温度。电极上待覆盖部分的表面温度不低于碳素层生成温度，但要低于熔点，以使碳粒子烧结成石墨化的耐蚀层。

2）要有足够多的电蚀产物，尤其是介质的热解产物——碳粒子。

3）要有足够的时间，以便在这一表面上形成一定厚度的碳素层。

4）一般采用负极性加工，因为碳素层易在阳极表面生成。

5）必须在油类介质中加工。

影响覆盖效应的主要因素有如下：

1）脉冲参数与波形的影响。增大脉冲放电能量有助于覆盖层的生长，但对中、精加工有相当大的局限性；减小脉冲间隔有利于在各种电规准下生成覆盖层，但若脉冲间隔过小，正常的火花放电有转变为破坏性电弧放电的危险。

此外，采用某些组合脉冲波加工，有助于覆盖层的生成，其作用类似于减小脉冲间隔，并且可大大减少转变为破坏性电弧放电的危险。

2）电极对材料的影响。铜加工钢时覆盖效应较明显，但铜电极加工硬质合金工件则不大容易生成覆盖层。

3）工作液的影响。油类工作液在放电产生的高温作用下，生成大量的碳粒子，有助于碳素层的生成。如果用水做工作液，则不会产生碳素层。

4）工艺条件的影响。覆盖层的形成还与间隙状态有关。如工作液脏、电极截面面积较大、电极间隙较小、加工状态较稳定等情况均有助于生成覆盖层。但若加工中冲油压力太大，则覆盖层较难生成。这是因为冲油会使趋向电极表面的微粒运动加剧，而微粒无法粘附到电极表面上去。

在电火花加工中，覆盖层不断形成，又不断被破坏。为了实现电极低损耗，达到提高加工精度的目的，最好使覆盖层形成与破坏的程度达到动态平衡。

（3）电参数对电蚀量的影响。电火花加工过程中腐蚀金属的量（即电蚀量）与单个脉冲能量、脉冲效率等电参数密切相关。

单个脉冲能量与平均放电电压、平均放电电流和脉冲宽度成正比。在实际加工中，其中击穿后的放电电压与电极材料及工作液种类有关，而且在放电过程中变化很小，所以对单个脉冲能量的大小主要取决于平均放电电流和脉冲宽度的大小。

由上可见，要提高电蚀量，应增加平均放电电流、脉冲宽度及提高脉冲频率。但在实际生产中，这些因素往往是相互制约的，并影响到其他工艺指标，应根据具体情况综合考虑。例如，增加平均放电电流，加工表面粗糙度值也随之增大。

（4）金属材料对电蚀量的影响。正负电极表面电蚀量分配不均除了与电极极性有关外，还与电极的材料有很大关系。当脉冲放电能量相同时，金属工件的熔点、沸点、比热容、熔化热、气化热等越高，电蚀量将越少，越难加工；导热系数越大的金属，因能把较多的热量传导、散失到其他部位，故降低了本身的蚀除量。因此，电极的蚀除量与电极材料的导热系数及其他热学常数等有密切的关系。

（5）工作液对电蚀量的影响。电火花加工一般在液体介质中进行。液体介质通常叫做工作液，其作用主要是：

1）压缩放电通道，并限制其扩展，使放电能量高度集中在极小的区域内，既加强了蚀除的效果，又提高了放电仿型的精确性。

2）加速电极间隙的冷却和消电离过程，有助于防止出现破坏性电弧放电。

3）加速电蚀产物的排除。

4）加剧放电的流体动力过程，有助于金属的抛出。目前，电火花成形加工多采用油类做工作液。机油黏度大、燃点高，用它做工作液有利于压缩放电通道，提高放电的能量密度，强化电蚀产物的抛出效果，但黏度大，不利于电蚀产物的排出，影响正常放电；煤油黏度低，流动性好，但排屑条件较好。

在粗加工时，要求速度快，放电能量大，放电间隙大，故常选用机油等黏度大的工作液；在中、精加工时，放电间隙小，往往采用煤油等黏度小的工作液。

采用水做工作液是值得注意的一个方向。用各种油类以及其他碳氢化合物做工作液时，在放电过程中不可避免地产生大量碳黑，严重影响电蚀产物的排除及加工速度，这种影响在精密加工中尤为明显。若采用酒精做工作液时，因为碳黑生成量减少，上述情况会有好转。所以，最好采用不含碳的介质，水是最方便的一种。此外，水还具有流动性好、散热性好、不易起弧、不燃、无味、价廉等特点。但普通水是弱导电液，会产生离子导电的电解过程，这是很不利的，目前还只在某些大能量粗加工中采用。

在精密加工中，可采用比较纯的蒸馏水、去离子水或乙醇水溶液来做工作液，其绝缘强度比普通水高。

3. 电火花加工工艺规律

（1）影响加工速度的主要因素。

1）电火花成形加工的加工速度，是指在一定电规准下，单位时间内工件被蚀除的体积 V 或质量 m。一般常用体积加工速度 $V_w = V/T$（单位为 mm^3/mm）来表示，有时为了测量方便，也用质量加工速度 $V_m = m/t$（单位为 g/mm）表示。

2）在规定的表面粗糙度、规定的相对电极损耗下的最大加工速度是电火花机床的重要工艺性能指标。一般电火花机床说明书上所指的最高加工速度是该机床在最佳状态下所达到的，在实际生产中的正常加工速度大大低于机床的最大加工速度。

3）影响加工速度的因素分电参数和非电参数两大类。电参数主要是脉冲电源输出波形与参数；非电参数包括加工面积、深度、工作液种类、冲油方式、排屑条件及电极对的材料、形状等。

电规准的影响：电规准是指电火花加工时选用的电加工参数，主要有脉冲宽度 t_i（μs）、脉冲间隙 t_o（μs）及峰值电流 I_p 等参数。

一是脉冲宽度对加工速度的影响。单个脉冲能量的大小是影响加工速度的重要因素。对于矩形波脉冲电源，当峰值电流一定时，脉冲能量与脉冲宽度成正比。脉冲宽度增加，加工速度随之增加，因为随着脉冲宽度的增加，单个脉冲能量增大，使加工速度提高。但若脉冲宽度过大，加工速度反而下降（见图 3-6）。这是因为单个脉冲能量虽然增大，但转换的热能有较大部分散失在电极与工件之中，不起蚀除作用。同时，在其他加工条件相同时，随着脉冲能量过分增大，蚀除产物增多，排气排屑条件恶化，间隙消电离时间不足导致拉弧，加工稳定性变差等。因此加工速度反而降低。

二是脉冲间隔对加工速度的影响。在脉冲宽度一定的条件下，若脉冲间隔减小，则加工速度提高（见图 3-7）。这是因为脉冲间隔减小导致单位时间内工作脉冲数目增多、加工电流增大，故加工速度提高；但若脉冲间隔过小，会因放电间隙来不及消电离引起加工稳定性变差，导致加工速度降低。

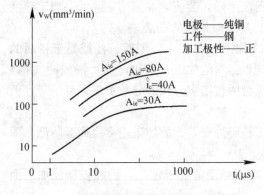

图 3-6 脉冲宽度与加工速度的关系曲线

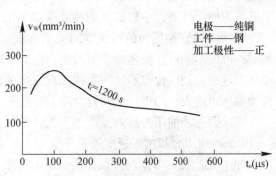

图 3-7 脉冲间隔与加工速度的关系曲线

在脉冲宽度一定的条件下，为了最大限度地提高加工速度，应在保证稳定加工的同时，尽量缩短脉冲间隔时间。带有脉冲间隔自适应控制的脉冲电源，能够根据放电间隙的状态，在一定范围内调节脉冲间隔的大小，这样既能保证稳定加工，又可以获得较大的加工速度。

三是峰值电流的影响。当脉冲宽度和脉冲间隔一定时，随着峰值电流的增加，加工速度也增加（见图3-8）。因为加大峰值电流，等于加大单个脉冲能量，所以加工速度也就提高了。但若峰值电流过大（即单个脉冲放电能量很大），加工速度反而下降。

此外，峰值电流增大将降低工件表面粗糙度和增加电极损耗。在生产中，应根据不同的要求，选择合适的峰值电流。

非电参数的影响：

一是加工面积的影响。图3-9是加工面积和加工速度的关系曲线。由图可知，加工面积较大时，它对加工速度没有多大影响。但若加工面积小到某一临界面积时，加工速度会显著降低，这种现象叫作"面积效应"。因为加工面积小，在单位面积上脉冲放电过分集中，致使放电间隙的电蚀产物排除不畅，同时会产生气体排除液体的现象，造成放电加工在气体介质中进行，因而大大降低加工速度。

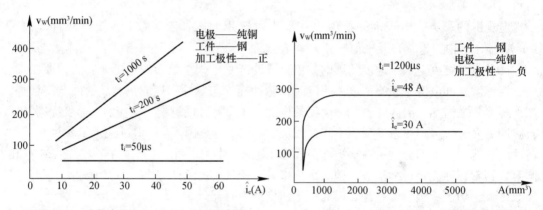

图3-8　峰值电流与加工速度的关系曲线　　图3-9　加工面积与加工速度的关系曲线

从图3-9可看出，峰值电流不同，最小临界加工面积也不同。因此，确定一个具体加工对象的电参数时，首先必须根据加工面积确定工作电流，并估算所需的峰值电流。

二是排屑条件的影响。在电火花加工过程中会不断产生气体、金属屑末和碳黑等，如不及时排除，则加工很难稳定地进行。加工稳定性不好，会使脉冲利用率降低，加工速度降低。为便于排屑，一般都采用冲油（或抽油）和电极抬起的办法。

①冲（抽）油压力的影响度的关系曲线。在加工中对于工件型腔较浅或易于排屑的型腔，可以不采取任何辅助排屑措施。但对于较难排屑的加工，不冲（抽）油或冲（抽）油压力过小，则因排屑不良产生的二次放电的机会明显增多，从而导致加工速度下降；但若冲油压力过大，加工速度同样会降低。

这是因为冲油压力过大，产生干扰，使加工稳定性变差，故加工速度反而会降低。图3-10是冲油压力和加工速度关系曲线。

冲（抽）油的方式与冲油压力大小应根据实际加工情况来定。若型腔较深或加工面积较大，冲（抽）油压力要相应增大。

②"抬刀"对加工速度的影响。为使放电间隙中的电蚀产物迅速排除，除采用冲

（抽）油外，还需经常抬起电极以利于排屑。在定时"抬刀"状态，会发生放电间隙状况良好无须"抬刀"而电极却照样抬起的情况，也会出现当放电间隙的电蚀产物积聚较多急需"抬刀"时而"抬刀"时间未到却不"抬刀"的情况。这种多余的"抬刀"运动和未及时"抬刀"都直接降低了加工速度。为克服定时"抬刀"的缺点，目前较先进的电火花机床都采用了自适应"抬刀"功能。自适应"抬刀"是根据放电间隙的状态，决定是否抬刀。放电间隙状态不好，电蚀产物堆积多，"抬刀"频率自动加快；当放电间隙状态好，电极就少抬起或不抬。这使电蚀产物的产生与排除基本保持平衡，避免了不必要的电极抬起运动，提高了加工速度。

由图 3-11 可知，同样加工深度时，采用自适应"抬刀"比定时"抬刀"需要的加工的时间短，即加工速度高。同时，采用自适应"抬刀"，加工工件质量好，不易出现拉弧烧伤。

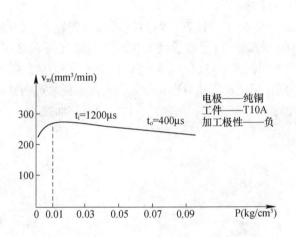

图 3-10　冲油压力和加工速度的关系曲线　　图 3-11　抬刀方式对加工速度的影响

③电极材料和加工极性的影响。在电参数选定的条件下，采用不同的电极材料与加工极性，加工速度也大不相同。由图 3-12 可知，采用石墨电极，在同样加工电流时，正极性比负极性加工速度高。

在加工中选择极性，不能只考虑加工速度，还必须考虑电极损耗。如用石墨做电极时，正极性加工比负极性加工速度高，但在粗加工中，电极损耗会很大。故在不计电极损耗的通孔加工、取折断工具等情况时，用正极性加工；在用石墨电极加工型腔的过程中，常采用负极性加工。

从图 3-12 还可看出，在同样加工条件和加工极性情况下，采用不同的电极材料，加工速度也不相同。例如，中等脉冲宽度、负极件加工时，石墨电极的加工速度高于铜电极的加工速度。在脉冲宽度较窄或很宽时，铜电极加工速度高于石墨电极。此外，采用石墨电极加工的最大加工速度，比用铜电极加工的最大加工速度的脉冲宽度要窄。

综上所述，电极材料对电火花加工非常重要，正确选择电极材料是电火花加工首要考虑的问题。

④工件材料的影响。在同样的加工条件下，选用不同工件材料，加工速度也不同。这主

要取决于工件材料的物理性能（熔点、沸点、比热、导热系数、熔化热和汽化热等）。一般来说，工件材料的熔点、沸点越高，比热、熔化潜热和气化潜热越大，加工速度越低，即越难加工。如加工硬质合金钢比加工碳素钢的速度要低 40% ~ 60%。对于导热系数很高的工件，虽然熔点、沸点、熔化热和汽化热不高，但因热传导性好，热量散失快，加工速度也会降低。

⑤工作液的影响。在电火花加工中，工作液的种类、黏度、清洁度对加工速度有影响。就工作液的种类来说，大致顺序是：高压水 >（煤油 + 机油）> 煤油 > 酒精水溶液。在电火花成形加工中，应用最多的工作液是煤油。

（2）影响电极损耗的主要因素。电极损耗是电火花成型加工中的重要工艺指标。在生产中，衡量某种工具电极是否耐损耗，不只是看工具电极损耗速度 V_E 的绝对值大小，还要看同时达到的加工速度 Vw，即每蚀除单位重量金属工件时，工具相对损耗多少。因此，常用相对损耗或损耗比作为衡量工具电极耐损耗的指标，即：

其中的加工速度和损耗速度若以 mm^3/min 为单位计算，则为体积相对损耗 θ；若以 g/min 为单位计算，则为重量相对损耗 θE；若以工具电极损耗长度与工件加工深度之比来表示，则为长度相对损耗 θL。在加工中采用长度相对损耗比较直观，测量较为方便（见图 3 – 13），但由于电极部位不同，损耗不同，因此长度相对损耗还分为端面损耗、边损耗、角损耗。在加工中，同一电极的长度相对损耗大小顺序为：角损耗 > 边损耗 > 端面损耗。

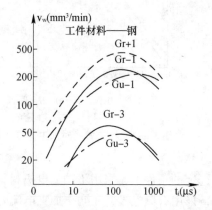

Gr + 1—石墨　正极性　i_e = 42A；Gr – 1—石墨　负极性　i_e = 42A；
Gr + 1—紫铜　负极性　i_e = 42A；Gr + 3—石墨　负极性　i_e = 14A；
　　　Gr – 3—紫铜　负极性　i_e = 14A

图 3 – 12　电极材料和加工极性对加工速度的影响

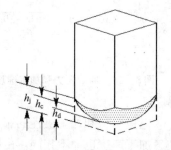

h_j—角部损耗长度；h_c—侧面损耗长度；
h_d—端面损耗长度

图 3 – 13　电极损耗长度说明

电火花加工中，电极的相对损耗小于 1%，称为低损耗电火花加工。低损耗电火花加工能最大限度地保持加工精度，所需电极的数目也可减至最小，因而简化了电极的制造，加工工件的表面粗糙度 Ra 可达 3.2μm 以下。除了充分利用电火花加工的极性效应、覆盖效应及选择合适的工具电极材料外，还可从改善工作液方面着手，实现电火花的低损耗加工。若采用加入各种添加剂的水基工作液，还可实现对紫铜或铸铁电极小于 1% 的低损耗电火花加工。

1）电参数对电极损耗的影响。

①脉冲宽度的影响。在峰值电流一定的情况下，随着脉冲宽度的减小，电极损耗增大。脉冲宽度越窄，电极损耗 θ 上升的趋势越明显（见图 3-14）。所以精加工时的电极损耗比粗加工时的电极损耗大。

脉冲宽度增大，电极相对损耗降低的原因总结如下：

脉冲宽度增大，单位时间内脉冲放电次数减少，使放电击穿引起电极损耗的影响减少。同时，负极（工件）承受正离子轰击的机会增多，正离子加速的时间也长，极性效应比较明显。

脉冲宽度增大，电极"覆盖效应"增加，也减少了电极损耗。在加工中电蚀产物（包括被熔化的金属和工作液受热分解的产物）不断沉积在电极表面，对电极的损耗起补偿作用。但如这种飞溅沉积的量大于电极本身损耗，就会破坏电极的形状和尺寸，影响加工效果；如飞溅沉积的量恰好等于电极的损耗，两者达到动态平衡，则可得到无损耗加工。由于电极端面、角部、侧面损耗的不均匀性，因此无损耗加工是难以实现的。

②峰值电流的影响。对于一定的脉冲宽度，加工时的峰值电流不同，电极损耗也不同。

用紫铜电极加工钢时，随着峰值电流的增加，电极损耗也增加。图 3-15 是峰值电流对电极相对损耗的影响。由图可知，要降低电极损耗，应减小峰值电流。因此，对一些不适宜用长脉冲宽度粗加工而又要求损耗小的工件，应使用窄脉冲宽度、低峰值电流的方法。

由此可见，脉冲宽度和峰值电流对电极损耗的影响效果是综合性的。只有脉冲宽度和峰值电流保持一定关系，才能实现低损耗加工。

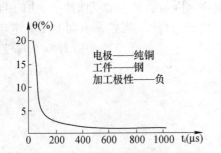

图 3-14 脉冲宽度与电极相对损耗的关系

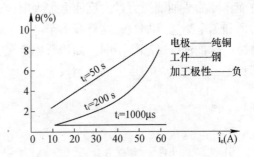

图 3-15 峰值电流与电极相对损耗的关系

③脉冲间隔的影响。在脉冲宽度不变时，随着脉冲间隔的增加，电极损耗增大（见图 3-16）。

因为脉冲间隔加大，引起放电间隙中介质消电离状态的变化，使电极上的"覆盖效应"减少。

随着脉冲间隔的减小，电极损耗也随之减少，但超过一定限度，放电间隙将来不及消电离而造成拉弧烧伤，反而影响正常加工的进行。尤其是粗规准、大电流加工时，更应注意。

④加工极性的影响。在其他加工条件相同的情况下，加工极性不同对电极损耗影响很大（见图 3-17）。当脉冲宽度 t_i 小于某一数值时，正极性损耗小于负极性损耗；反之，

当脉冲宽度 t_i 大于某一数值时，负极性损耗小于正极性损耗。一般情况下，采用石墨电极和铜电极加工钢时，粗加工用负极性，精加工用正极性。但在钢电极加工钢时，无论粗加工或精加工都要用负极性，否则电极损耗将大大增加。

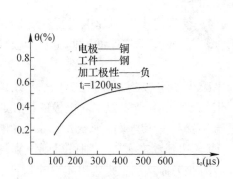

图 3 – 16 脉冲间隔对电极相对损耗的影响

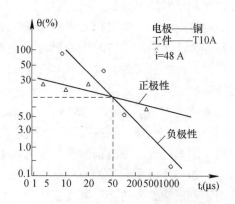

图 3 – 17 加工极性对电极相对损耗的影响

2）非电参数对电极损耗的影响。

①加工面积的影响。在脉冲宽度和峰值电流一定的条件下，加工面积对电极损耗影响不大，是非线性的（见图 3 – 18）。当电极相对损耗小于 1%，并随着加工面积的继续增大时，电极损耗减小的趋势越来越慢。当加工面积过小时，则随着加工面积的减小而电极损耗急剧增加。

②冲油或抽油的影响（见图 3 – 19）。由前面所述，对形状复杂、深度较大的型孔或型腔进行加工时，若采用适当的冲油或抽油的方法进行排屑，有助于提高加工速度。但另一方面，冲油或抽油压力过大反而会加大电极的损耗。因为强迫冲油或抽油会使加工间隙的排屑和消电离速度加快，这样减弱了电极上的"覆盖效应"。当然，不同的工具电极材料对冲油、抽油的敏感性不同。如用石墨电极加工时，电极损耗受冲油压力的影响较小；而紫铜电极损耗受冲油压力的影响较大。

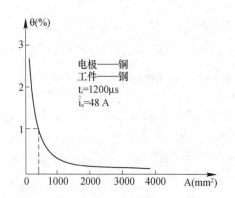

图 3 – 18 加工面积对电极相对损耗的影响

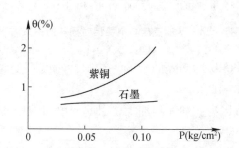

图 3 – 19 冲油压力对电极相对损耗的影响

由上可知，在电火花成型加工中，应谨慎使用冲油、抽油。加工本身较易进行稳定的电火花加工，不宜采用冲油、抽油；若非采用冲油、抽油不可的电火花加工，也应注意冲油、抽油压力维持在较小的范围内。

冲油、抽油方式对电极损耗无明显影响，但对电极端面损耗的均匀性有较大区别。冲油时电极损耗呈凹形端面，抽油时则形成凸形端面（见图3-20）。这主要是因为冲油进口处所含各种杂质较少，温度比较低，流速较快，使进口处"覆盖效应"减弱。

　　实践证明，当油孔的位置与电极的形状对称时用交替冲油和抽油的方法，可使冲油或抽油所造成的电极端面形状的缺陷互相抵消，得到较平整的端面。另外，采用脉动冲油（冲油不连续）或抽油比连续的冲油或抽油的效果好。

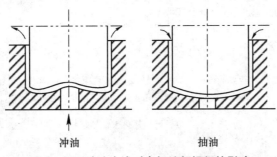

图3-20　冲油方式对电极端部损耗的影响

　　③电极的形状和尺寸的影响。在电极材料、电参数和其他工艺条件完全相同的情况下，电极的形状和尺寸对电极损耗影响也很大（如电极的尖角、棱边、薄片等）。如图3-21（a）所示的型腔，用整体电极加工较困难。在实际中首先加工主型腔，如图3-21（b）所示，再用小电极加工副型腔，如图3-21（c）所示。

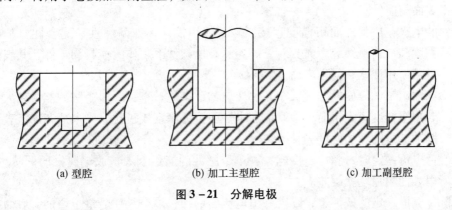

(a) 型腔　　　　　　　(b) 加工主型腔　　　　　　　(c) 加工副型腔

图3-21　分解电极

　　④工具电极材料的影响。工具电极损耗与其材料有关，损耗的大致顺序如下：银钨合金＜铜钨合金＜石墨（粗规准）＜紫铜＜钢＜铸铁＜黄铜＜铝。影响电极损耗的因素较多，现总结为表3-2。

表3-2　影响电极损耗的因素

因素	说明	减小损耗条件
脉冲宽度	脉宽越大，损耗越小，至一定数值后，损耗低至小于1%	脉宽足够大
峰值电流	峰值电流增大，电极损耗增加	减小峰值电流
加工面积	影响不大	小于最小加工面积

续表

因素	说明	减小损耗条件
极性	影响很大。应根据不同电源、不同电规准、不同工作液、不同电极材料、不同工件材料，选择合适的极性	一般脉宽大时用正极性，小时用负极性，钢电极用负极性
电极材料	常用电极材料中黄铜的损耗最大，紫铜、铸铁、钢次之，石墨和钢钨、银钨合金较小。紫铜在一定的电规准和工艺条件下，也可以得到损耗加工	石墨做粗加工电极，紫铜做精加工电极
工件材料	加工硬质合金工件时电极损耗比钢工件大	用高压脉冲加工或用水作为工作液，在一定条件下可降低损耗
工作液	常用的煤油、机油获得低损耗加工需具备一定的工艺条件；水和水溶液比煤油容易实现低损耗加工（在一定条件下），如硬质合工件的低损耗加工，黄铜和钢电极的低损耗加工	
排屑条件和二次放电	在损耗较小的加工时，排屑条件愈好则损耗愈大，如紫铜，有些电极材料则对次不敏感，如石墨。损耗较大的规准加工时，二次放电会损耗增加	在许可条件下，最好不采用强迫冲（抽）油

（3）影响表面粗糙度的主要因素。表面粗糙度是指加工表面上的微观几何形状误差。电火花加工表面粗糙度的形成与切削加工不同，它是由若干电蚀小凹坑组成的，能存润滑油，其耐磨性比同样粗糙度的机加工表面要好。在相同表面粗糙度的情况下，电加工表面比机加工表面亮度低。

工件的电火花加工表面粗糙度直接影响其使用性能，如耐磨性、配合性质、接触刚度、疲劳强度和抗腐蚀性等。尤其对于高速、高压条件下工作的模具和零件，其表面粗糙度往往决定其使用性能和使用寿命。

电火花加工工件表面的凹坑大小与单个脉冲放电能量有关，单个脉冲能量越大，则凹坑越大。若把粗糙度值大小简单地看成与电蚀凹坑的深度成正比，则电火花加工表面粗糙度随单个脉冲能量的增加而增大。

当峰值电流一定时，脉冲宽度越大，单个脉冲的能量就大，放电腐蚀的凹坑也越大、越深，所以表面粗糙度就越差。

在脉冲宽度一定的条件下，随着峰值电流的增加，单个脉冲能量也增加，表面粗糙度就变差。

在一定的脉冲能量下，不同的工件电极材料表面粗糙度值大小不同，熔点高的材料表面粗糙度值要比熔点低的材料小。

工具电极表面的粗糙度值大小也影响工件的加工表面粗糙度值。例如，石墨电极表面比较粗糙，因此它加工出的工件表面粗糙度值也大。

由于电极的相对运动，工件侧边的表面粗糙度值比端面小。

干净的工作液有利于得到理想的表面粗糙度。因为工作液中含蚀除产物等杂质越多，越容易发生积炭等不利状况，从而影响表面粗糙度。

（4）影响加工精度的主要因素。电加工精度包括尺寸精度和仿型精度（或形状精度）。影响精度的因素很多，这里重点探讨与电火花加工工艺有关的因素。

1）放电间隙。电火花加工中，工具电极与工件间存在着放电间隙，因此工件的尺寸、形状与工具并不一致。如果加工过程中放电间隙是常数，根据工件加工表面的尺寸、形状可以预先对工具尺寸、形状进行修正。但放电间隙是随电参数、电极材料、工作液的绝缘性能等因素变化而变化的，从而影响了加工精度。

间隙大小对形状精度也有影响，间隙越大，则复制精度越差，特别是对复杂形状的加工表面。如电极为尖角时，而由于放电间隙的等距离，工件则为圆角。因此，为了减少加工尺寸误差，应该采用较弱小的加工规准，缩小放电间隙，另外还必须尽可能使加工过程稳定。放电间隙在精加工时一般为 0.01 ~ 0.1mm，粗加工时可达 0.5mm 以上（单边）。

2）加工斜度。电火花加工时，产生斜度的情况如图 3-22 所示。由于工具电极下面部分加工时间长，损耗大，因此电极变小，而入口处由于电蚀产物的存在，易发生因电蚀产物的介入而再次进行的非正常放电（即"二次放电"），因而产生加工斜度。

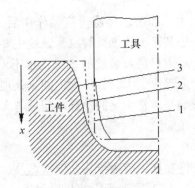

1—电极无损耗时的工具轮廓线；2—电极有损耗而不考虑二次放电时的工件；3—实际工件轮廓线

图 3-22 加工斜度产生的原因

3）工具电极的损耗。在电火花加工中，随着加工深度的不断增加，工具电极进入放电区域的时间是从端部向上逐渐减少的。实际上，工件侧壁主要是靠工具电极底部端面的周边加工出来的。因此，电极的损耗也必然从端面底部向上逐渐减少，从而形成了损耗锥度，如图 3-23 所示，工具电极的损耗锥度反映到工件上是加工斜度。

（5）电火花加工表面变化层和机械性能。

1）表面变化层。在电火花加工过程中，工件在放电瞬时的高温和工作液迅速冷却的作用下，表面层发生了很大变化。这种表面变化层的厚度大约为 0.01 ~ 0.5mm，一般将其分为熔化层和热影响层，如图 3-24 所示。

①熔化层。熔化层位于电火花加工后工件表面的最上层，它被电火花脉冲放电产生的瞬时高温所熔化，又受到周围工作液介质的快速冷却作用而凝固。对于碳钢来说，熔化层在金相照片上呈现白色，故又称为白层。白层与基体金属完全不同，是一种树枝状的淬火铸造组织，与内层的结合不很牢固。熔化层中有渗碳、渗金属、气孔及其他夹杂物。熔化层厚度随脉冲能量增大而变厚，一般为 0.01 ~ 0.1mm。

②热影响层。热影响层位于熔化层和基体之间，热影响层的金属被熔化，只是受热的影响而没有发生金相组织变化，它与基体没有明显的界线。由于加工材料及加工前热处理状态及加工脉冲参数的不同，热影响层的变化也不同。对淬火钢将产生二次淬火区、高温回火区和低温回火区；对未淬火钢而言主要是产生淬火区。

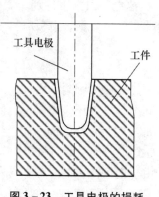

图 3 - 23　工具电极的损耗

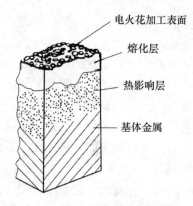

图 3 - 24　电火花加工表面变化层

③显微裂纹。电火花加工中，加工表面层受高温作用后又迅速冷却而产生残余拉应力。在脉冲能量较大时，表面层甚至出现细微裂纹，裂纹主要产生在熔化层，只有脉冲能量很大时才扩展到热影响层。不同材料对裂纹的敏感性也不同，硬脆材料容易产生裂纹。由于淬火钢表面残余拉应力比未淬火钢大，故淬火钢的热处理质量不高时，更容易产生裂纹。脉冲能量对显微裂纹的影响是非常明显的。脉冲能量越大，显微裂纹越宽越深；脉冲能量很小时，一般不会出现显微裂纹。

2）表面变化层的机械性能。

①显微硬度及耐磨性。工件在加工前由于热处理状态及加工中脉冲参数不同，加工后的表面层显微硬度变化也不同。加工后表面层的显微硬度一般比较高，但由于加工电参数、冷却条件及工件材料热处理状况不同，有时显微硬度会降低。一般来说，电火花加工表面外层的硬度比较高，耐磨性好。但对于滚动摩擦，由于是交变载荷，尤其是干摩擦，因熔化层和基体结合不牢固，容易剥落而磨损，因此，有些要求较高的模具需把电火花加工后的表面变化层预先研磨掉。

②残余应力。电火花表面存在着由于瞬时先热后冷作用而形成的残余应力，而且大部分表现为拉应力。残余应力的大小和分布，主要与材料在加工前热处理的状态及加工时的脉冲能量有关。因此对表面层质量要求较高的工件，应尽量避免使用较大的加工规准，同时在加工中一定要注意工件热处理的质量，以减少工件表面的残余应力。

③疲劳性能。电火花加工后，工件表面变化层金相组织的变化，会使耐疲劳性能比机械加工表面低许多倍。采用回火处理、喷丸处理甚至去掉表面变化层，将有助于降低残余应力或使残余拉应力转变为压应力，从而提高其耐疲劳性能。采用小的加工规准是减小残余拉应力的有力措施。

（6）电火花加工的稳定性。在电火花加工中，加工的稳定性是一个很重要的概念。加工的稳定性不仅关系到加工的速度，而且关系到加工的质量。

1）电规准与加工稳定性。一般来说，单个脉冲能量较大的规准，容易达到稳定加工。但是，当加工面积很小时，不能用很强的规准加工。另外，加工硬质合金也不能用太强的规准加工。

脉冲间隔太小常易引起加工不稳。在微细加工、排屑条件很差、电极与工件材料不太合适时，可增加间隔来改善加工的不稳定性，但这样会引起生产率下降。t_i/I_p 很大的规准比 t_i/I_p 较小的规准加工稳定性差。当 t_i/I_p 大到一定数值后，加工很难进行。

对每种电极材料，必须有合适的加工波形和适当的击穿电压，才能实现稳定加工。

当平均加工电流超过最大允许加工电流密度时，将出现不稳定现象。

2）电极进给速度。电极的进给速度与工件的蚀除速度应相适应，这样才能使加工稳定进行。进给速度大于蚀除速度时，加工不易稳定。

3）蚀除物的排除情况。良好的排屑是保证加工稳定的重要条件。单个脉冲能量大则放电爆炸力强，电火花间隙大，蚀除物容易从加工区域排出，加工就稳定。在用弱规准加工工件时必须采取各种方法保证排屑良好，实现稳定加工。冲油压力不合适也会造成加工不稳定。

4）电极材料及工件材料。对于钢工件，各种电极材料的加工稳定性好坏次序如下：

紫铜（铜钨合金、银钨合金）＞铜合金（包括黄铜）＞石墨＞铸铁＞不相同的钢＞相同的钢。

淬火钢比不淬火钢工件加工时稳定性好；硬质合金、铸铁、铁合金、磁钢等工件的加工稳定性差。

5）极性。不合适的极性可能导致加工极不稳定。

6）加工形状。形状复杂（具有内外尖角、窄缝、深孔等）的工件加工不易稳定，其他如电极或工件松动、烧弧痕迹未清除、工件或电极带磁性等均会引起加工不稳定。

另外，随着加工深度的增加，加工变得不稳定。工作液中混入易燃微粒也会使加工难以进行。

7）合理选择电火花加工工艺。前面详细阐述了电火花加工的工艺规律，不难看到，加工速度、电极损耗、表面粗糙度、加工精度往往相互矛盾。表3-3简单列举了一些参数对工艺的影响。

表3-3 常用参数对工艺的影响

	加工速度	电极损耗	表面粗糙度值	备注
峰值电流	↑	↑	↑	加工间隙↑，型腔加工锥度↑
脉冲宽度	↑	↓	↑	加工间隙↑，加工稳定性↑
脉冲间隙	↓	↑	○	加工稳定性↑
介质清洁度	中加工↓精加工↑	○	○	稳定性↑

注：○表示影响较小，↓表示降低或减小，↑表示增大。

在电火花加工中，如何合理地制定电火花加工工艺呢？如何用最快的速度加工出最佳质量的产品呢？一般来说，主要采用两种方法来处理：第一，先主后次，如在用电火花加工去除断在工件中的钻头、丝锥时，应优先保证速度，因为此时工件的表面粗糙度、电极损耗已经不重要了；第二，采用各种手段，兼顾各方面。其中主要常见的方法有：

（1）粗、中、精逐挡过渡式加工方法。粗加工用以蚀除大部分加工余量，使型腔按预留量接近尺寸要求；中加工用以提高工件表面粗糙度等级，并使型腔基本达到要求，一般加工量不大；精加工主要保证最后加工出的工件达到要求的尺寸与粗糙度。

在加工时，首先通过粗加工，高速去除大量金属，这是通过大功率、低损耗的粗加工规准解决的；其次通过中、精加工保证加工的精度和表面质量。中、精加工虽然工具电极相对损耗大，但在一般情况下，中、精加工余量仅占全部加工量的极小部分，故工具电极的绝对损耗极小。

在粗、中、精加工中，注意转换加工规准。

（2）先用机械加工去除大量的材料，再用电火花加工保证加工精度和加工质量。电火花成型加工的材料去除率还不能与机械加工相比。因此，在工件型腔电火花加工中，有必要先用机械加工方法去除大部分加工量，使各部分余量均匀，从而大幅度提高工件的加工效率。

（3）采用多电极。在加工中及时更换电极，当电极绝对损耗量达到一定程度时，及时更换，以保证良好的加工质量。

三、电火花加工机床

我国国标规定，电火花成型机床均用 D71 加上机床工作台面宽度的 1/10 表示。如 D7132 中，D 表示电加工成型机床（若该机床为数控电加工机床，则在 D 后加 K，即 DK）；71 表示电火花成型机床；32 表示机床工作台的宽度为 320mm。

1. 机床型号、规格、分类

在中国大陆外，电火花加工机床的型号没有采用统一标准，由各个生产企业自行确定，如日本沙迪克（Sodick）公司生产的 A3R、A10R，瑞士夏米尔（Charmilles）技术公司的 ROBOFORM20/30/35，中国台湾乔懋机电工业股份有限公司的 JM322/430，北京阿奇工业电子有限公司的 SF100 等。

电火花加工机床按其大小可分为小型（D7125 以下）、中型（D7125 ~ D7163）和大型（D7163 以上）；按数控程度分为非数控、单轴数控和三轴数控。随着科学技术的进步，国外已经大批生产三坐标数控电火花机床，以及带有工具电极库、能按程序自动更换电极的电火花加工中心，我国的大部分电加工机床厂现在也正开始研制生产三坐标数控电火花加工机床。

2. 电火花加工机床结构

电火花加工机床主要由机床本体、脉冲电源、自动进给调节系统、工作液过滤和循环系统、数控系统等部分组成，如图 3 - 25 所示。

（1）机床本体。机床本体主要由床身、立柱、主轴头及附件、工作台等组成，是用以实现工件和工具电极的装夹固定和运动的机械系统。床身、支柱、坐标工作台是电火花机床的骨架，起着支承、定位和便于操作的作用。因为电火花加工宏观作用力极小，所以对机械系统的强度无严格要求，但为了避免变形和保证精度，要求具有必要的刚度。主轴头下面装夹的电极是自动调节系统的执行机构，其质量的好坏将影响到进给系统的灵敏度及加工过程的稳定性，进而影响工件的加工精度。

机床主轴头和工作台常有一些附件，如可调节工具电极角度的夹头、平动头、油杯等。

电火花加工时粗加工的电火花放电间隙比中加工的放电间隙要大，而中加工的电火花放电间隙比精加工的放电间隙又要大一些。当用一个电极进行粗加工时，将工件的大部分余量蚀除掉后，其底面和侧壁四周的表面粗糙度很差，为了将其修光，就得转换规准逐挡进行修整。但由于中、精加工规准的放电间隙比粗加工规准的放电间隙小，若不采取措施则四周侧壁就无法修光了。平动头就是为解决修光侧壁和提高其尺寸精度而设计的。

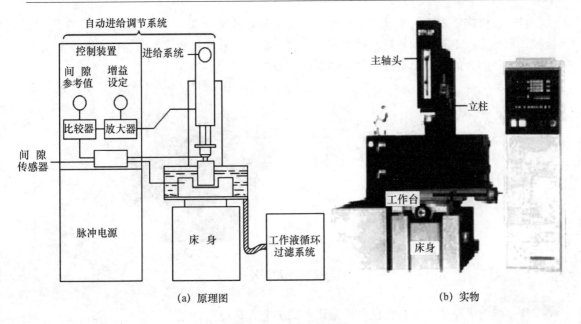

(a) 原理图　　　　　　　　　(b) 实物

图 3 – 25　电火花机床

平动头是一个使装在其上的电极能产生向外机械补偿动作的工艺附件。当用单电极加工型腔时，使用平动头可以补偿上一个加工规准和下一个加工规准之间的放电间隙差。

平动头的动作原理：利用偏心机构将伺服电机的旋转运动通过平动轨迹保持机构转化成电极上每一个质点都能围绕其原始位置在水平面内作平面小圆周运动，许多小圆的外包络线面积就形成加工横截面积，如图 3 – 26 所示，其中每个质点运动轨迹的半径就称为平动量，其大小可以由零逐渐调大，以补偿粗、中、精加工的电火花放电间隙 δ 之差，从而达到修光型腔的目的。具体平动头的结构及原理可以参考其他书籍。

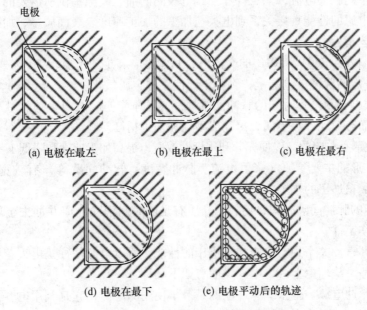

(a) 电极在最左　　　(b) 电极在最上　　　(c) 电极在最右

(d) 电极在最下　　　(e) 电极平动后的轨迹

图 3 – 26　平动头扩大间隙原理

目前，机床上安装的平动头有机械式平动头和数控平动头，其外形如图 3 – 27 所示。机械式平动头由于有平动轨迹半径的存在，它无法加工有清角要求的型腔；而数控平动头可以两轴联动，能加工出清棱、清角的型孔和型腔。

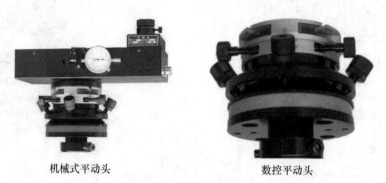

机械式平动头　　　　　　　　　　数控平动头

图 3 – 27　平动头外形

与一般电火花加工工艺相比较，采用平动头电火花加工有如下特点：

1）可以通过改变轨迹半径来调整电极的作用尺寸，因此尺寸加工不再受放电间隙的限制。

2）用同一尺寸的工具电极，通过改变轨迹半径，可以实现转换电规准的修整，即采用一个电极就能由粗至精直接加工出一副型腔。

3）在加工过程中，工具电极的轴线与工件的轴线相偏移，除了电极处于放电区域的部分外，工具电极与工件的间隙都大于放电间隙，实际上减小了同时放电的面积，这有利于电蚀产物的排除，提高加工稳定性。

4）工具电极移动方式的改变，可使加工的表面粗糙度大有改善，特别是底平面处。

（2）脉冲电源。在电火花加工过程中，脉冲电源的作用是把工频正弦交流电流转变成频率较高的单向脉冲电流，向工件和工具电极间的加工间隙提供所需要的放电能量以蚀除金属。脉冲电源的性能直接关系到电火花加工的加工速度、表面质量、加工精度、工具电极损耗等工艺指标。

脉冲电源输入为380V、50Hz 的交流电，其输出应满足如下要求：

1）要有一定的脉冲放电能量，否则不能使工件金属气化。

2）火花放电必须是短时间的脉冲性放电，这样才能使放电产生的热量来不及扩散到其他部分，从而有效地蚀除金属，提高成型性和加工精度。

3）脉冲波形是单向的，以便充分利用极性效应，提高加工速度和降低工具电极损耗。

4）脉冲波形的主要参数（峰值电流、脉冲宽度、脉冲间歇等）有较宽的调节范围，以满足粗、中、精加工的要求。

5）有适当的脉冲间隔时间，使放电介质有足够时间消除电离并冲去金属颗粒，以免引起电弧而烧伤工件。

电源的好坏直接关系到电火花加工机床的性能，所以电源往往是电火花机床制造厂商的核心机密之一。从理论上讲，电源一般有如下几种：

①弛张式脉冲电源。弛张式脉冲电源是最早使用的电源，它是利用电容器充电储存电能，然后瞬时放出，形成火花放电来蚀除金属的。因为电容器时而充电时而放电，一弛一

张，故又称弛张式脉冲电源（见图 3 – 28）。由于这种电源是靠电极和工件间隙中工作液的击穿作用来恢复绝缘和切断脉冲电流的，因此间隙大小、电蚀产物的排出情况等都影响脉冲参数，使脉冲参数不稳定，所以这种电源又称非独立式电源。

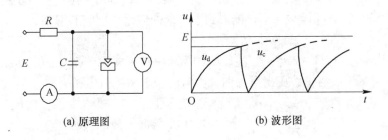

(a) 原理图　　　　　　　　(b) 波形图

图 3 – 28　RC 线路脉冲电源

弛张式脉冲电源结构简单，使用维修方便，加工精度较高，粗糙度值较小，但生产率低，电能利用率低，加工稳定性差，故目前这种电源的应用已逐渐减少。

②闸流管脉冲电源。闸流管是一种特殊的电子管，当对其栅极通入一脉冲信号时，便可控制管子的导通或截止，输出脉冲电流。由于这种电源的电参数与加工间隙无关，故又称为独立式电源。闸流管脉冲电源的生产率较高，加工稳定，但脉冲宽度较窄，电极损耗较大。

③晶体管脉冲电源。晶体管脉冲电源是近年来发展起来的以晶体元件作为开关元件的用途广泛的电火花脉冲电源，其输出功率大，电规准调节范围广，电极损耗小，故适应于型孔、型腔、磨削等各种不同用途的加工。晶体管脉冲电源已越来越广泛地应用在电火花加工机床上。

目前普及型（经济型）的电火花加工机床都采用高低压复合的晶体管脉冲电源，中、高档电火花加工机床都采用微机数字化控制的脉冲电源，而且内部存有电火花加工规准的数据库，可以通过微机设置和调用各档粗、中、精加工规准参数。例如，汉川机床厂、日本沙迪克公司的电火花加工机床，这些加工规准用 C 代码（如 C320）表示和调用，三菱公司则用 E 代码表示。

（3）自动进给调节系统。在电火花成型加工设备中，自动进给调节系统占有很重要的位置，它的性能直接影响加工的稳定性和加工效果。

电火花成型加工的自动进给调节系统，主要包含伺服进给系统和参数控制系统。伺服进给系统主要用于控制放电间隙的大小，而参数控制系统主要用于控制电火花成型加工中的各种参数（如放电电流、脉冲宽度、脉冲间隔等），以便获得最佳的加工工艺指标等。

1）伺服进给系统的作用及要求。在电火花成型加工中，电极与工件必须保持一定的放电间隙。由于工件不断被蚀除，电极也不断地损耗，故放电间隙将不断扩大。如果电极不及时进给补偿，放电过程会因间隙过大而停止。反之，间隙过小又会引起拉弧烧伤或短路，这时电极必须迅速离开工件，待短路消除后再重新调节到适宜的放电间隙。在实际生产中，放电间隙变化范围很小，且与加工规准、加工面积、工件蚀除速度等因素有关，因此很难靠人工进给，也不能像钻削那样采用"机动"、等速进给，而必须采用伺服进给系统。这种不等速的伺服进给系统也称为自动进给调节系统。

伺服进给系统一般有如下要求：①有较广的速度调节跟踪范围。②有足够的灵敏度和快速性。③有较高的稳定性和抗干扰能力。

2）电液压式伺服进给系统。在电液自动进给调节系统中，液压缸、活塞是执行机构。由于传动链短及液体的基本不可压缩性，因此传动链中无间隙、刚度大、不灵敏区小；又因为加工时进给速度很低，所以正、反向惯性很小，反应迅速，特别适合于电火花加工的低速进给，故20世纪80年代前得到了广泛的应用，但它有漏油、油泵噪声大、占地面积较大等缺点。

图3-29所示为DYT-2型液压主轴头的喷嘴—挡板式调节系统的工作原理。电动机4驱动叶片液压泵3从油箱中压出压力油，由溢流阀2保持恒定压力P_0，经过滤油器6后分两路，一路进入下油腔，另一路经节流阀7进入上油腔。进入上油腔的压力油从喷嘴8与挡板12的间隙中流回油箱，使上油腔的压力P_1随此间隙的大小而变化。

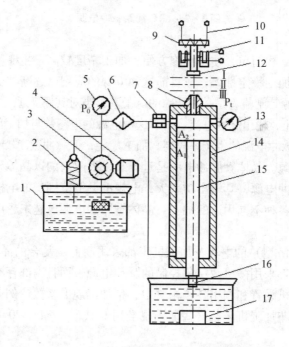

1—液压箱；2—溢流阀；3—叶片液压泵；4—电动机；5—压力表；6—滤油器；
7—节流阀；8—喷嘴；9—电、机械转换器；10—动圈；11—静圈；12—挡板；
13—压力表；14—液压缸；15—活塞；16—工具电极；17—工件

图3-29 喷嘴—挡板式电液压自动调节器工作原理

电、机械转换器9主要由动圈（控制线圈）10与静圈（励磁线圈）11等组成。动圈处在励磁线圈的磁路中，与挡板12连成一体。改变输入动圈的电流，可使挡板随动圈动作，从而改变挡板与喷嘴间的间隙。当放电间隙短路时，动圈两端电压为零，此时动圈不受电磁力的作用，挡板受弹簧力处于最高位置Ⅰ，喷嘴与挡板门开口为最大，使工作液流经喷嘴的流量为最大，上油腔的压力下降到最小值，致使上油腔压力小于下油腔压力，故活塞杆带动工具电极上升。当放电间隙开路时，动圈电压最大，挡板被磁力吸引下移到最低位置Ⅲ，喷嘴被封闭，上、下油腔压强相等，但因下油腔工作面积小于上油腔工作面积，活塞上的向下作用力大于向上作用力，活塞杆下降。当放电间隙最佳时，电动力使挡板处于平衡位置Ⅱ，活塞处于静止状态。

（4）工作液过滤和循环系统。电火花加工中的蚀除产物，一部分以气态形式抛出，其余大部分是以球状固体微粒分散地悬浮在工作液中，直径一般为几微米。随着电火花加工的进行，蚀除产物越来越多，充斥在电极和工件之间或黏连在电极和工件的表面上。蚀除产物的聚集，会与电极或工件形成二次放电。这就破坏了电火花加工的稳定性，降低了加工速度，影响了加工精度和表面粗糙度。为了改善电火花加工的条件，一种办法是使电极振动，以加强排屑作用；另一种办法是对工作液进行强迫循环过滤，以改善间隙状态。

工作液强迫循环过滤是由工作液循环过滤器来完成的。电火花加工用的工作液过滤系统包括工作液泵、容器、过滤器及管道等，使工作液强迫循环。图3-30为循环系统油路，它既能实现冲油，又能实现抽油。其工作过程是：储油箱的工作液首先经过粗过滤器1，经单向阀2吸入油泵3，这时高压油经过不同形式的精过滤器7输向机床工作液槽，溢流安全阀5使控制系统的压力不超过400kPa，补油和和阀11为快速进油用。待油注满油箱时，可及时调节冲油选择阀10，由压力调节阀8来控制工作液循环方式及压力。当冲油选择阀10在冲油位置时，补油和冲油都不通，这时油杯中油的压力由阀8控制；当冲油选择阀10在抽油位置时，补油和抽油两路都通，这时压力工作液穿过射流抽吸管9，利用流体速度产生负压，达到抽油的目的。

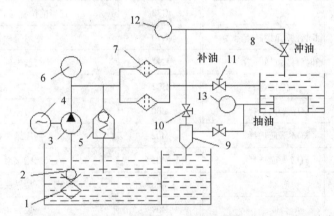

1—粗过滤器；2—单向阀；3—油泵；4—电动机；5—安全阀；6—压力表；
7—精过滤器；8—压力调节阀；9—射流抽吸管；10—冲油选择阀；
11—快速进油控制阀；12—冲油压力表；13—冲油压力表

图3-30　工作液循环系统油路

（5）数控系统。

1）数控电火花机床的类型。数控系统规定除了直线移动的X、Y、Z三个坐标轴系统外，还有三个转动的坐标系统，即绕X轴转动的A轴，绕Y轴转动的B轴，绕Z轴转动的C轴。若机床的Z轴可以连续转动但不是数控的，如电火花打孔机，则不能称为C轴，只能称为R轴。

根据机床的数控坐标轴的数目，目前常见的数控机床有三轴数控电火花机床、四轴三联动数控电火花机床、四轴联动或五轴联动甚至六轴联动电火花加工机床。三轴数控电火花加工机床的主轴Z和工作台X、Y都是数控的。从数控插补功能上讲，又将这类型机床细分为三轴两联动机床和三轴三联动机床。

三轴两联动是指X、Y、Z三轴中，只有两轴（如X、Y轴）能进行插补运算和联动，电极只能在平面内走斜线和圆弧轨迹（电极在 Z 轴方向只能作伺服进给运动，但不是插补运动）。三轴三联动系统的电极可在空间作 X、Y、Z 方向的插补联动（例如可以走空间螺旋线）。

四轴三联动数控机床增加了 C 轴，即主轴可以数控回转和分度。

现在部分数控电火花机床还带有工具电极库，在加工中可以根据事先编制好的程序，自动更换电极。

2）数控电火花机床的数控系统工作原理。数控电火花机床能实现工具电极和工件之间的多种相对运动，可以用来加工多种较复杂的型腔。目前，绝大部分电火花数控机床采用国际上通用的 ISO 代码进行编程、程序控制、数控摇动加工等，具体内容如下：

ISO 代码编程 ISO 代码是国际标准化机构制定的用于数控编码和程序控制的一种标准代码。代码主要有 G 指令（即准备功能指令）和 M 指令（即辅助功能指令），具体如表 3-4 所示。

表 3-4　常用的电火花数控指令

代码	功能	代码	功能
G00	快速移动，定位指令	G81	移动到机床的极限
G01	直线插补	G82	回到当前位置与零点的一半处
G02	顺时针圆弧插补指令	G90	绝对坐标指令
G03	逆时针圆弧插补指令	G91	增量坐标指令
G04	暂停指令	G92	指定坐标原点
G17	XOY 平面选择	M00	暂停指令
G18	XOZ 平面选择	M02	程序结束指令
G19	YOZ 平面选择	M05	忽略接触感知
G20	英制	M08	旋转头开
G21	公制	M09	旋转头关
G40	取消电极补偿	M80	冲油、工作液流动
G41	电极左补偿	M84	接通脉冲电源
G42	电极右补偿	G85	关断脉冲电源
G54	选择工作坐标 1	G89	工作液排除
G55	选择工作液 2	M98	子程序调用
G56	选择工作液 3	M99	子程序结束
G80	移动轴直到接触感知		

以上代码，绝大部分与数控铣床、车床的代码相同，只有 G54、G80、G82、M05 等是以前接触较少的指令，其具体用法如下：

一般的慢走丝线切割机床和部分快走丝线切割机床都有几个或几十个工作坐标系，可以用 G54、G55、G56 等指令进行切换。在加工或找正过程中定义工作坐标系的主要目的是为了坐标的数值更简洁。这些定义工作坐标系指令可以和 G92 一起使用，G92 代码只

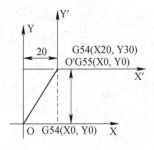

图 3 – 31　工作坐标系切换

能把当前点的坐标系中定义为某一个值，但不能把这点的坐标在所有的坐标系中都定义成该值。

如图 3 – 31 所示，可以通过如下指令切换工作坐标系。

G92 G54 X0 Y0；
G00 X20 Y30；
G92 G55 X0 Y0；

这样通过指令，首先把当前的 O 点定义为工作坐标系 0 的零点，然后分别把 X 轴、Y 轴快速移动 20mm、30mm 到达点 O，并把该点定义为工作坐标系 1 的零点。

G80：

含义：接触感知。

格式：G80 轴 + 方向。

如 G80 X –；电极将沿 X 轴的负方向前进，直到接触到工件，然后停在那里。

G82：

含义：移动到原点和当前位置一半处。

格式：G82 轴。

如 G92 X100；将当前点的 X 坐标定义为 100。

G82 X；将电极移到当前坐标系 X = 50 的地方。

M05：

含义：忽略接触感知，只在本段程序起作用。具体用法是：当电极与工件接触感知并停在此处后，若要移走电极，请用此代码。

如 G80 X –；X 轴负方向接触感知。

G90 G92 X0 Y0；/设置当前点坐标为（0，0）

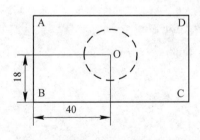

图 3 – 32　工件找正

M05 G00 X10；忽略接触感知且把电极向 X 轴正方向移动 10mm，若去掉上面代码中的 M05，则电极往往不动作，G00 不执行。

以上代码通常用在加工前电极的定位上，具体实例如下：

如图 3 – 32 所示，ABCD 为矩形工件，AB、BC 边为设计基准，现欲用电火花加工一圆形图案，图案的中心为 O 点，O 到 AB 边、BC 边的距离如图 3 – 32 中所标。已知圆形电极的直径为 20mm，请写出电极定位于 O 点的具体过程。

具体过程如下：

首先将电极移到工件 AB 的左边，Y 轴坐标大致与 O 点相同，然后执行如下指令：

G80 X +；
G90 G92 X0；
M05 G00 X – 10；
G91 G00 Y38；

38. 为一估计值，主要目的是保证电极在 BC 边下方

G90 G00 X50；

G80 Y + ；

G92 Y0；

M05 G00 Y – 2；

电极与工件分开，2mm 表示为一小段距离

G91 G00 Z10；将电极底面移到工件上面

G90 G00 X50 Y28；

如前所述，普通电火花加工机床为了修光侧壁和提高其尺寸精度而添加平动头，使工具电极轨迹向外可以逐步扩张，即可以平动。对数控电火花机床，由于工作台是数控的，可以实现工件加工轨迹逐步向外扩张，即摇动，故数控电火花机床不需要平动头。具体来说，摇动加工的作用是：

1）可以精确控制加工尺寸精度。

2）可以加工出复杂的形状，如螺纹。

3）可以提高工件侧面和底面的表面粗糙度。

4）可以加工出清棱、清角的侧壁和底边。

5）变全面加工为局部加工，有利于排屑和加工稳定。

6）对电极尺寸精度要求不高。

摇动的轨迹除了可以像平动头的小圆形轨迹外，数控摇动的轨迹还有方形、菱形、叉形和十字形，且摇动的半径可为 9.9mm 以内任一数值。摇动加工的编程代码各公司均自己规定。以汉川机床厂和日本沙迪克公司为例，摇动加工的指令代码如下（见表3 – 5）。

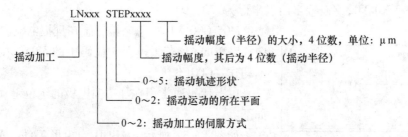

数控摇动的伺服方式共有以下三种（见图 3 – 33）：

1）自由摇动。选定某一轴向（如 Z 轴）作为伺服进给轴，其他两轴进行摇动运动［见图 3 – 33（a）］。例如：

G01 LN001 STEP30 Z – 10.

G01 表示沿 Z 轴方向进行伺服进给。LN001 中的 00 表示在 X—Y 平面内自由摇动，1 表示工具电极各点绕各原始点作圆形轨迹摇动，STEP30 表示摇动半径为 30μm，Z – 10. 表示伺服进给至 Z 轴向下 10mm 为止。其实际放电点的轨迹如图 4 – 33（a）所示，沿各轴方向可能出现不规则的进进退退。

表 3 - 5 电火花数控摇动类型

类型	摇动轨迹所在平面	无摇动					
自由摇动	X – Y 平面	000	001	002	003	004	005
	X – Z 平面	010	011	012	013	014	015
	Y – Z 平面	020	021	022	023	024	025
步进摇动	X – Y 平面	100	101	102	103	104	105
	X – Z 平面	110	111	112	113	114	115
	Y – Z 平面	120	121	122	0123	124	125
锁定摇动	X – Y 平面	200	201	202	203	204	205
	X – Z 平面	210	211	212	213	214	215
	Y – Z 平面	220	221	222	223	224	225

2）步进摇动。在某选定的轴向作步进伺服进给，每进一步的步距为 $2\mu m$，其他两轴作摇动运动 [见图 3 - 33 （b）]。例如：

G01 LN101 STEP20 Z – 10.

G01 表示沿 Z 轴方向进行伺服进给。LN101 中的 10 表示在 X—Y 平面内步进摇动，1 表示工具电极各点绕各原始点作圆形轨迹摇动，STEP20 表示摇动半径为 $20\mu m$，Z – 10. 表示伺服进给至 Z 轴向下 10mm 为止。其实际放电点的轨迹见图 3 - 33 （b）。步进摇动限制了主轴的进给动作，使摇动动作的循环成为优先动作。步进摇动用在深孔排屑比较困难的加工中。它较自由摇动的加工速度稍慢，但更稳定，没有频繁的进给、回退现象。

3）锁定摇动。在选定的轴向停止进给运动并锁定轴向位置，其他两轴进行摇动运动。在摇动中，摇动半径幅度逐步扩大，主要用于精密修扩内孔或内腔 [见图 3 - 33 （c）]。例如：

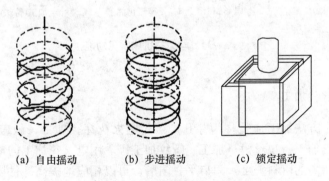

| (a) 自由摇动 | (b) 步进摇动 | (c) 锁定摇动 |

图 3 - 33 数控摇动的伺服方式

G01 LN202 STEP20 Z – 5.

G01 表示沿 Z 轴方向进行伺服进给。LN202 中的 20 表示在 X—Y 平面内锁定摇动，2 表示工具电极各点绕各原始点作方形轨迹摇动，Z – 5. 表示 Z 轴加工至 –5mm 处停止进给并锁定，X 轴、Y 轴进行摇动运动。其实际放电点的轨迹如图 3 – 33（c）所示。锁定摇动能迅速除去粗加工留下的侧面波纹，是达到尺寸精度最快的加工方法。它主要用于通孔、盲孔或有底面的型腔模加工中。如果锁定后作圆轨迹摇动，则还能在孔内滚花、加工出内花纹等。

（6）电火花机床常见功能。电火花机床的常见功能如下：

1）回原点操作功能。数控电火花在加工前首先要回到机械坐标的零点，即 X、Y、Z 轴回到其轴的正极限处。这样，机床的控制系统才能复位，后续操作机床运动不会出现紊乱。

2）置零功能。将当前点的坐标设置为零。

3）接触感知功能。让电极与工件接触，以便定位。

4）其他常见功能（见图 3 – 34）。

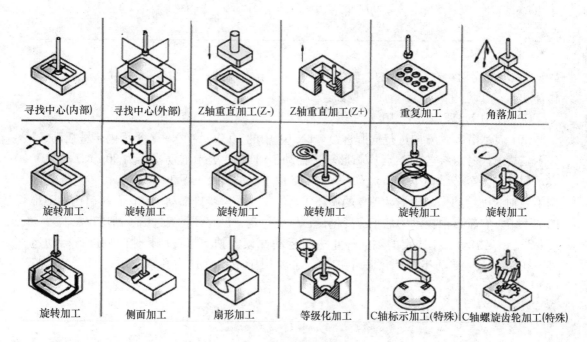

图 3 – 34　电火花机床常见功能

四、电火花穿孔加工

用电火花加工方法加工通孔称为穿孔加工。电火花穿孔加工一般应用于冲裁模具加工、粉末冶金模具加工、拉丝模具加工、螺纹加工等。用电火花加工的冲模，容易获得均匀的配合间隙和所需的落料斜度。刀口平直耐磨，可以相应地提高冲件质量和模具的使用寿命。

（一）电火花穿孔加工工艺

1. 直接法

直接法适合于加工冲模，是指将凸模长度适当增加，先作为电极加工凹模，然后将端部损耗的部分去除直接成为凸模（具体过程见图 3 – 35）。直接法加工的凹模与凸模的配合间隙靠调节脉冲参数、控制火花放电间隙来保证。

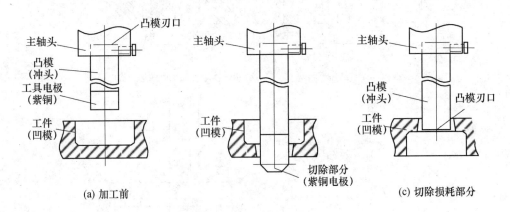

图 3－35　直接法

直接法的优点：

（1）可以获得均匀的配合间隙、模具质量高。

（2）无须另外制作电极。

（3）无须修配工作，生产率较高。

直接法的缺点：

（1）电极材料不能自由选择，工具电极和工件都是磁性材料，易产生磁性，电蚀下来的金属屑可能被吸附在电极放电间隙的磁场中而形成不稳定的二次放电，使加工过程很不稳定，故电火花加工性能较差。

（2）电极和冲头连在一起，尺寸较长，磨削时较困难。

2. 混合法

混合法是将凸模的加长部分选用与凹模不同的材料；粘结在凸模上，并与凸模一起加工，作为穿孔电极的工作部分。

混合法的特点：

（1）可以自由选择电极材料，电加工性能好。

（2）无须另外制作电极。

（3）无须修配工作，生产率较高。

3. 修配凸模法

凸模和工具电极分别制造，在凸模上留有一定的修配余量，按电火花加工好的凹模型孔修配凸模，达到所要求的凸、凹模配合间隙。

修配凸模法优点：

（1）可以自由选择电极材料，电加工性能好。

（2）修配工作多，配合间隙不均匀。

4. 二次电极法

利用一次电极制造出二次电极，再分别用一次和二次电极加工出凹模和凸模，并保证凸、凹模的配合间隙。如图 3－36 所示。

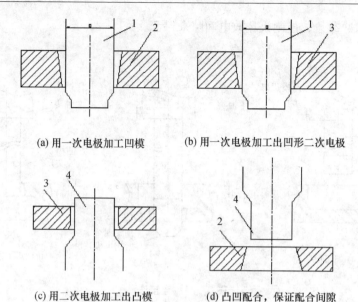

(a) 用一次电极加工凹模   (b) 用一次电极加工出凹形二次电极

(c) 用二次电极加工出凸模   (d) 凸凹配合，保证配合间隙

图 3 - 36   二次电极法

（二）电极设计

1. 电极的一般技术要求

（1）尺寸精度不低于 IT7 级。

（2）表面粗糙度 Ra 值不大于 1.25。

（3）各表面的平行度误差在 100mm 长度上不大于 0.01mm。

2. 电极的材料

从理论上讲，任何导电材料都可以做电极。不同的材料做电极对于电火花加工速度、加工质量、电极损耗、加工稳定性有重要的影响。因此，在实际加工中，应综合考虑各个方面的因素，选择最合适的材料做电极。如表 3 - 6 所示。

表 3 - 6   电火花加工常用电极材料的性能

电极材料	电加工性能		机加工性能	说明
	稳定性	电极损耗		
钢	较差	中等	好	在选择电规准时应注意加工的稳定性
铸铁	一般	中等	好	在加工冷冲模时常用的电极材料
黄铜	好	大	尚好	电极损耗太大
紫铜	好	较大	较差	磨削困难，难与凸模连接后同时加工
石墨	尚好	小	尚好	机械强度较差，易崩角
铜钨合金	好	小	尚好	价格贵，在深孔、直壁孔、硬质合金模具加工中使用
银钨合金	好	小	尚好	价格贵，一般少用

3. 电极的形式

电极的结构形式可根据型孔或型腔的尺寸大小、复杂程度及电极的加工工艺等来确定。常用的电极结构形式如下：

（1）整体电极。整体式电极由一整块材料制成［见图3-37（a）］。若电极尺寸较大，则在内部设置减轻孔及多个冲油孔［见图3-37（b）］。

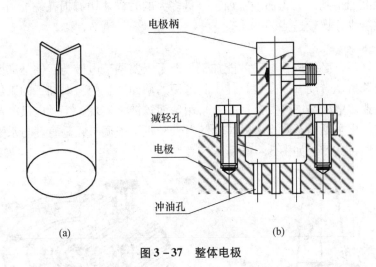

图3-37 整体电极

（2）组合电极。组合电极是将若干个小电极组装在电极固定板上，可一次性同时完成多个成型表面电火花加工的电极。图3-38所示的加工叶轮的工具电极是由多个小电极组装而构成的。

采用组合电极加工时，生产率高，各型孔之间的位置精度也较准确。但是对组合电极来说，一定要保证各电极间的定位精度，并且每个电极的轴线要垂直于安装表面。

（3）镶拼式电极。镶拼式电极是将形状复杂而制造困难的电极分成几块来加工，然后再镶拼成整体的电极。如图3-39所示，将E字形硅钢片冲模所用的电极分成三块，加工完毕后再镶拼成整体。这样即可保证电极的制造精度，得到尖锐的凹角，而且简化了电极的加工，节约了材料，降低了制造成本。但在制造中应保证各电极分块之间的位置准确，配合要紧密牢固。

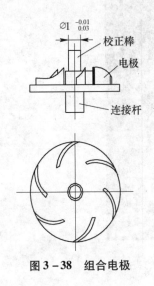

图3-38 组合电极

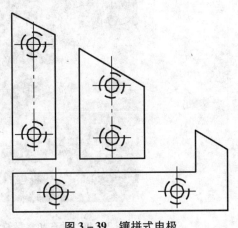

图3-39 镶拼式电极

（三）电规准的选择与转换

电规准应根据工件的加工要求、电极和工件材料、加工的工艺指标等因素来选择。电规准转换时对电极损耗的控制最主要的是要掌握低损耗加工转向有损耗加工的时机，也就是用低损耗规准加工到什么粗糙度，加工余量多大的时候才用有损耗规准加工，每个规准的加工余量取多少才比较适当。

1. 电极校正

电极装夹好后，必须进行校正才能加工，即不仅要调节电极与工件基准面垂直，而且需在水平面内调节、转动一个角度，使工具电极的截面形状与将要加工的工件型孔或型腔定位的位置一致。电极与工件基准面垂直常用球面铰链来实现，工具电极的截面形状与型孔或型腔的定位靠主轴与工具电极安装面相对转动机构来调节，垂直度与水平转角调节正确后，都应用螺钉夹紧，如图 3－40 所示。

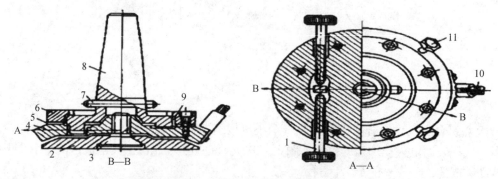

1—调节螺钉；2—摆动法兰盘；3—球面螺钉；4—调角校正架；5—调整垫；6—上压板；

7—销钉；8—锥柄座；9—滚珠；10—电源线；11—垂直度调节螺钉

图 3－40 垂直和水平转角调节装置的夹头

电极装夹到主轴上后，必须进行校正，一般的校正方法有：

（1）根据电极的侧基准面，采用千分表找正电极的垂直度，如图 3 - 41 所示。

（2）电极上无侧面基准时，将电极上端面作辅助基准找正电极的垂直度，如图 3 - 42 所示。

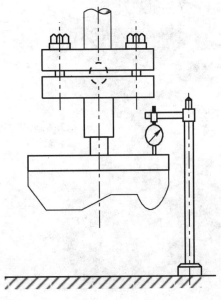

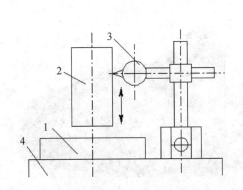

1—凹模；2—电极；3—千分表；4—工件

图 3 - 41　用千分表校正电极垂直度

图 3 - 42　型腔加工用电极校正

（3）目前瑞士 EROWA 公司生产出一种高精度电极夹具，可以有效地实现电极快速装夹与校正。这种高精度电极夹具不仅可以在电火花加工机床上使用，还可以在车床、铣床、磨床、线切割等机床上使用，因而可以实现电极制造和电极使用一体化，使电极在不同机床之间转换时不必再费时去找正。

1）高精度电极装夹系统简介。EROWA 公司的工具电极精密快速装夹、更换系统如图 3 - 43 所示，该系统装夹固定在电火花机床主轴端面上。

电极装夹系统的卡盘通过夹紧插销与定位板连接，在卡盘外部有两种相互垂直的基准面，当卡盘装夹在机床主轴头上时，该基准面分别与机床的 X 轴、Y 轴平行。在基准面下面又有四个分别与基准面垂直的定心菱形体。电极可以直接装在定位板上（见图 3 - 44，多用于大电极装夹），也可以通过另外的电极夹头装夹在定位板上（见图 3 - 45，多用于中小电极装夹）。当电极及定位板与卡盘连接时，四个定心棱形体插入定心板上相应的四个定心槽中进行定位，并由夹紧插销进行夹紧，定位板上的四个支承脚起限位作用。

2）电极夹。前面讲过电极夹装在电极装夹系统的定位板上，电极又装在电极夹上。电极夹有多种形式，有兴趣的读者不妨参考 EROWA 公司的相关资料。

①方形电极夹。如图 3 - 46 所示，方形电极夹有不同的规格。插在电极夹方孔中的电极柄是经过专门精密加工制作而成的。它可以直接作为制造电极的坯料［见图 3 - 47（a）］，也可以只作为专门的电极柄。专门的电极柄与电极可以用焊接或黏结的方法固定［见图 3 - 47（b）］，也可以用螺钉进行机械固定［见图 3 - 47（c）］。

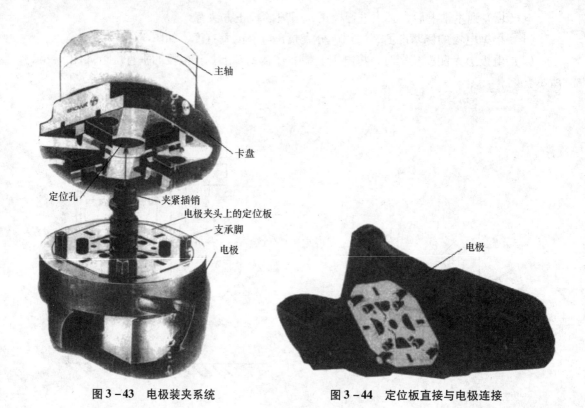

图 3 - 43　电极装夹系统

图 3 - 44　定位板直接与电极连接

主轴

卡盘

定位孔

夹紧插销

电极夹头上的定位板

支承脚

电极

电极

图 3 - 45　定位板与电极夹相连

②圆形电极夹。圆形电极夹的结构如图 3 - 48 (a) 所示,电极夹安装在定位板上。在圆形电极夹的内孔中装入像大多数数控铣床一样的弹簧套筒夹头 [见图 3 - 48 (b)],可用来装夹圆形电极。图 3 - 48 (c) 所示为精密钻夹头,可装入圆形电极夹的内孔中,钻夹头可以夹持的范围为 0. 2 ~ 3. 1mm,一般用来装夹直径很小的电极。

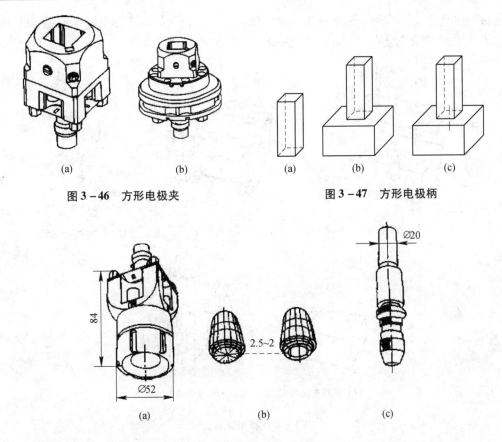

图 3 –46　方形电极夹　　　　　　　图 3 –47　方形电极柄

图 3 –48　圆形电极夹结构

③标准电极夹。标准电极夹如图 3 –49 所示。标准电极夹通用性更强，适合夹持各种形状的电极。如小型万用块电极夹具有 51mm×351mm 的基面，在底部有相距 40mm 的两个 M6 螺钉，用来将电极坯料固定在万用块电极夹的基面上；如图 3 –49（a）所示。方形块电极夹具有边长 26.5mm 的内正方，侧面带有两个固紧螺钉，适合装夹电极柄直径（或方径）最大为 25mm 的电极坯料。如图 3 –49（b）所示电极柄插入内正方后，用固紧螺钉锁紧，如果电极中心需要与电极夹中心重合时，可在内正方的固定基准两边内插入垫片以调整中心。如 U 形块电极夹具有 20mm 的内槽和两个固紧螺钉，适合装夹最大柄宽为 20mm 的电极，插入电极后，用固紧螺钉锁紧，如电极柄较薄需要调整中心时，可在内槽的固定基准一侧插入垫片以调整电极中心如图 3 –49（c）所示。坯料电极夹是一个未做加工的电极夹，可根据电极的形状、尺寸和装夹方式随意制造，如图 3 –49（d）所示。V 形块电极夹具有两个相互垂直的基准面，夹紧螺钉设置在外侧的对角线处，适合装夹圆形、方形、菱形体的小型电极，电极中心到基准面的距离最大为 10mm，如需要调整电极中心，可在基准面处插入垫片，如图 3 –49（e）所示。

五、型腔模电火花加工

电火花加工型腔比加工凹模型孔困难。型腔加工属于盲孔加工，缺点：金属蚀除量大，工作液循环困难，电蚀产物排除难；加工面积大，加工过程中电规准调节范围大；型腔复杂，电极损耗不均匀，影响加工精度。优点：加工质量好、表面粗糙度值小、减少切削加工和手工劳动。型腔加工方法比较如表 3 - 7 所示。

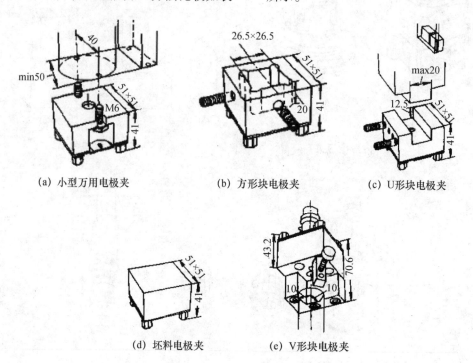

（a）小型万用电极夹　　　　（b）方形块电极夹　　　　（c）U形块电极夹

（d）坯料电极夹　　　　（e）V形块电极夹

图 3 - 49　标准电极夹

表 3 - 7　型腔加工方法比较

		机加工（立铣、仿形铣）	冷挤压	电火花加工
对各类型腔的适应性	大型腔	较好	较差	好
	深型腔	较差	低碳钢等塑性好的材料尚好	较好
	复杂型腔	立铣稍差，仿形铣较好	较差，有的要分次挤压	较好
	文字图案	差	较好	好
	硬材料	较差	较高	好
加工质量	精度	立铣较高，仿形铣差	较高	比机加工高，比冷挤压低
	表面粗糙度值	立铣较小，仿形较大	小	比机加工高，比冷挤压大
	后工序抛光量	立铣较小，仿形较大	小	较小
效率	辅助时间	长	较差	较短
	成形时间	长	很短	较短
辅助工具	种类	成形刀具、靠模等	挤头、套圈等	电极、装夹工具等
	重复使用性	可多次使用	可使用几次	一般不能多次使用
	适用范围	较简单的型腔，并在淬火前加工	小型型腔、塑性好的材料在退火状态下加工	各种材料均可，淬火也能加工

1. 型腔加工工艺方法

根据电火花成型加工的特点，在实际中通常采用如下方法：

（1）单工具电极直接成型法。单工具电极直接成型法是指采用同一个工具电极完成模具型腔的粗、中及精加工。

对普通的电火花机床，在加工过程中先用无损耗或低损耗电规准进行粗加工，然后采用平动头使工具电极做圆周平移运动，按照粗、中、精的顺序逐级改变电规准，进行侧面平动修整加工。在加工过程中，借助平动头逐渐加大工具电极的偏心量，可以补偿前后两个加工电规准之间放电间隙的差值，这样就可完成整个型腔的加工。

（2）多电极更换法。多电极更换法是指根据一个型腔在粗、中、精加工中放电间隙各不相同的特点，采用几个不同尺寸的工具电极完成一个型腔的粗、中、精加工。在加工时首先用粗加工电极蚀除大量金属，然后更换电极进行中、精加工；对于加工精度高的型腔，往往需要较多的电极来精修型腔。

（3）分解电极加工法。分解电极加工法是根据型腔的几何形状，把电极分解成主型腔电极和副型腔电极，分别制造。先用主型腔电极加工出主型腔，后用副型腔电极加工尖角、窄缝等部位的副型腔。此方法的优点是能根据主、副型腔不同的加工条件，选择不同的加工规准，有利于提高加工速度和改善加工表面质量，同时还可简化电极制造，便于电极修整。缺点是主型腔和副型腔间的精确定位较难解决。

多电极更换加工法的优点是仿型精度高，尤其适用于尖角、窄缝多的型腔模加工。缺点是需要制造多个电极，并且对电极的重复制造精度要求很高。另外，在加工过程中，电极的依次更换需要有一定的重复定位精度。

分解电极法是根据型腔的几何形状，把电极分解成主型腔和副型腔分别制造。有利于提高加工速度和质量，使电极易于修整，但电极的安装精度要求高。

2. 电极尺寸的确定

（1）电极的水平尺寸（见图3-50）为电极在垂直于主轴进给方向上的尺寸。采用单电极加工时，计算公式：

$$a = A \pm Kb$$

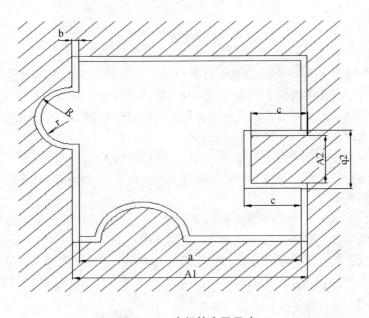

图3-50 电极的水平尺寸

其中，a 为电极水平方向上的基本尺寸，A 为型腔的基本尺寸，K 为与型腔尺寸标注有关的系数，b 为电极单边缩放量，b = e + δ + v，e 为平动量，δ 为精加工后最后一挡规准的单边放电间隙，v 为精加工电极侧面损耗。

在式 a = A ± Kb 中"±"号及 K 值的确定原则：与型腔凸出部分相对应电极凹入部分的尺寸应放大，用"+"号；反之与型腔凹入部分相对应的电极凸出部分应缩小，用"－"号。

当型腔尺寸以两加工表面为尺寸界线标注时，若蚀除方向相反，取 K = 2；若蚀除方向相同，取 K = 0。当型腔尺寸以中心线或非加工面为基准标注，取 K = 1。凡与型腔中心线之间的位置尺寸以及角度尺寸相对应的电极尺寸不缩不放，取 K = 0。

（2）电极垂直方向的尺寸，如图 3 – 51 所示。

计算公式：h = h1 + H2；h1 = H1 + C1H1 + C2S – δ

其中，h 为电极垂直方向的总高度，h1 为电极垂直方向的有效工作尺寸。

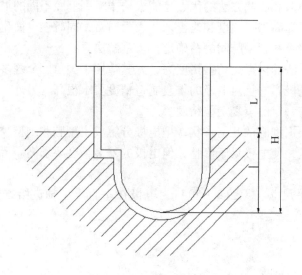

图 3 – 51　电极的垂直尺寸

（3）电极的排气孔和冲油孔。电火花成型加工时，型腔一般均为盲孔，排气、排屑条件较为困难，这直接影响加工效率与稳定性，精加工时还会影响加工表面粗糙度。为改善排气、排屑条件，大、中型腔加工电极都设计有排气孔、冲油孔。一般情况下，开孔的位置应尽量保证冲液均匀和气体易于排出。

排气孔和冲油孔的直径为平动量的 1 ~ 2 倍，一般取 1 ~ 2mm；为便于排气排屑，常把排气孔、冲油孔的上端孔径加大到 5 ~ 8mm；孔距在 20 ~ 40mm，位置相对错开，以避免加工表面出现波纹。

（4）电极材料选择。电极材料应具备的性能：高的耐腐蚀性。常见的电极材料有纯铜、石墨、铜钨合金、银钨合金（在宽脉冲粗加工时都能实现低损耗）。

纯铜的特点：①不容易产生电弧，在较困难的情况下也能稳定加工。②精加工比石墨电极损耗小。③采用精微加工能达到优于 Ra1.25 的表面粗糙度。④材料可重复利用。⑤机械加工性能不如石墨好。

石墨电极的特点：①机械加工成型容易，容易修正。②在宽脉冲大电流情况下具有更小的电极损耗。③容易产生电弧烧伤（加工时应配合有短路快速切断装置）。④精加工时电极损耗大，表面粗糙度只能达到 Ra 2.5。

3. 电规准的选择与转换

（1）电规准的选择。正确的选择电规准，实现低损耗、高生产效率，对保证型腔的加工精度和经济效益是很重要的。

1）粗规准：粗加工时，要求高生产率和低电极损耗（小于1%）。应优先考虑采用较宽的脉冲宽度（400μs以上），然后选择合适的脉冲电流。并应注意电极的电流密度，一般，石墨电极加工钢时，最高电流密度为 $3 \sim 5 \mathrm{A/cm^2}$。纯铜电极加工钢时可稍大些（电流密度过大，放电过于集中，容易拉弧）。

2）中规准：应视具体对象而定。一般脉冲宽度 $20 \sim 400 \mu s$，峰值电流为 $10 \sim 25 \mathrm{A}$。

3）精规准：精加工窄脉宽，电极损耗较大，一般为 $10\% \sim 20\%$，脉冲宽度一般为 $2 \sim 20 \mu s$，峰值电流应小于 $10 \mathrm{A}$。

（2）电极加工方法。应根据电极的类型、尺寸大小、电极材料和电极结构来选择加工方法和方式。例如，石墨材料加工时容易碎裂、粉末飞扬，所以在加工前需将石墨放在工作液中浸泡 $2 \sim 3$ 天，这样可以有效减少崩角及粉末飞扬。紫铜材料切削较困难，为了达到较好的表面粗糙度，经常在切削加工后进行研磨抛光加工。

（3）电极的连接方法。既可用环氧树脂和聚乙烯醇缩醛胶来粘合，也可采用焊接或者螺钉连接。

任务试题

（1）请叙述下列机床型号中各字符的意义。
DK7725

（2）请叙述电火花的三个阶段。

（3）请叙述电火花加工的原理。

（4）请叙述实现放电加工必须具备的条件。

（5）为什么慢走丝比快走丝加工精度高？

任务二　电火花线切割加工

 任务目标

（1）熟悉电火花线切割加工原理、特点及基本规律。
（2）熟悉电火花线切割加工机床型号及分类。
（3）掌握电火花程序编制及加工工艺。

基本概念

一、电火花线切割加工的原理和特点

1. 电火花加工定义

电火花线切割（Wire Cut Electrical Discharge Machining，WEDM）是在电火花加工基础上于 20 世纪 50 年代末期在苏联发展起来的一种新工艺，由于其加工过程是利用线状电极靠火花放电对工件进行切割，故称电火花线切割。目前，国内外的线切割机床已占电加工机床的 60% 以上。如图 3-52 所示。

(a) 电火花线切割加工机床　　　　　(b) 电火花线切割加工机床控制柜

图 3-52　电火花线切割

2. 电火花线切割加工原理

电火花线切割加工与电火花成形加工的基本原理一样，都是基于电极间脉冲放电时的电火花腐蚀原理，实现零部件的加工。不同的是，电火花线切割加工不需要制造复杂的成形电极，而是利用移动的细金属丝（钼丝或铜丝）作为工具电极，工件按照预定的轨迹运动，切割出所需要的各种尺寸和形状。其加工原理如图 3 – 53、图 3 – 54 所示。

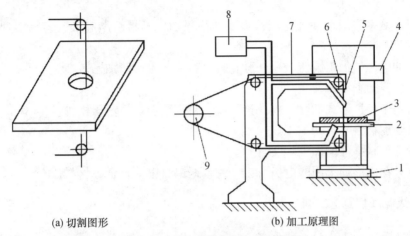

(a) 切割图形 　　　　　　　　　　(b) 加工原理图

图 3 – 53　电火花线切割加工的原理

在这个加工过程中，工件接高频脉冲电源的正极，钼丝接高频脉冲电源的负极，当工件与钼丝接近到一定距离（0.01 ~ 0.03mm）时，它们之间就产生火花放电，腐蚀工件（熔化温度在 8000℃ ~ 12000℃ 以上）。

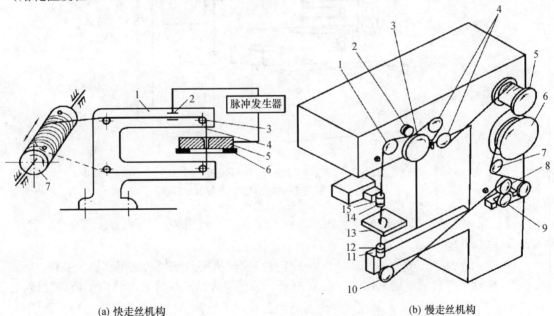

(a) 快走丝机构　　　　　　　　　　(b) 慢走丝机构

1—丝架；2—导电器；3—导轮；4—电极丝；　　　1，4，10—滑轮；2，9—压紧轮；3—制动轮；5—供丝
5—工件；6—工作台；7—储丝筒　　　　　　　　　卷筒；6—卷丝筒；7—导向轮；8—卷丝滚轮；
　　　　　　　　　　　　　　　　　　　　　　　　11，15—导电器；12，13—金铜石导向器；14—工件

图 3 – 54　快走丝机构和慢走丝机构

3. 电火花线切割加工特点

（1）不需要制造复杂的成形电极。

（2）能够方便快捷地加工薄壁、窄槽、复杂异形孔等结构零件。

（3）一般采用精规准一次加工成形，在加工过程中大都不需要转换加工规准。

（4）由于采用移动的长电极丝进行加工，使单位长度电极丝的损耗较少，从而对加工精度的影响比较小。

（5）工作液多采用水基乳化液，很少使用煤油，不易引燃起火，容易实现安全无人操作运行。

（6）脉冲电源的加工电流较小，脉宽较窄，属于中、精加工范畴。

4. 电火花线切割加工应用

（1）适用于各种形式的冲裁模及挤压模、粉末冶金模、塑压模等。

（2）高硬度材料零件的加工。

（3）特殊形状零件的加工。

（4）电火花成形加工用的电极有钼、铜、铜钨、银钨合金等材料。

二、电火花线切割加工机床

1. 电火花线切割加工机床组成

电火花线切割加工设备主要由机床本体、脉冲电源、控制系统、工作液循环系统和机床附件等几部分组成，如图3-55、图3-56所示。

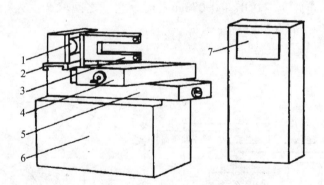

1—卷丝筒；2—走丝溜板；3—丝架；4—上拖板；5—下拖板；6—床身；7—电源控制柜

图3-55 快走丝线切割加工设备组成

（1）机床本体。机床本体由床身、坐标工作台、运丝机构、丝架、工作液箱、附件和夹具等组成。

1）机床床身。一般为铸件，是坐标工作台、绕丝机构及丝架的支承和固定基础。

2）坐标工作台。一般采用"十"字滑板、滚动导轨和丝杆传动副将电动机的旋转运动变为工作台的直线运动，通过两个坐标方向各自的进给移动，可合成获得各种平面图形曲线轨迹。

3）走丝机构。走丝系统使电极丝以一定的速度运动并保持一定的张力。

4）锥度切割装置。为了切割落料角的冲模和某些有锥度的内外表面，有些线切割机床具有锥度切割功能。

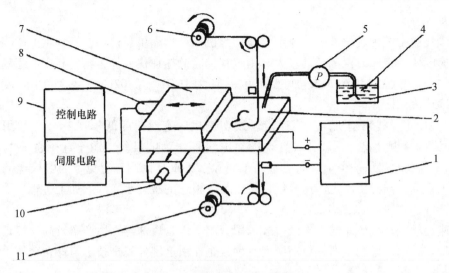

1—脉冲电源；2—工件；3—工作液箱；4—去离子水；5—泵；6—放丝卷筒；
7—工作台；8—X轴电动机；9—数控装置；10—Y轴电动机；11—收丝卷筒

图3-56　慢走丝线切割加工设备组成

（2）脉冲电源。电火花线切割加工的脉冲电源与电火花成型加工使用的脉冲电源在原理上相同，不过受加工表面粗糙度和电极丝允许承载电流的限制，线切割加工脉冲电源的脉宽较窄（2~60μs），单个脉冲能量、平均电流（1~5A）一般较小，所以线切割总是采用正极性加工。

（3）工作液循环系统。目前，快走丝线切割工作液广泛采用的是乳化液，其加工速度快。慢走丝线切割机床采用的工作液是去离子水和煤油。

工作液循环装置一般由工作液泵、液箱、过滤器、管道和流量控制阀等组成。

对快速走丝机床，通常采用浇注式供液方式，而对慢速走丝机床，近年来有些采用浸泡式供液方式。

（4）数控系统。数控系统在电火花线切割加工中起着重要作用，具体体现在两个方面：

1）轨迹控制作用。它精确地控制电极丝相对于工件的运动轨迹，使零件获得所需的形状和尺寸。

2）加工控制。它能根据放电间隙大小与放电状态控制进给速度，使之与工件材料的蚀除速度相平衡，保持正常的稳定切割加工。

目前绝大部分机床采用数字程序控制，并且普遍采用绘图式编程技术，操作者首先在计算机屏幕上画出要加工的零件图形，线切割专用软件（如YH软件、北航海尔的CAXA线切割软件）会自动将图形转化为ISO代码或3B代码等线切割程序。

2. 电火花线切割加工机床分类

（1）按走丝速度分。有快速走丝、中速走丝和慢速走丝三种，应用最多的是快速走丝及慢速走丝。

1）快速走丝线切割机床。快速走丝线切割机床的电极丝作高速往复运动，一般走丝速度为8~10m/s，是我国独创的电火花线切割加工模式。快速走丝线切割机床上运动的电极丝能够双向往返运行，重复使用，直至断丝为止。线电极材料常用直径为0.10~0.30mm的钼丝（有时也用钨丝或钨钼丝）。对小圆角或窄缝切割，也可采用直径为

0.6mm 的钼丝。

工作液通常采用乳化液。快速走丝线切割机床结构简单、价格便宜、生产率高，但由于运行速度快，工作时机床震动较大。钼丝和导轮的损耗快，加工精度和表面粗糙度就不如慢速走丝线切割机床，其加工精度一般为 0.01 ~ 0.02mm，表面粗糙度 Ra 为 1.25 ~ 2.5μm。

2）慢速走丝线切割机床。慢速走丝线切割机床走丝速度低于 0.2m/s。常用黄铜丝（有时也采用紫铜、钨、钼和各种合金的涂覆线）作为电极丝，铜丝直径通常为 0.10 ~ 0.35mm。电极丝仅从一个单方向通过加工间隙，不重复使用，避免了因电极丝的损耗而降低加工精度。同时由于走丝速度慢，机床及电极丝的震动小，因此加工过程平稳，加工精度高，可达 0.005mm，表面粗糙度 Ra≤0.32μm。

慢速走丝线切割机床的工作液一般采用去离子水、煤油等，生产率较高。慢走丝机床主要由日本、瑞士等国生产，目前国内有少数企业引进国外先进技术与外企合作生产慢走丝机床。

国标规定的数控电火花线切割机床的型号，如 DK7725 的基本含义为：D 为机床的类别代号，表示是电加工机床；K 为机床的特性代号，表示是数控机床；第一个 7 为组代号，表示是电火花加工机床；第二个 7 为系代号（快走丝线切割机床为 7，慢走丝线切割机床为 6，电火花成型机床为 1）；25 为基本参数代号，表示工作台横向行程为 250mm。

（2）按控制方式分。由靠模仿形控制、光电跟踪控制、数字程序控制以及微机控制等，前两种方法现已很少采用。

（3）按脉冲电源形式分。有 RC 电源、晶体管电源、分组脉冲电源以及自适应控制电源等，RC 电源现已基本不用。

（4）按加工特点分。有大、中、小型，以及普通直壁切割型与锥度切割型等。

三、电火花线切割程序编制

目前生产的电火花线切割加工机床都有计算机自动编程功能，即可以将电火花线切割加工的轨迹图形自动生成机床能够识别的程序。电火花线切割加工的步骤如图 3 - 57 所示。

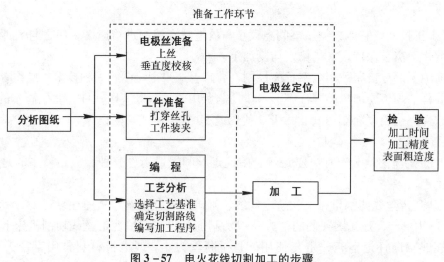

图 3 - 57　电火花线切割加工的步骤

电火花线切割程序与其他数控机床的程序相比，有如下特点：

（1）线切割程序普遍较短，很容易读懂。

（2）国内点电火花线切割程序常用格式有 3B（个别扩充为 4B 或 5B）格式和 ISO 格式。其中慢走丝机床普遍采用 ISO 格式。

电火花线切割加工轨迹图形是由直线和圆弧组成的，它们的 3B 程序指令格式，如表 3－8 所示。

表 3－8　3B 程序指令格式

B	X	B	Y	B	J	G	Z
分隔符	X 坐标值	分隔符	Y 坐标值	分隔符	计数长度	计数方向	加工指令

注：B 为分隔符，它的作用是将 X、Y、J 数码区分开来；X、Y 为增量（相对）坐标值；J 为加工线段的计数长度；G 为加工线段计数方向；Z 为加工指令。

（1）直线的 3B 代码编程。

1）x，y 值的确定。①以直线的起点为原点，建立正常的直角坐标系，x，y 表示直线终点的坐标绝对值，单位为 μm。②在直线 3B 代码中，x，y 值主要是确定该直线的斜率，所以可将直线终点坐标的绝对值除以它们的最大公约数作为 x，y 的值，以简化数值。③若直线与 X 轴或 Y 轴重合，为区别一般直线，x，y 均可写作 0 也可以不写。

如图 3－58（a）所示的轨迹形状，请试着写出其 x，y 值，具体答案可参考表 3－9。

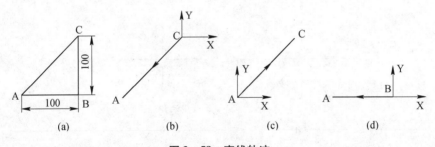

图 3－58　直线轨迹

表 3－9　3B 代码

直线	B	X	B	Y	B	J	G	Z
CA	B	1	B	1	B	100000	Gy	L3
AC	B	1	B	1	B	100000	Gy	L1
BA	B	0	B	0	B	100000	Gx	L3

2）G 的确定。G 用来确定加工时的计数方向，分 Gx 和 Gy。直线编程的计数方向的选取方法是：以要加工的直线的起点为原点，建立直角坐标系，取该直线终点坐标绝对值大的坐标轴为计数方向。若 y = x，则在一、三象限取 G = Gy，在二、四象限取 G = Gx。

由上可见，计数方向的确定以 45°线为界，取与终点处走向较平行的轴作为计数方向，具体可参见图 3－59（c）。

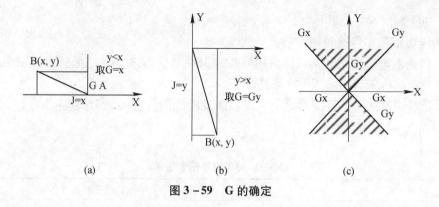

图 3 - 59　G 的确定

3）J 的确定。J 为计数长度，以 μm 为单位。以前编程应写满六位数，不足六位前面补零，现在的机床基本上可以不用补零。

J 的取值方法为：由计数方向 G 确定投影方向，若 $G = Gx$，则将直线向 X 轴投影得到长度的绝对值即为 J 的值；若 $G = Gy$，则将直线向 Y 轴投影得到长度的绝对值即为 J 的值。

4）Z 的确定。加工指令 Z 按照直线走向和终点的坐标不同可分为 L_1、L_2、L_3、L_4，其中与 + X 轴重合的直线算作 L_1，与 - X 轴重合的直线算作 L_3，与 + Y 轴重合的直线算作 L_2，与 - Y 轴重合的直线算作 L_4。如图 3 - 60 所示。

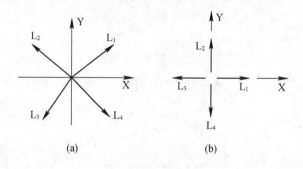

图 3 - 60　Z 的确定

（2）圆弧的 3B 代码编程。

1）x，y 值的确定。以圆弧的圆心为原点，建立正常的直角坐标系，x，y 表示圆弧起点坐标的绝对值，单位为 μm。如在图 3 - 61（a）中，x = 30000，y = 40000；在图 3 - 61（b）中，x = 40000，y = 30000。

2）G 的确定。G 用来确定加工时的计数方向，分 Gx 和 Gy。圆弧编程的计数方向的选取方法：以某圆心为原点建立直角坐标系，取终点坐标绝对值小的轴为计数方向。若 y = x，则 Gx、Gy 均可。

由上可见，圆弧计数方向由圆弧终点的坐标绝对值大小决定，其确定方法与直线刚好相反，即取与圆弧终点处走向较平行的轴作为计数方向。

3）J 的确定。圆弧编程中 J 的取值方法为：由计数方向 G 确定投影方向，若 $G = Gx$，则将圆弧向 X 轴投影；若 $G = Gy$，则将圆弧向 Y 轴投影。J 值为各个象限圆弧投影长度绝对值的和。

4) Z 的确定。加工指令 Z 按照第一步进入的象限可分为 R_1、R_2、R_3、R_4；按切割的走向可分为顺圆 S 和逆圆 N，于是共有 8 种指令：SR_1、SR_2、SR_3、SR_4、NR_1、NR_2、NR_3、NR_4。如图 3 - 62 所示。

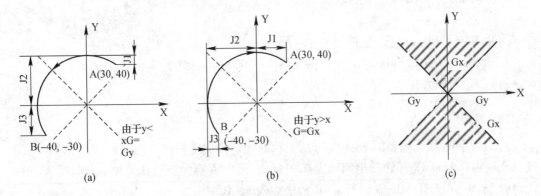

图 3 - 61　圆弧轨迹

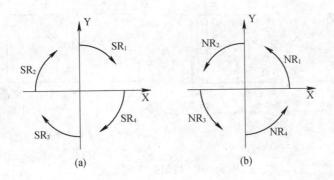

图 3 - 62　Z 的确定

例 1：请写出图 3 - 63 所示轨迹的 3B 程序。

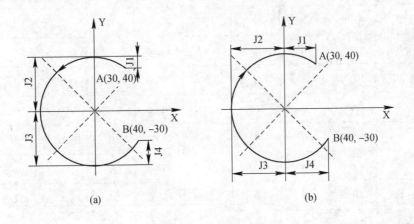

图 3 - 63　编程图形

解：对图 3 – 63（a），起点为 A，终点为 B：

$J = J_1 + J_2 + J_3 + J_4 = 10000 + 50000 + 50000 + 20000 = 130000$

故其 3B 程序为：

B30000 B40000 B130000 GY NR$_1$

对图 4 – 63（b），起点为 B，终点为 A：

$J = J_1 + J_2 + J_3 + J_4 = 40000 + 50000 + 50000 + 30000 = 170000$

故其 3B 程序为：

40000 B30000 B170000 GX SR$_4$

例 2：用 3B 代码编制图 3 – 64（a）所示的线切割加工程序。已知线切割加工用的电极丝直径为 0.18mm，单边放电间隙为 0.01mm，图中 A 点为穿丝孔，加工方向沿 A—B—C—D—E—F—G—H—B—A 进行。3B 程序如表 3 – 10 所示。

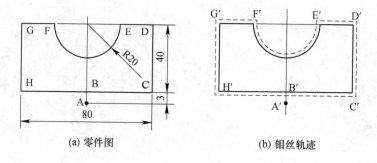

(a) 零件图   (b) 钼丝轨迹

图 3 – 64　线切割切割图形

表 3 – 10　切割轨迹 3B 程序

A′B′	B	0	B	2900	B	2900	G	Y	L	2
B′C′	B	40100	B	0	B	40100	G	X	L	1
C′D′	B	0	B	40200	B	40200	G	Y	L	2
D′E′	B	20200	B	0	B	20200	G	X	L	3
E′F′	B	19900	B	100	B	40000	G	Y	SR	1
F′G′	B	20200	B	0	B	20200	G	X	L	3
G′H′	B	0	B	40200	B	40200	G	Y	L	4
H′B′	B	40100	B	0	B	40100	G	X	L	1
B′A′	B	0	B	2900	B	29200	G	Y	L	4

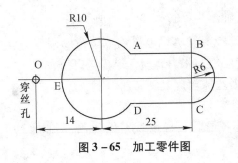

图 3 - 65　加工零件图

例3：用 3B 代码编制图 3 - 65 所示的凸模线切割加工程序，已知电极丝直径为 0.18mm，单边放电间隙为 0.01mm，图中 O 为穿丝孔，拟采用的加工路线为 O - E - D - C - B - A - E - O。

解：经过分析，得到具体程序，如表3 - 11 所示。

表 3 - 11　切割轨迹 3B 程序

OE	B	3900	B	0	B	3900	G	X	L	1
ED	B	10100	B	0	B	14100	G	Y	NR	3
DC	B	16950	B	0	B	16950	G	X	L	1
CB	B	0	B	6100	B	12200	G	X	NR	4
BA	B	16950	B	0	B	16950	G	X	L	3
AE	B	8050	B	6100	B	14100	G	Y	NR	1
EO	B	3900	B	0	B	3900	G	X	L	3

四、电火花线切割加工工艺

1. 电极丝穿丝

慢走丝线切割机床的穿丝较简单，本书以快走丝线切割机床为例讨论电极丝的上丝、穿丝及调节行程的方法。

（1）上丝操作。上丝的过程是将电极丝从丝盘绕到快走丝线切割机床储丝筒上的过程。不同的机床操作可能略有不同，下面以北京阿奇公司的 FW 系列为例说明上丝要点（见图 3 - 66、图 3 - 67、图 3 - 68）。

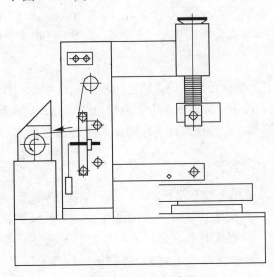

图 3 - 66　上丝示意图

1）上丝以前，要先移开左、右行程开关，再启动丝筒，将其移到行程左端或右端极限位置（目的是将电极丝上满，如果不需要上满，则需与极限位置有一段距离）。

2）上丝过程中要打开上丝电机起停开关，并旋转上丝电机电压调节按钮以调节上丝电机的反向力矩（目的是保证上丝过程中电极丝有均匀的张力，避免电极丝打折）。

3）按照机床的操作说明书中上丝示意图将电极丝从丝盘上到储丝筒上。

（2）穿丝操作。

1）拉动电极丝头，按照操作说明书依次绕接各导轮、导电块至储丝筒（见图3 - 68）。在操作中要注意手的力度，防止电极丝打折。

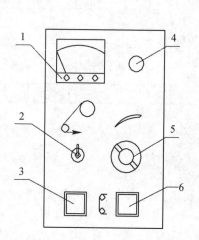

1—上丝电机电压表；2—上丝电机起停开关；
3—丝筒运转开关；4—紧急停止开关；
5—上丝电机电压调节按钮；
6—丝筒停止开关

图3-67 储丝筒操作面板

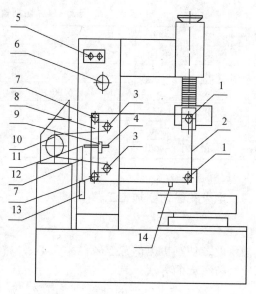

1—主导轮；2—电极丝；3—辅助导轮；4—直线导轨；
5—工作液旋钮；6—上丝盘；7—张紧轮；8—移动板；
9—导轨滑块；10—储丝筒；11—定滑轮；12—绳索；
13—重锤；14—导电块

图3-68 穿丝示意图

2）开始穿丝时，首先要保证储丝筒上的电极丝与辅助导轮、张紧导轮、主导轮在同一个平面上，否则在运丝过程中，储丝筒上的电极丝会重叠，从而导致断丝。

3）穿丝中要注意控制左右行程挡杆，使储丝筒左右往返换向时，储丝筒左右两端留有3～5mm的余量。

2. 电极丝垂直找正

电极丝垂直度找正的常见方法有两种：一种是利用找正块，另一种是利用校正器。

（1）利用找正块进行火花法找正。找正块是一个六方体或类似六方体，如图3 - 69（a）所示。在校正电极丝垂直度时，首先目测电极丝的垂直度，若明显不垂直，则调节U轴、V轴，使电极丝大致垂直工作台；然后将找正块放在工作台上，在弱加工条件下，将电极丝沿X方向缓缓移向找正块。

当电极丝快碰到找正块时，电极丝与找正块之间产生火花放电，然后肉眼观察产生的火花：若火花上下均匀，如图3 - 69（b）所示，则表明在该方向上电极丝垂直度良好；若下面火花多，如图3-69（c）所示，则说明电极丝右倾，故将U轴的值调小，直至火花上下均匀；若上面火花多，如图3-69（d）所示，则说明电极丝左倾，故将U轴的值调大，直至火花上下均匀。同理，调节V轴的值，使电极丝在V轴垂直度良好。

在用火花法校正电极丝的垂直度时，需要注意以下几点：

1）找正块使用一次后，其表面会留下细小的放电痕迹。下次找正时，要重新换位置，不可用有放电痕迹的位置碰火花校正电极丝的垂直度。

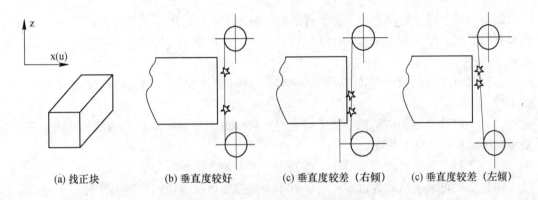

| (a) 找正块 | (b) 垂直度较好 | (c) 垂直度较差（右倾） | (c) 垂直度较差（左倾） |

图3-69 用火花法校正电极丝垂直度

2）在精密零件加工前，分别校正U轴、V轴的垂直度后，需要再检验电极丝垂直度校正的效果。具体方法是：重新分别从U轴、V轴方向碰火花，看火花是否均匀，若U轴、V方向上火花均匀，则说明电极丝垂直度较好；若U轴、V方向上火花不均匀，则重新校正，再检验。

3）在校正电极丝垂直度之前，电极丝应张紧，张力与加工中使用的张力相同。

4）在用火花法校正电极丝垂直度时，电极丝要运转，以免电极丝断丝。

（2）用校正器进行校正。校正器是一个触点与指示灯构成的光电校正装置，电极丝与触点接触时指示灯亮。它的灵敏度较高，使用方便且直观。底座用耐磨不变形的大理石或花岗岩制成，如图3-70、图3-71所示。

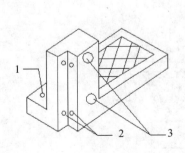

1—导线；2—触点；3—指示

图3-70 垂直度校正器

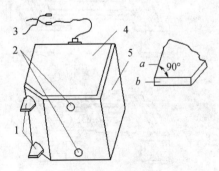

1—上下测量头（b为放大的测量面）；2—上下指示灯；
3—导线及夹子；4—盖板；5—支座

图3-71 DF55-J50A型垂直度校正器

使用校正器校正电极丝垂直度的方法与火花法大致相似。主要区别是：火花法是观察火花上下是否均匀，而用校正器则是观察指示灯。若在校正过程中，指示灯同时亮，则说明电极丝垂直度良好，否则需要校正。

在使用校正器校正电极丝的垂直度时，要注意以下几点：

1）电极丝停止走丝，不能放电。

2）电极丝应张紧，电极丝的表面应干净。

3）若加工零件精度高，则在校正后需要检查电极丝垂直度，其方法与火花法类似。

3. 工件的装夹

线切割加工属于较精密加工，工件的装夹对加工零件的定位精度有直接影响，特别在模具制造等加工中，需要认真、仔细地装夹工件。线切割加工的工件在装夹过程中需要注意如下几点：

（1）确认工件的设计基准或加工基准面，尽可能使设计或加工的基准面与 X 轴、Y 轴平行。

（2）工件的基准面应清洁、无毛刺。经热处理的工件，在穿丝孔内及扩孔的台阶处，要清理热处理残物及氧化皮。

（3）工件装夹的位置应有利于工件找正，并应与机床行程相适应。

（4）工件的装夹应确保加工中电极丝不会过分靠近或误切割机床工作台。

（5）工件的夹紧力大小要适中、均匀，不得使工件变形或翘起。

线切割的装夹方法较简单，常见的装夹方式如图 3-72 所示。目前，很多线切割机床制造商都配有自己的专用加工夹具，图 3-73 为 3R 专用夹具，图 3-74 为北京阿奇公司生产的专用夹具及装夹示意图。

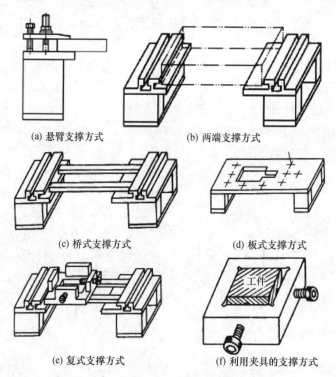

(a) 悬臂支撑方式　　　　　　(b) 两端支撑方式

(c) 桥式支撑方式　　　　　　(d) 板式支撑方式

(e) 复式支撑方式　　　　　　(f) 利用夹具的支撑方式

图 3-72　常见的装夹方式

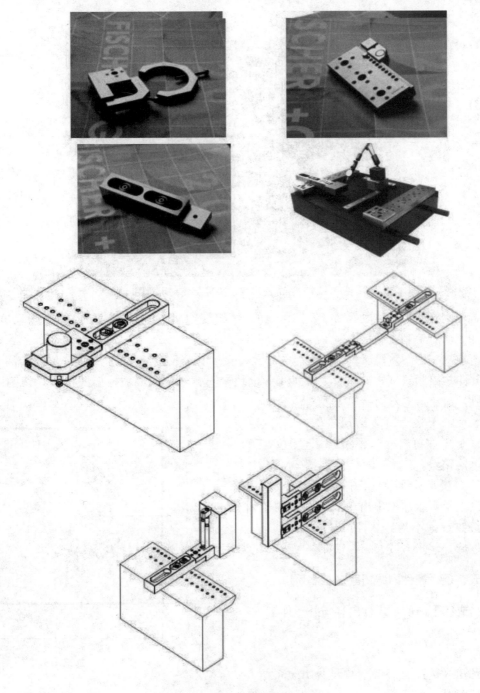

图 3 - 73　3R 专用夹具

4. 工件的找正

工件的找正精度关系到线切割加工零件的位置精度。在实际生产中，根据加工零件的重要性，往往采用按划线找正、按基准孔或已成型孔找正、按外形找正等方法。其中按划线找正用于零件要求不严的情况下。

5. 线切割断丝原因分析

（1）快走丝机床加工中断丝的主要原因。

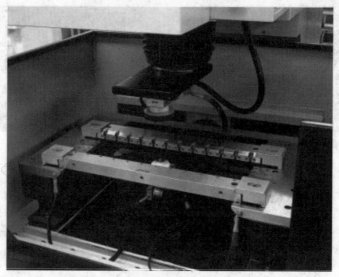

图 3-74　阿奇公司专用夹具及装夹示意图

若在刚开始加工阶段就断丝，则可能的原因有：①加工电流过大。②钼丝抖动厉害。③工件表面有毛刺或氧化皮。

若在加工中间阶段断丝，则可能的原因有：①电参数不当，电流过大。②进给调节不当，开路短路频繁。③工作液太脏。④导电块未与钼丝接触或被拉出凹痕。⑤切割厚件时，脉冲过小。⑥丝筒转速太慢。

若在加工最后阶段出现断丝，则可能的原因有：①工件材料变形，夹断钼丝。②工件掉落，撞落钼丝。

（2）慢走丝机床加工中断丝的主要原因。

慢走丝机床加工中出现断丝的主要原因有：①电参数选择不当。②导电块过脏。③电极丝速度过低。④张力过大。⑤工件表面有氧化皮。

五、模板镶件的线切割加工案例

完成如下图所示零件内孔与外形加工。

（一）加工内容

1. 零件图形（见图 3-75）

已知：材料为 45 钢，厚度为 10mm。

2. 编程与加工要求

（1）根据电极丝实际直径，正确计算偏移量。

（2）根据图形特点，正确选择引入线位置和切割方向。

（3）根据材料种类和厚度，正确设置脉冲参数。

（4）根据程序的引入位置和切割方向，正确装夹工件、穿丝和定位电极丝，保证内孔与外形位置尺寸。

（5）操作机床，进行零件的加工。

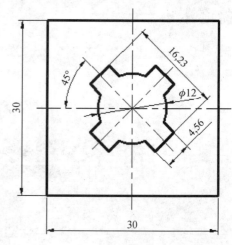

图 3-75　加工图形

3. 加工思路

机床先将型孔切出暂停后，将电极丝抽掉，关闭"高频"使机床空走到外形轨迹线的引入线起点，再将电极丝穿好进行外形切割。

（二）模板镶件的编程方法与技巧

1. 绘图

绘图与凸模方法一致，要保证型孔与外形的位置尺寸。图形绘制好后，将整个图形以外形的起始切割点为移动的基点，移动到坐标系原点。

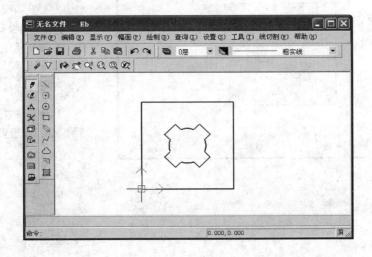

2. 生成加工轨迹

生成轨迹时方法与多孔轨迹生成一样。要注意零件外形轨迹的穿丝点位置，保证孔加工完后，加工外形的引入线一定要使机床空走完，加工外形穿丝时，重新穿丝电极丝在材料的外面。

3. 轨迹跳步

选择菜单中的轨迹跳步，先选取型孔轨迹线，再选择外形轨迹线，保证型孔先切割。生成轨迹时，选择对齐指令格式，并将暂停码 D 改成大写的 A。

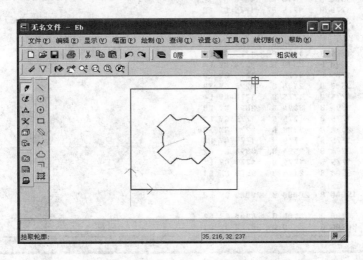

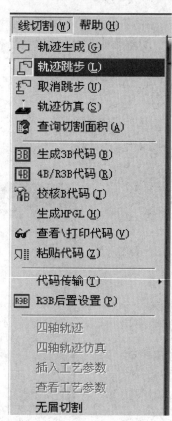

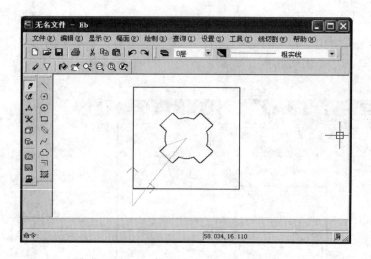

4. 生成代码

生成代码步骤与凸模程序一致（代码为对齐指令格式）。

5. 程序传输

程序可通过多种方式传输到机床，这里采用局域网传输方式。

（三）模板镶件的加工注意事项

加工时将电极丝穿入穿丝孔—找中心—开机加工至机床自动暂停，显示抽丝提示时，关闭"变频"、"高频"、"加工"后抽丝，然后开变频，按回车键使机床空走，空走完毕后显示穿丝提示，按提示穿丝后继续加工。

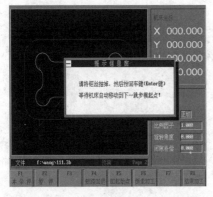
抽丝提示

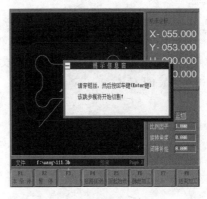
穿丝提示

（四）模板镶件的加工步骤

1. 零件编程

自行设计一模板镶件，按工艺要求完成程序编制。

2. 零件加工

开机调程序→进入加工系统（DOS 环境）→装夹工件（打表找正）→穿丝与自动对中心检查储丝筒行程→设置电源参数→加工零件。

3. 工件检验

4. 填写实习报告

模板镶件的编程与加工

自行设计——模板镶件，完成零件的编程与加工（或真加工）

电极丝直径：	；单边放电间隙：	；
内形补偿值：	；外形补偿值：	；
切割方向为：	；工件夹持：	；

程序（20 分）	绘图、补偿值、引线、切割方向		得分	
操作（36 分）	工件装夹定位、穿丝、参数设置、操作熟练度等		得分	
粗糙度（10 分）			得分	
工件尺寸（24 分），超差 0.04 不得分	学生自检	教师检测	得分	
其他（10 分）			得分	
成绩		评分教师		

任务试题

（1）简述对电火花线切割脉冲电源的基本要求。

（2）什么叫电极丝的偏移？对于电火花线切割来说有何意义？在 G 代码编程中分别用哪几个代码表示？

（3）电火花线切割机床有哪些常用的功能？

（4）说说在什么情况下需要加工穿丝孔？为什么？

（5）请叙述 3B 程序中各指令代码代表的作用。

BX BY BJ G Z

任务三　电化学及化学加工

任务目标

（1）熟悉电化学加工原理、特点及基本规律。
（2）熟悉电解及电铸加工及其特点。
（3）熟悉化学加工原理及其特点。

基本概念

一、电化学加工概述

1. 电化学加工

电化学加工（Electrochemical Machining，ECM）是指通过电化学反应从工件上去除或在工件上镀覆金属材料的特种加工方法。

1834 年，法拉第发现电化学作用原理后，逐渐开发出电镀、电铸、电解加工等。目前电化学加工成为一种必不可少的去除或镀覆金属材料及进行微细加工的重要方法，并被用于兵器、医疗、电子及模具行业中。

2. 电化学加工的基本原理及分类

电化学加工包括从工件上去除金属的电解加工和向工件上沉积金属的电镀、涂覆加工两大类。

（1）电化学加工的原理。当两个铜片接上直流电形成导电通路时，导线和溶液中均有电流流过，在金属片（电极）和溶液的界面上就会有交换电子的反应，即电化学反应。如图 3-76 所示。

溶液中的离子将作定向移动：

1）正离子移向阴极并在阴极上得到电子而进行还原反应。

2）负离子移向阳极并在阳极上失去电子进行氧化反应（也可能是阳极金属原子失掉电子而成为正离子进入溶液。

3）溶液中正、负离子的定向移动称为电荷迁移。

4）在阳、阴电极表面发生得失电子的化学反应称为电化学反应。

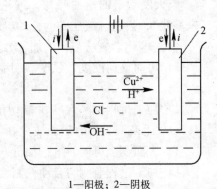

1—阳极；2—阴极

图 3-76　电解液中的电化学反应

5）利用电化学反应原理对金属进行加工的方法即电化学加工（图3－76中阳极上为电解蚀除，阴极上为电镀沉积，常用以提炼纯铜）。

（2）电化学加工的分类，如表3－12所示。

第Ⅰ类是利用电化学反应过程中的阳极溶解来进行加工，主要有电解加工和电化学抛光等。

第Ⅱ类是利用电化学反应过程中的阴极沉积来进行加工，主要有电镀、电铸等。

第Ⅲ类是利用电化学加工与其他加工方法相结合的电化学复合加工工艺进行加工，目前主要有电解磨削、电化学阳极机械加工（其中还含有电火花放电作用）。

表3－12 电化学加工分类

类别	加工原理	加工方法	应用范围
Ⅰ	阳极溶解	（1）电解加工	用于形状、尺寸加工，如蜗轮发动机叶片等
		（2）电解抛光	用于表面光整加工、去毛刺等
Ⅱ	阴极沉积	（1）电镀	用于表面加工、装饰及保护
		（2）电刷镀	用于表面局部快速修复及强化
		（3）复合电镀	用于表面强化、模具制造
		（4）电铸	用于复杂形状电极及精密花纹模制造
Ⅲ	复合加工	（1）电解磨削	用于形状、尺寸加工及超精、光整、镜面加工等
		（2）电解电火花复合加工	用于形状、尺寸加工
		（3）电解电火花研磨加工	用于形状、尺寸加工及难加工材料加工
		（4）超声电解加工等	用于难加工材料的深小孔及表面光整加工

（3）电化学加工的适用范围。

电化学加工的适用范围，因电解和电镀两大类工艺的不同而不同。

电解加工可以加工复杂成型模具和零件，如汽车、拖拉机连杆等各种型腔锻模，航空、航天发动机的扭曲叶片，汽轮机定子、转子的扭曲叶片，炮筒内管的螺旋"膛线"（来复线），齿轮、液压件内孔的电解去毛刺及扩孔、抛光等。

（4）电化学方法与传统加工方法相比所具有的特点：

1）可对任何硬度、强度、韧性的金属材料进行加工，加工难加工材料时，其优点更为突出。

2）加工过程中不存在机械切削力和切削热作用，故加工后表面无残余应力和冷硬层，也无毛刺、棱边，表面质量好。

3）大面积上可同时进行加工，也无须粗精分开，故一般具有较高的生产率。

4）加工过程监测与自动控制、工具的准确设计、加工精度的提高，以及电化学作用的产物（气体或废液）的处理等都是亟待解决的问题。

二、电解加工

(一) 电解加工的原理及特点

1. 基本原理

电解加工是利用金属在电解液中的"电化学阳极溶解"来将工件成型的。如图 3-77 所示。

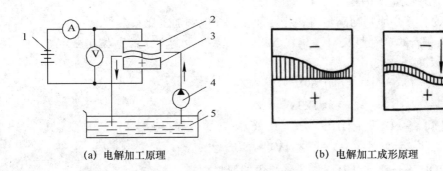

| (a) 电解加工原理 | (b) 电解加工成形原理 |

1—直流电源；2—工具电极；3—工件阳极；4—电解液泵；5—电解液

图 3-77 电解加工

在工件（阳极）与工具（阴极）之间接上直流电源，使工具与工件间保持较小的加工间隙，间隙中通过高速流动的电解液。

开始时，两极之间的间隙大小不等，间隙小处电流密度大，阳极金属去除速度快；而间隙大处电流密度小，去除速度慢。随着工件表面金属材料的不断溶解，工具阴极不断地向工件进给，溶解的电解产物不断地被电解液冲走，工件表面逐渐被加工成接近于工具电极的形状，直至将工具的形状复制到工件上。

电解加工的三个条件：

(1) 工具与工件之间接上直流电源。

(2) 工具与工件之间保持较小的间隙。

(3) 工具与工件之间注入高速流动的电解液。

2. 特点

电解加工与其他加工方法相比较，具有下列特点：

(1) 加工范围广，能加工各种硬度和强度的材料。只要是金属，不管其硬度和强度多大，都可加工。

(2) 生产率高，为电火花加工的 5~10 倍，在某些情况下，比切削加工的生产率还高，且加工生产率不直接受加工精度和表面粗糙度的限制。

(3) 表面质量好，电解加工不产生残余应力和变质层，又没有飞边、刀痕和毛刺。在正常情况下，表面粗糙度 Ra 可达 0.2~1.25 μm。

(4) 阴极工具在理论上不损耗，基本上可长期使用。

3. 主要缺点和局限性

(1) 不易达到较高的加工精度和加工稳定性。

(2) 电极工具的设计和修正比较麻烦。

（3）电解加工的附属设备较多，占地面积较大，机床要有足够的刚性和防腐性能，造价高。

（4）电解产物需进行妥善处理，否则将污染环境。

4. 电解加工的选用原则

（1）适用于难加工材料的加工。

（2）适用于相对复杂形状零件的加工。

（3）适用于批量大的零件加工。

一般认为，三个原则均满足时，相对而言选择电解加工比较合理。

（二）电解加工的电极反应（钢在 NaCl 水溶液中电解加工的电极反应）

1. 阳极反应

$Fe - 2e \longrightarrow Fe^{+2}$　$U' = -0.59V$

$Fe - 3e \longrightarrow Fe^{+3}$　$U' = -0.323V$

$4OH^- - 4e \longrightarrow O_2 \uparrow + 2H_2O$　$U' = 0.867V$

$2CL^- - 2e \longrightarrow CL_2 \uparrow$　$U' = 1.334V$

$Fe^{2+} + 2OH^- \longrightarrow Fe(OH)_2 \downarrow$（墨绿色的絮状物）

$4Fe(OH)_2 + 2H_2O + O_2 \longrightarrow 4Fe(OH)_3 \downarrow$（黄褐色沉淀）

按照电极反应的基本原理，电极电位最负的物质首先在阳极反应。

2. 阴极反应

$2H^+ + 2e \longrightarrow H_2 \uparrow$　$U' = -0.42V$

$Na^+ + e \longrightarrow Na \downarrow$　$U' = -2.69V$

按照电极反应的基本原理，电极电位最正的离子将首先在阴极反应。因此，在阴极上只会析出氢气，而不可能沉淀出钠。

（三）提高电解加工精度的途径

1. 影响电解加工精度的因素

（1）工件材料。

（2）工具阴极材料。

（3）加工间隙。

（4）电解液的性能。

（5）直流电源的技术参数等。

2. 提高电解加工精度的途径

（1）脉冲电流电解加工。

1）消除加工间隙内电解液电导率的不均匀化。

2）脉冲电流电解加工使阴极在化学反应中析出的氢气是断续的，呈脉冲状。

（2）小间隙电解加工。加工间隙越小，加工精度越高。如图 3 - 78 所示。

$$\frac{V_a}{V_a{}'} = 1 + \frac{\delta}{\Delta}$$

当然，间隙过小容易引起短路。小间隙电解加工的要受到许多因素的限制。

（3）改进电解液。

1）在电解液中增加添加剂，既保持电解液的高效率，又可提高加工精度。如 NaCl 中添加少量的 Na_2MoO_4 和 Na_2WO_4。

2）采用低质量分数的电解液。缺点是生产效率低。

（4）混气电解加工。

1）加工原理。将一定压力的气体用混气装置使它与电解液混合在一起，使电解液成分为包含无数气泡的气液混合物，然后送入加工区进行电解加工。如图 3 – 79、图 3 – 80 所示。

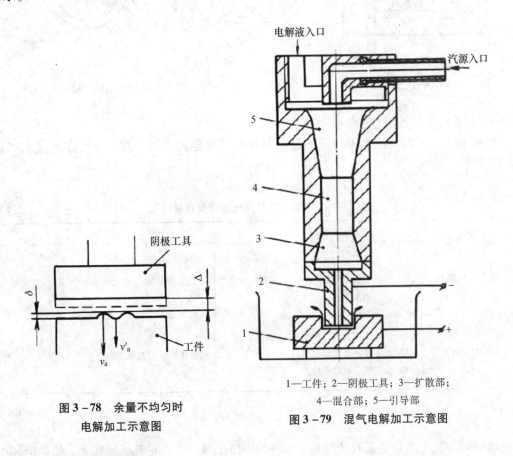

图 3 – 78　余量不均匀时
电解加工示意图

1—工件；2—阴极工具；3—扩散部；
4—混合部；5—引导部

图 3 – 79　混气电解加工示意图

2）混合气体的作用。

①增加电解液中的电阻率，减少杂散腐蚀，使电解液向非线性方面转化。

②降低电解液的密度和黏度，增加流速，均匀流场。

3）气液混合比。指混入电解液中的空气流量与电解液流量之比。气体混合比的大小要合适。

4）优点。电解加工成形精度高；阴极工具设计与制造简单；可利用小功率电源加工大面积的工件。如图 3 – 81 所示。

5）缺点。生产率低，较不混气时降低 $1/3 \sim 1/2$；需要附属供气设备，要有足够压力的气源、管道及良好的抽风设备等，使用成本高。

（四）电解加工设备

电解加工的基本设备包括直流电源、机床及电解液系统三大部分。

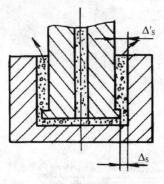

图 3 – 80　混气电解加工型孔

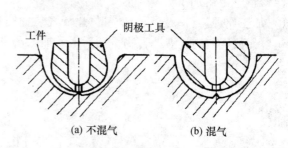

(a) 不混气　　　(b) 混气

图 3 – 81　混气电解加工效果对比

1. 直流电源

电解加工常用的直流电源为硅整流电源和晶闸管整流电源，其主要特点及应用如表 3 – 13 所示。

表 3 – 13　电解加工常用电源分类及其特点

分类	特点	应用场合
硅整流电源	(1) 可靠性、稳定性好 (2) 调节灵敏度较低 (3) 稳压精度不高	国内生产现场占一定比例
晶闸管电源	(1) 灵敏度高，稳压精度高 (2) 效率高，节省金属材料 (3) 稳定性、可靠性较差	国外生产中普遍采用，也占相当比例

2. 机床

电解加工机床的任务是安装夹具、工件和阴极工具，并实现其相对运动，传送电和电解液。与一般金属切削机床相比，有如下特殊要求：

（1）机床的工具和工件系统必须具有足够的刚性。

（2）进给速度必须稳定。

（3）要有较好的防腐绝缘措施。

（4）要有安全防护措施。

3. 电解液系统

（1）电解液的主要作用。

1）作为导电介质传递电流。

2）在电场的作用下进行化学反应，使阳极溶解能顺利而有效地进行。

3）及时把加工间隙内产生的电解产物和热量带走的任务，起到更新和冷却的作用。

（2）对电解液的要求。

1）具有很高的导电率和足够的蚀除速度。

2）具有较高的加工精度和表面质量。

3）阳极反应的最终产物应是不溶性的化合物。

（3）电解液的种类。电解液分为中性、酸性和碱性三种盐溶液。其中中性的腐蚀性较小，使用安全，应用最广。

常用的电解液有 NaCl、$NaNO_3$、$NaClO_3$ 三种。

NaCl 电解液属于强电解质，适应范围广，价格便宜。其缺点是电解能力强，散腐蚀能力强，使得离阴极工具较远的工件表面也被电解，成型精度难于控制，复制精度差；对机床设备腐蚀性大，故适用于加工速度快而精度要求不高的工件。

$NaNO_3$ 电解液在浓度低于 30% 时，对设备、机床腐蚀性很小，使用安全。但生产效率低，需较大电源功率，故适用于加工成型精度要求较高的工件。

$NaClO_3$ 电解液的散蚀能力小，故加工精度高，对机床、设备等的腐蚀很小，广泛地应用于加工高精度零件的成型。然而，$NaClO_3$ 是一种强氧化剂，虽不自燃，但遇热分解的氧气能助燃，因此使用时要注意防火。

4. 电解加工应用

目前，电解加工主要应用在深孔加工、叶片（型面）加工、锻模（型腔）加工、管件内孔抛光、各种型孔的倒圆和去毛刺、整体叶轮的加工等方面。近年来电解加工工艺的应用研究有很大发展，除了在加工各种炮膛膛线外，在花键孔、深孔、内齿轮、链轮、叶片、异形零件及模具等方面获得广泛的应用。由于机床费用较高，一般在加工难加工材料、型面复杂、批量大的零件时选用，而单件小批生产多采用电火花加工。

（1）型腔加工。电火花加工的生产率较低，因此对精度要求不太高的矿山机械、农机、拖拉机零件用锻模，正逐渐采用电解加工。

（2）电解整体叶轮。叶身形面形状复杂，精度要求高，加工量大，用电解加工，比机械加工工期短、效率高，质量好。

（3）电解去毛刺。代替传统的钳工操作，提高工效，节约费用。电解加工还应用于深孔的扩孔加工、型孔加工以及抛光等工艺过程中。

三、电铸加工

1. 电铸的定义

通过电解使金属离子沉积在电铸模具表面，来复制金属制品的过程。它是利用金属的电解沉积原理来精确复制某些复杂或特殊形状工件的特种加工方法，是电镀的特殊应用。

2. 电铸的基本原理（见图 3-82）

把预先按所需形状制成的电铸模作为阴极，用电铸材料作为阳极，一同放入与阳极材料相同的金属盐溶液中，通以直流电。在电解作用下，电铸模表面逐渐沉积出金属电

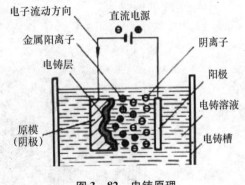

图 3-82　电铸原理

铸层，达到所需的厚度后从溶液中取出，将电铸层与原模分离，便获得与原模形状相对应的金属复制件。

3. 电铸产品展示（见图3－83）

彩色纹路文字+喷砂面烤漆

磨砂面+高光面+文字+钻石纹+字符+烤漆上色面

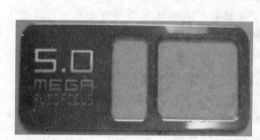

CD 纹+高光字符

喷砂面+CD 纹+PVD 金

图3－83　电铸产品

4. 电镀与电铸的区别

同属于电沉积技术，主要区别是电镀是研究在工件上镀覆防护装饰与功能性金属镀层的工艺，要求镀层和产品良好附着，而电铸是研究电沉积拷贝的工艺以及拷贝与芯模的分离方法、厚层金属与合金层的使用性能与结构，要镀层和模具易分离。如图3－84 所示。

电铸产品

电镀产品

图3－84　电铸与电镀的区别

5. 电铸的特点（见图 3 – 85）

高一致性

效果丰富细腻

图 3 – 85 电铸的特点

（1）对模具的完全复制，产品的一致性很好。

（2）使产品上的图案以及字体可以轮廓清晰，纹理细腻。

（3）标牌表面可以实现如镭射、高光、磨砂面、腐蚀面、拉丝面等；文字可以实现凸字、凹字、高光字、拉丝字、镭射字、磨砂字等效果。

（4）电铸后经水镀、PVD 或喷涂等处理，可实现金、银、黑、咖啡等颜色，并且提高了耐磨等性能。

6. 电铸的应用（见图 3 – 86）

（1）主要是用来精确复制微细、复杂和难于用其他方法加工的特殊形状的工件。

摄像头装饰件

装饰片

Logo

图 3 – 86 电铸的应用

（2）广泛应用于手机、电话、电脑、照相机等电子产品。

（3）在手机上的应用主要在 Logo、摄像头装饰件、功能键、小的装饰片等。

7. 电铸用的材料

电铸用的材料有：①电铸镍。②电铸铁。③电铸铜。④电铸镍钴合金。⑤电铸镍锰合金。⑥电铸金。⑦电铸银。

由于产品性能和价格原因其他金属用得较少，目前镍的电铸应用最广，如图 3 – 87 所示。

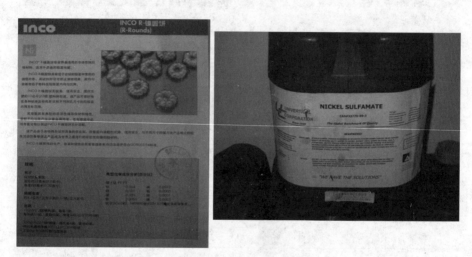

图 3 – 87　电铸用镍饼

8. 电铸开发生产流程（见图 3 – 88）

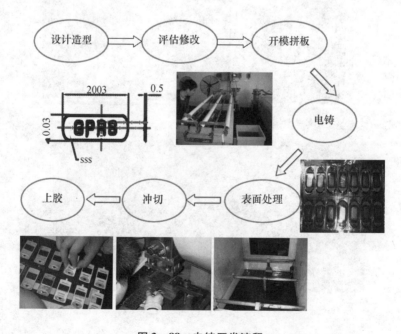

图 3 – 88　电铸开发流程

四、化学加工

（一）概述

化学加工的应用较早，14 世纪末已利用化学腐蚀的方法，来蚀刻武士的铠甲和刀、剑等兵器表面的花纹和标记。19 世纪 20 年代，法国的涅普斯利用精制沥青的感光性能，发明了日光胶板蚀刻法。不久又出现了照相制版法，促进了印刷工业和光化学加工的发展。

到了 20 世纪，化学加工的应用范围显著扩大。第二次世界大战期间，人们开始用光化学加工方法制造印刷电路。50 年代初，美国采用化学铣削方法来减轻飞机构件的重量。50 年代末，光化学加工开始广泛用于精密、复杂薄片零件的制造。60 年代，光刻已大量用于半导体器件和集成电路的生产。

（1）化学加工（Chemical Machining，CHM）是利用酸、碱、盐等化学溶液对金属产生化学反应，使金属溶解，改变工件尺寸和形状（或表面性能）的一种加工方法。

（2）化学加工的应用形式很多，但属于成形加工的主要有化学蚀刻和光化学腐蚀加工法。属于表面加工的有化学抛光和化学镀膜等。

（二）化学蚀刻加工

1. 化学蚀刻加工的原理、特点、应用

化学蚀刻加工又称化学铣切（Chemical Milling，CHM），如图 3 - 89 所示。

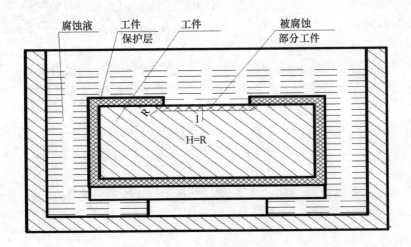

图 3 - 89　化学蚀刻加工原理

（1）化学蚀刻加工的优点。

1）可加工任何难切削的金属材料，而不受硬度和强度的限制，如铝合金、钼合金、钛合金、镁合金、不锈钢等。

2）适于大面积加工，可同时加工多件。

3）加工过程中不会产生应力、裂纹、毛刺等缺陷，表面粗糙度可达 Ra2.5 ~ 1.25 μm。

4）加工操作技术比较简单。

（2）化学蚀刻加工的缺点。

1）不适宜加工窄而深的槽和型孔等。

2）原材料中缺陷和表面不平度、划痕等不易消除。

3）腐蚀液对设备和人体有危害，故需有适当的防护性措施。

（3）化学加工的应用范围。

1）主要用于较大工件的金属表面厚度减薄加工。铣切厚度一般小于13mm。如在航空和航天工业中常用于局部减轻结构件的重量，对大面积或不利于机械加工的薄壁形整体壁板的加工亦适宜。

2）用于在厚度小于1.5mm薄壁零件上加工复杂的型孔。

2. 化学铣削工艺过程

其中主要的工序是涂保护层、刻形、化学腐蚀。

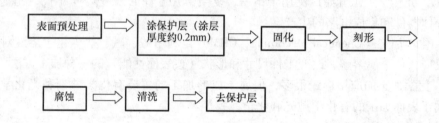

（1）表面预处理。把工件表面的油污、氧化膜等清除干净并在相应的腐蚀液中进行预腐蚀。

（2）涂覆及固化。在涂保护层之前，必须把工件表面的油污、氧化膜等清除干净，再在相应的腐蚀液中进行预腐蚀。在某些情况下还要先进行喷砂处理，使表面形成一定的粗糙度，以保证图层与金属表面粘接牢固。

保护层必须具有良好的耐酸、碱性能，并在化学刻蚀过程中粘接力不能下降。常用的保护层有氯丁橡胶、丁基橡胶、丁苯橡胶等耐蚀涂料。涂覆的方法有刷涂、喷涂、浸涂等。涂层要求均匀，不允许有杂质和气泡。

涂层厚度一般控制在0.2mm左右。涂后需经一定时间和适当温度加以固化。

（3）刻形或划线。刻形是根据样板的形状和尺寸，把待加工表面的涂层去掉以便进行腐蚀加工。

刻形的方法一般采用手术刀沿样板轮廓切开保护层，把不要的部分剥掉。刻形样板多采用1mm左右的硬铝板制作。如图3-90所示。

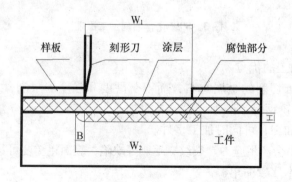

图3-90　刻形或划线

当铣切深度达到某值时，起尺寸关系表示：

$$K = 2H/(W_2 - W_1) = H/B$$

其中，K 为腐蚀系数，是腐蚀体系的属性；H 为腐蚀深度（mm），B 为侧面腐蚀宽度（mm），W_1 为刻型尺寸（mm），W_2 为最终腐蚀尺寸（mm）。

（4）腐蚀。把刻划好防腐蚀图形的毛坯，完全放入有腐蚀剂的槽中，并浸泡到使腐蚀掉的金属厚度达到要求为止。

腐蚀速度、腐蚀深度与腐蚀时间的关系：

$$V = H/T$$

其中，V 为金属的腐蚀速度（mm/min），H 为工件表面的腐蚀深度（mm），T 为腐蚀时间或浸泡时间（min）。

（5）清洗与清除防蚀层。腐蚀加工完成后通常是把零件先放入专门的氧化物清洗槽内，去除在零件表面上留下的一层氧化物膜和反应沉积污物，接着用水冲洗。防蚀层的清除一般用手工操作。

对于细长、薄形零件应使用化学膜溶剂，目的是把防蚀层泡胀，软化和尽可能的降低黏附力，以便采用气压或水压方法把防蚀层清除掉，或者有利于用手工剥离。

（三）光化学腐蚀加工

光化学腐蚀加工（Optical Chemical Machining，OCM）简称光化学加工，是光学照相制版和光刻相结合的一种精密微细加工技术。它与化学蚀刻（化学铣削）的主要区别是不靠样板人工刻形、划线，而是用照相感光来确定工件表面要蚀除的图形、线条，因此可以加工出非常精细的文字图案，目前已在工艺美术、机制工业和电子工业中获得应用。

照相制版的原理和工艺如下：将所需图案摄影到底片上，经光化学反应，将图案复制到涂有感光胶的铜（锌）板上，经坚膜固化处理，使感光胶具有一定抗腐蚀性能，最后经过化学腐蚀，使其余涂胶被水溶解掉，从而使铜（锌）板受到腐蚀，即将所需图案复制（腐蚀）到铜（锌）板上。照相制版不仅是印刷工业的关键工艺，而且还可以加工一些机械加工难以解决的具有复杂图形的薄板，薄片或在金属表面上蚀刻图案、花纹等。

（1）原图和照相。原图是将所需图形按一定比例放大描绘在纸上或刻在玻璃上，一般需放大几倍，然后通过照相，将原图按需要大小缩小在照相底片上。照相底片一般采用涂有卤化银的感光板。

（2）金属板和感光胶的涂覆。金属板多采用微晶锌板和纯铜板，但要求具有一定的硬度和耐磨性，表面光整，无杂质、氧化层、油垢等，以增强对感光胶膜的吸附能力。

常用的感光胶有聚乙烯醇、骨胶、明胶等。

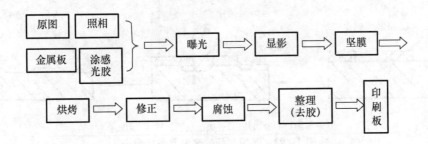

（3）曝光、显影和坚膜。曝光是将原图照相底片用真空方法，紧紧密合在已涂覆感光胶的金属板上，通过紫外光照射，使金属板上的感光胶膜按图像感光。照相底片上不透光部分，由于挡住了光线照射，胶膜不参与光化学反应，仍是水溶性的。照相底片上透光部分，由于参与了化学反应，使胶膜变成不溶于水的络合物。然后经过显影，使未感光的胶膜用水冲洗掉，使胶膜呈现出清晰的图像。如图 3－91 所示。

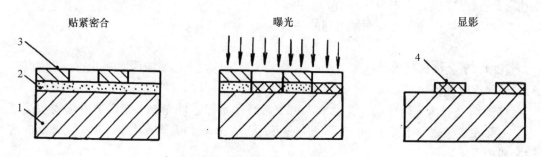

1—金属板；2—感光膜；3—照相底片；4—成相胶模

图 3－91　照相制版曝光、显影示意图

为提高显影后胶膜的抗蚀性，可将制版放在坚膜液中进行处理，类似于普通照相感光显影后的定影处理。

（4）固化。经过感光坚膜后的胶膜，抗蚀能力仍不强，必须进一步固化。聚乙烯醇胶一般在 180 摄氏度下固化 15 分钟，即呈深棕色。因固化温度还与金属板分子结构有关，微晶锌板固化温度不超过 200 摄氏度，铜版固化温度不超过 300 摄氏度，时间 5～7 分钟，表面呈深棕色为止。固化温度过高或时间太长，深棕色变黑，致使胶裂或碳化，丧失了抗蚀能力。

（5）腐蚀。经固膜后的金属板，放在腐蚀液中进行腐蚀，即可获得所需图像。如图 3－92 所示。

（四）化学抛光

化学抛光的目的是改善工件表面粗糙度或使表面平滑化和光泽化。

1. 化学抛光

（1）化学抛光原理。一般是用硝酸或磷酸等氧化剂溶液，在一定条件下，使工件表面氧化，此氧化层又能逐渐溶入溶液，表面微凸起处被氧化较快较多，微凹处则被氧化较慢较少。同样凸起处的氧化层又比凹处更多、更快地扩散、溶解于酸性溶液中因此使加工表面逐渐被整平，达到表面平滑化和光泽化。

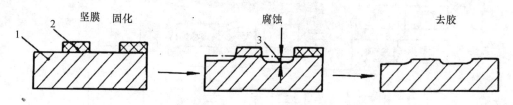

1—显影后的金属片；2—成像胶膜；3—腐蚀深度

图 3－92　照相制版的腐蚀原理示意图

（2）化学抛光特点。可以大面或多件抛光薄壁、低刚度零件，可以抛光内表面和形状复杂的零件，不需外加电源、设备，操作简单，成本低。其缺点是化学抛光效果比电解抛光效果差，且抛光液用后处理较麻烦。

（3）化学抛光的工艺要求及应用。

1）金属的化学抛光。常用硝酸、磷酸、硫酸、盐酸等酸性溶液抛光铝、铝合金、钼、钼合金、碳钢及不锈钢等。抛光时必须严格控制溶液温度和时间。如图3－93所示。

2）半导体材料的化学抛光。锗和硅等半导体基片在机械研磨平整后，还要用化学抛光去除表面杂质和变质层。常用氢氟酸和硝酸、硫酸的混合液或双氧水和氢氧化铵的水溶液。

处理前　　　　处理后

图3－93　紫铜清洗效果

2. 化学机械抛光

（1）基本原理。化学机械抛光是化学和机械的综合作用，在一定压力及抛光浆料存在下，在抛光液中的腐蚀介质作用下工件表面形成一层软化层，抛光液中的磨粒对工件上软化层进行磨削，因而在被研磨的工件表面形成光洁表面。如图3－94所示。

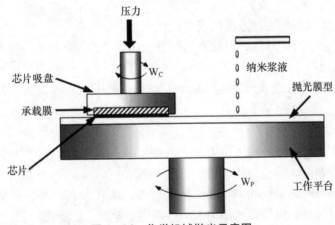

图3－94　化学机械抛光示意图

（2）抛光机的基本结构，如图3－95所示。

1）抛光液作用与组成。抛光液是化学机械抛光中一个重要的因素，抛光液的质量对抛光速率及抛光质量有重要的作用，抛光液主要对工件有化学腐蚀作用和机械作用，最终达到对工件的抛光。

基本要求：流动性好、不易沉淀和结块、悬浮性能好、无毒、低残留、易清洗。

组成与作用：腐蚀介质、磨料、分散剂、氧化剂。

2）抛光垫。根据工件和抛光垫之间抛光液膜厚度的不同，在抛光中可能存在三种界面接触形式：①当抛光压力较高，相对运动速度较小时表现为直接接触。②当抛光压力较低，相对运动速度较大时表现为非接触。③介于两者之间为半接触。

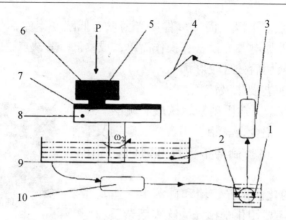

1—循环泵；2—抛光液；3—过滤磁环；4—抛光机喷嘴；5—工件；
6—压力钢柱；7—抛光垫；8—抛光盘；9—回收箱；10—磁环

图3-95　抛光机的基本结构

作用：①能存储抛光液，并把它输送到工件的整个加工区域，使抛光均匀地进行。②从加工表面带走抛光过程中的残留物质。③传递和承载加工去除过程中所需的机械荷载。④维持加工过程中所需的机械和化学环境。

（3）化学机械抛光的优点：

1）避免了由单纯机械抛光造成的表面损伤。

2）避免单纯化学抛光易造成的抛光速度慢、表面平整度和抛光一致性差等缺点。

（五）化学镀膜

化学镀膜的目的是在金属或非金属表面镀上一层金属，起装饰、防腐蚀或导电等作用。

1. 化学镀膜的原理和特点

其原理是在含金属盐溶液的镀液中加入一种化学还原剂，将镀液中的金属离子还原后沉积在被镀零件表面。

其特点是：有很好的均镀能力，镀层厚度均匀，这对大表面和精密复杂零件很重要；被镀工件可为任何材料，包括非导体如玻璃、陶瓷、塑料等；不需电源，设备简单；镀液一般可连续、再生使用。

2. 化学镀膜的工艺要点及应用

化学镀铜主要用硫酸铜，镀镍主要用氯化镍，镀铬用溴化铬，镀钴用氯化钴溶液。以次磷酸钠或次硫酸钠作为还原剂，也有选用酒石酸钾钠或葡萄糖等为还原剂的。对特定的金属，需选用特定的还原剂。镀液成分、质量分数、温度和时间都对镀层质量有很大影响。镀前还应对工件表面进行除油、去锈等净化处理。

应用最广的是化学镀镍、钴、铬、锌，其次是镀铜、锡。在电铸前，常在非金属的表面用化学镀镀上一层很薄的银或铜作为导电层和脱膜之用。

3. 化学溶液镀膜法

在溶液中利用化学反应原理在集体材料表面上沉积成膜的一种技术。主要方法：化学反应沉积、阳极氧化、电镀和溶胶—凝胶法。

（1）化学反应沉积。

化学镀通常称为无电源电镀，是利用还原剂从所镀物质的溶液中以化学还原作用，在镀件的固液两相界面上析出和沉积得到镀层的技术。

①原理：表面的自催化作用。

$$Me^{2+} + 2e（来自还原剂） \xrightarrow{\text{表面上的催化 Me}}$$

②镀 Ni 的机理。

镀 Ni 沉积反应──→催化表面──→次磷酸盐分解──→释放出初生态原子氢──→沉积 Ni ──→自催化

③特点：工艺简单，适应范围广，不需要电源，不需要制作阳极；镀层与基体的结合强度好；成品率高，成本低，溶液可循环使用，副反应少；无毒，有利于环保；投资少，见效快。

④应用：

a. 金属材料：铝或钢材料等非贵金属基底可用化学镀镍技术防护，并可避免用难以加工的不锈钢来提高它们的表面性质。化学镀银主要用于电子部件的焊接点、印刷线路板，以提高制品的耐腐蚀性和导电性能，还广泛用于装饰品。

b. 非金属材料：非导体可用化学镀镀一种或几种金属以提高其装饰性和功能性。许多工程塑料因其轻质和良好的耐腐蚀性能被考虑用作金属的代用品，可用化学镀银来获得导电性或其电屏蔽。

（2）置换沉积。又称浸镀。不需要采用外部电流源，在待镀金属盐类的溶液中，靠化学置换的方法在基体上沉积出该金属的方法。

1）原理。当电位较负的基体金属 A 浸入电位较正的金属离子 B^{2+} 溶液中时，由于存在一定的电动势而形成微电池，在 A 表面上，发生金属 B 析出。

$$A + B^{2+} \longrightarrow B + A^{2+}$$

2）特点。①与化学镀的区别在于无需在溶液中加入化学还原剂，因为基体本身就是还原剂。②用这种方法制得的膜层疏松多孔，而且结合不良，要加入添加剂或络合剂来改善膜层的结合力。

3）应用。主要用于铜及其合金、钢及某些铝合金上镀锡层，也常用作电镀前在某些基体表面沉积一层底膜，用来改善后续涂层。如图 3-96 所示。

图 3-96 化学镀样件

任务试题

（1）叙述电化学加工原理及其特点。

（2）叙述电铸加工特点及其应用范围。

（3）叙述电解的加工特点及其分类。

任务四　超声加工

 任务目标

（1）熟悉超声加工的原理与特点。

（2）熟悉超声加工设备。

（3）掌握超声加工的应用。

基本概念

一、超声加工的基本原理和特点

1. 超声波及其特性

声波频率在 16～16000Hz 范围内。频率超过 16000Hz 就超出了一般人的耳听觉范围称为超声波。超声波可以在气体、液体、固体介质中纵向传播。

超声波主要具有下列特性：

（1）超声波能传递很强的能量。由于超声波频率很高，其能量密度可达 $100W/cm^2$ 以上。在同一振幅时，液体、固体中的超声波强度、功率、能量密度要比空气中的声波高千万倍。

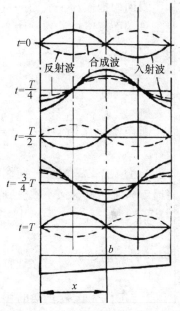

（2）当超声波经过液体介质传播时，将以极高的频率压迫液体质点振动，在液体介质中连续地形成压缩和稀疏区域，由于液体基本上不可压缩，由此产生压力正、负交变的液压冲击和空化现象。高频振动会使液体中产生大量的小气泡，即微细间隙——空化腔。这些小气泡会随声振动而强烈生长，最终达到更强烈的闭合，即破裂或称崩溃。在气泡破裂瞬间，会产生极大的声冲击力作用，这种现象称为空化现象。这一交变的脉冲压力作用在邻近的零件表面上会使其破坏，引起固体物质分散、破碎等效应。

（3）超声波通过不同介质时，在界面上发生波速突变，产生波的反射和折射现象。为改善传递条件，在连接界面加机油、凡士林等作为传递介质以消除空气及因其引起的衰减。

（4）超声波在一定条件下，会产生波的干涉和共振现象，图 3-97 为超声波在弹性杆中传播时各质点

图 3-97　弹性杆内各质点振动情况

振动的情况。

为使弹性杆处于最大振幅共振状态，弹性杆设计成半波长的整数倍；而固定弹性杆的支撑点，应选在振动过程中的波节处。

2. 超声加工原理（见图 3 – 98）

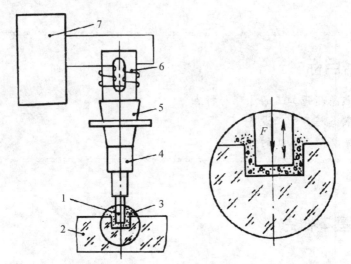

1—工具；2—工件；3—磨料悬浮液；4、5—变幅杆；6—换能器；7—超声波发生器

图 3 – 98　超声加工原理

（1）超声加工是利用工具端面作超声频振动，通过磨料悬浮液加工脆硬材料的一种成形方法。

（2）加工时，在工具和工件之间加入液体（水或煤油等）和磨料混合的悬浮液，并使工具以很小的力 F 轻轻压在工件上。超声换能器产生 16000Hz 以上的超声频纵向振动，并借助于变幅杆把振幅放大到 0.05 ~ 0.1mm 左右，驱动工具端面作超声振动，迫使工作液中悬浮的磨粒以很大的速度和加速度不断撞击、抛磨被加工表面，把被加工表面的材料粉碎成很细的微粒，从工件上被打击下来。同时，工作液受工具端面超声振动作用而产生的高频、交变的液压正负冲击波和空化作用，促使工作液钻入被加工材料的微裂缝处，加剧了机械破坏作用（空化作用会引起极强的液压冲击波）。

（3）空化作用可强化加工过程，液压冲击也是悬浮工作液强迫循环，使变钝的磨粒得到更新。

（4）超声加工是磨粒在超声振动作用下的机械撞击以及超声空化作用的综合结果，其中磨粒的撞击作用是主要的。

（5）越是脆硬的材料，受撞击作用遭受的破坏越大，越易超声加工；相反，韧性材料难以加工。根据这个道理，合理选择工具材料，使之既能撞击磨粒，自身又不致受到很大破坏，如 45 钢。

3. 超声加工的特点

（1）适合于加工各种硬脆材料，特别是不导电的非金属材料，例如玻璃、陶瓷、石英、锗、硅、宝石、金刚石等。

（2）由于工具可用较软材料，做成复杂形状，故无须工具与工件做比较复杂的相对运动，因此超声加工机床的结构比较简单，只需一个方向的进给，操作维修方便。

（3）去除材料靠磨料瞬时局部的撞击作用，宏观切削力很小，切削应力、切削热很小，不会引起变形和烧伤，表面粗糙度也较好，而且可加工薄壁、窄缝、低刚度零件。

二、超声加工设备

一般包括超声发生器、超生振动系统、机床本体、磨料工作液循环系统、换能器冷却系统。

1. 超声波发生器

超声波发生器也称超声波或超声频发生器，其作用是将工频交流电转换为有一定功率输出的超声频电振荡，以提供工具端面往复振动和去除被加工材料的能量。

基本要求：输出功率和频率在一定范围内可调，最好能具有对共振频率自动跟踪和自动微调的功能，此外要求结构简单、工作可靠、价格便宜、体积小等。

如图 3 - 99 所示，超声发生器包括振荡级、电压放大级、功率放大级及电源等。振荡级由三极晶体管接成电感反馈振荡电路，调节电容量可改变振荡频率，即可调节输出的超声频率。振荡级的输出经耦合至电压放大级进行放大后，利用变压器倒相输送到末级功率放大管，功率放大管有时用多管并联推挽输出，经输出变压器输至换能器。

2. 声学部件

作用：把高频电能转变为机械能，使工具端面以高频小振幅的振动进行加工。

组成：换能器、变幅杆及工具。

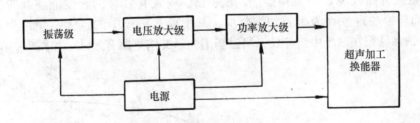

图 3 - 99 超声发生器的组成

（1）压电效应超声波换能器，如图 3 - 100 所示。石英晶体、钛酸钡以及锆钛酸铅等物质在受到机械压缩或拉伸变形时，在它们的两对面的介面上将产生一定的电荷，形成一定的电势；反之，在它们的两介面上加以一定的电压，则将产生一定的机械变形，这一现象称为压电效应。

为了使晶体处于共振状态，晶体片厚度应为声波半波长的整数倍。石英晶体的伸缩量太小，钛酸钡的压电效应比石英晶体大 20 ~ 30 倍，但效率和机械强度不如石英晶体。

锆钛酸铅具有二者的优点，一般可用作超声清洗、探测中和小功率（250W 以下）的超声波加工的换能器。通常制成圆形薄片，两面镀银，先加高压直流电进行极化，一面为正极，另一面为负极。使用时，常将两片叠在一起，正极在中间，负极在两侧经上下端用螺钉夹紧，如图 3 - 101 所示。

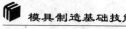

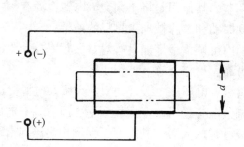

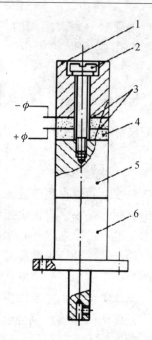

1—上端块；2—压紧螺钉；3—导电镍片；

4—压电陶瓷；5—下端块；6—变幅杆

图 3−100　压电效应　　　　　　　　图 3−101　压电陶瓷换能器

（2）磁致伸缩效应超声波换能器。铁、钴、镍及其合金的长度能随其所处磁场强度的变化而伸缩的现象称为磁致伸缩效应，其中镍在磁场中的最大缩短量为其长度的0.004%，铁和钴则在磁场中为伸长，当磁场消失后又恢复原有尺寸，如图 3−102。

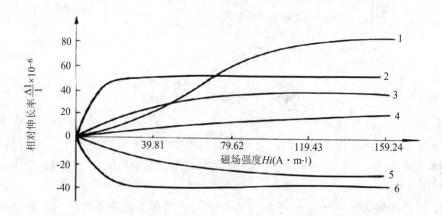

图 3−102　几种材料的磁致伸缩曲线

为了减少高频涡流损耗，常用纯镍片迭成封闭磁路的镍棒换能器，如图 3−103 所示。它比压电式换能器有较高机械强度和较大输出功率，常用于中功率和大功率的超声加工。缺点：镍片的涡流发热损失较大，能量转换效率较低，加工中需用水冷却。

倍频现象：通入线圈的电流为交流正弦波形，每一周期的正半波和负半波引起磁场两次大小变化，使换能器也伸缩两次，出现倍频现象。倍频现象使振动节奏模糊，并使共振长度变短，对结构和使用均不利。如图 3 – 104 所示。

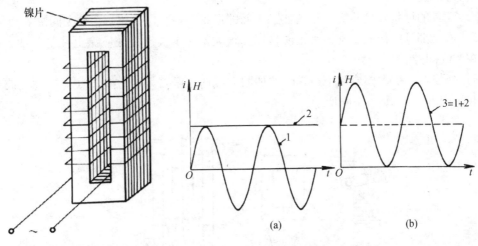

图 3 – 103　磁致伸缩换能器　　　　　　图 3 – 104　倍频现象

为避免倍频现象，在交流电路中引入一个直流电源，叠加一个直流分量，称为脉动直流励磁电流。

镍棒的长度也应等于超声波半波长或其整数倍。

共振频率为 20KHz 左右的换能器，其长度约为 125mm。

（3）变幅杆。超声加工需 0.01 ~ 0.1mm 的振幅，因此需一个上粗下细的杆棒将振幅加以扩大，此杆称为振幅扩大棒或变幅杆，如图 3 – 105 所示。

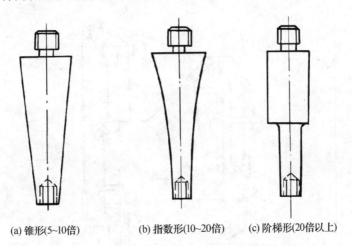

(a) 锥形(5~10倍)　　　(b) 指数形(10~20倍)　　(c) 阶梯形(20倍以上)

图 3 – 105　常用指数形变幅杆

变幅杆之所以能扩大振幅，是由于通过它的每一截面的振动能量是不变的，截面小的地方能量密度大。能量密度 J 正比于振幅 A 的平方。

$$A^2 = \frac{2J}{\rho c \omega^2}$$

故截面越小，能量密度越大，振幅也就越大。

变幅杆的长度等于超声波半波长或其整数倍。超声波在钢铁中波长为 0.2 ~ 0.31m，故钢扩大棒的长度一般在 100～160mm。

（4）工具。

1）工具的形状和尺寸决定于被加工表面的形状和尺寸，相差一个加工间隙。

2）连接部分应接触紧密，否则能量损失很大。在螺纹连接处应涂上凡士林油，绝不可存在空气间隙。

3）换能器、扩大棒或整个声学头的加固点应选在振幅为零的波节点（或称驻波点），固定在机床上。如图 3－106 所示。

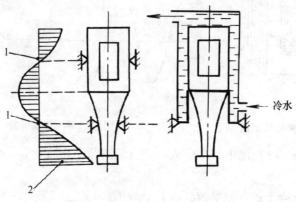

图 3－106　声学头的固定

3. 机床（见图 3－107）

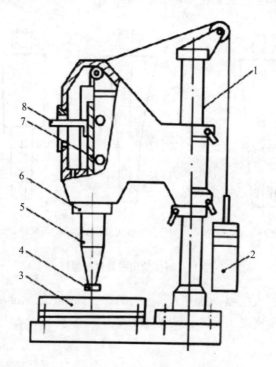

1—支架；2—平衡重锤；3—工作台；4—工具；5—振幅扩大棒；6—换能器；7—导轨；8—标尺

图 3－107　CSJ－2 型超声加工机床

4. 磨料工作液及其循环系统

（1）人工输送和更换。利用离心泵使磨料悬浮液搅拌后注入加工间隙中。较深表面，配合工具定时抬起。

（2）工作液。最常用是水，表面质量好用煤油、机油。

（3）磨料。碳化硼、碳化硅或氧化铝，粒度大小根据加工生产率和精度要求来选定。颗粒大，生产率高，但精度、粗糙度差。

三、基本工艺规律

1. 加工速度及其影响因素

（1）加工速度。单位时间内去除材料的多少，单位以 g/min 或 mm³/min，玻璃的最大加工速度可达 2000 ~ 4000mm³/min。

（2）影响因素。工具振动频率、振幅、工具和工件间的静压力、磨料的种类和粒度、磨料悬浮液的浓度、供给及循环方式、工具与工件材料、加工面积、加工深度等。

（3）工具的振幅和频率的影响。内应力的问题，超过疲劳强度而降低使用寿命，联接处损耗加大。一般取振幅在 0.01 ~ 0.1mm，频率在 16000 ~ 25000Hz。实际加工时调至共振频率。

（4）进给压力的影响。合适的进给压力。加工面积 5 ~ 13mm² 时，最佳静压力约为 400kPa，加工面积 20mm² 以上时，最佳静压力为 200 ~ 300kPa。

（5）磨料种类和粒度的影响。硬度高，加工速度快，但要考虑价格成本。

1）加工金刚石和宝石——金刚石磨料。

2）加工硬质合金、淬火钢——碳化硼磨料。

3）玻璃、石英、半导体——氧化铝磨料。

4）磨料粒度越粗，加工速度越快，但精度和粗糙度变差。

（6）磨料悬浮液浓度的影响。浓度低，加工速度大大下降，浓度增加加工速度增加，但不宜太高。通常采用的浓度为磨料对水的质量比为 0.5 ~ 1。

（7）被加工材料的影响。脆性材料，加工容易；韧性材料，不易加工。玻璃为 100%，锗、硅半导体晶体为 200% ~ 250%，石英为 50%，硬质合金为 2% ~ 3%，淬火钢为 1%，不淬火钢小于 1%。

2. 加工精度及其影响因素

（1）除受机床、夹具精度影响之外，主要与磨料粒度、工具精度及其磨损情况、工具横向振动大小、加工深度、被加工材料性质等有关。

（2）一般加工孔的尺寸精度可达 ±0.02 ~ 0.05mm。

（3）孔加工范围孔径 0.1 ~ 90mm，深度可达直径 10 ~ 20 倍。

（4）孔的尺寸精度。

采用 240# ~ 280#磨粒，一般可达 ±0.05mm；采用 W28 ~ W7 磨粒，可达 ±0.02mm 或更高。

3. 表面质量及其影响因素

（1）表面质量较好，不会产生表面烧伤和表面变质层。

（2）表面粗糙度较好，一般 Ra 在 1 ~ 0.1μm。

（3）磨粒尺寸较小、工件材料硬度较大、超声振幅较小时，粗糙度将得到改善。但

模具制造基础技能

生产率降低。

（4）用煤油、润滑油代替水可使表面粗糙度有所改善。

四、超声加工的应用

1. 型孔、型腔加工（见图3-108）

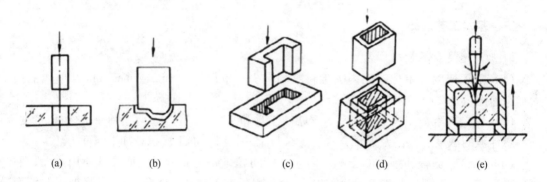

(a)　　　　　(b)　　　　　(c)　　　　　(d)　　　　　(e)

图3-108　超声加工的型孔、型腔类型

2. 切割加工（见图3-109）

3. 复合加工

（1）超声电解复合加工，如图3-110所示。

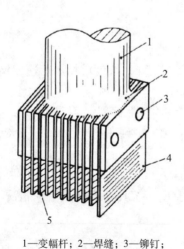

1—变幅杆；2—焊缝；3—铆钉；
4—导向片；5—软钢刀片
图3-109　成批切槽（块）刀具

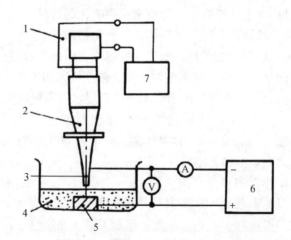

1—换能器；2—变幅杆；3—工具；4—电解液和磨料；
5—工件；6—直流电源；7—超声波发生器
图3-110　超声电解复合加工小孔

（2）超声电火花复合加工。

1）超声与电火花复合加工小孔、窄缝及精微异形孔时，也可获得较好的工艺效果。其方法是在普通电火花加工时引入超声波，使电极工具端面作超声振动。其装置与图3-110类似，超声声学部件加固在电火花加工机床主轴头下部，电火花加工用的方波脉冲电源加到工具和工件上，加工时主轴作伺服进给，工件端面作超声振动。加上超声振动后，电火花静加工时的有效放电脉冲利用率可提高到50%以上，从而提高生产率2~20倍。

2）精微加工时，超声功率和振幅不易过大，否则引起瞬时接触频繁短路，导致电弧放电。

（3）超声抛光及电解超声复合抛光，如图3－111、图3－112所示。

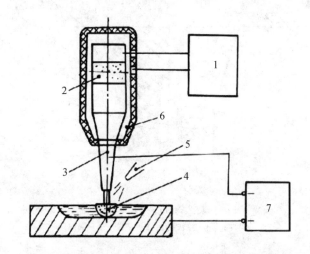

1—超声波发生器；2—压电陶瓷换能器；3—变幅杆；4—导电油石；

5—电解液喷嘴；6—工具手柄；7—直流电源

图3－111 手携式电解超声复合抛光原理

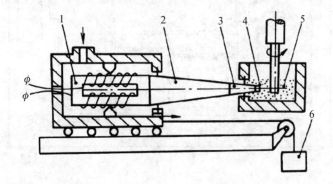

1—换能器；2—变幅杆；3—工具头；4—金刚石（工件）；

5—切割圆片（工具）；6—重锤磨料（金刚石磨料）

图3－112 超声波切割金刚石

4. 超声清洗

原理：基于超声频振动在液体中产生的交变冲击波和空化作用。液体中的正负交变的微冲击波使污物遭到破坏，从被清洗表面脱落下来。

清洗液：汽油、煤油、酒精、丙酮、水。

广泛用于喷油嘴、喷丝板、微型轴承、仪表齿轮、零件、手表整体机芯、印刷电路板、集成电路微电子器件的清洗，如图3－113、图3－114所示。

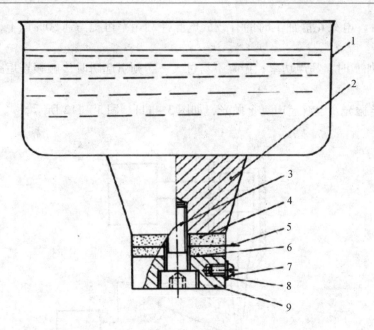

1—清洗槽；2—变幅杆；3—压紧螺钉；4—压电陶瓷换能器；5—镍片（＋）；
6—镍片；7—接线螺钉；8—垫圈；9—钢垫块

图 3 - 113　超声清洗装置

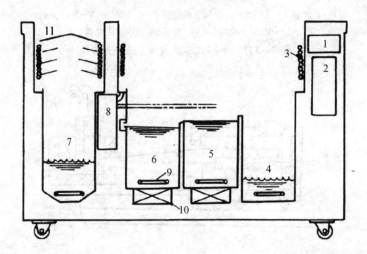

1—操作面板；2—超声波发生器；3—冷排管；4—气相清洗槽；5—第二超声清洗槽；
6—第一超声清洗槽；7—整流回收槽；8—水分分离器；9—加热装置；10—超声波换能器；11—冷凝器

图 3 - 114　凹槽式超声波气相清洗机简图

任务试题

（1）超声加工系统中，声学部件主要由哪几部分组成？超声频电振荡是如何转换为工具头加工用的机械振动的？

（2）分析振动切削加工中的基本规律和特性？

（3）简述超声波加工的主要特点。

（4）简述超声波加工的原理。